计算机类本科教材

数 据 结 构
——使用 C 语言
（第 7 版）

朱战立　编著

电子工业出版社
Publishing House of Electronics Industry
北京·BEIJING

内 容 简 介

数据结构是计算机学科各专业一门重要的专业基础课。本书包含全国硕士研究生招生考试计算机学科专业基础考试大纲数据结构部分的全部内容。本书系统地介绍了线性表、栈、队列、串、数组、广义表、树、二叉树、图等典型数据结构，以及递归、查找和排序的方法。本书理论叙述简洁准确、实践应用举例丰富完整，从而达到理论和实践密切结合的目的。本书采用 C 语言描述算法并提供了大量上机调试通过的程序实例。

本书内容丰富，难度适中，图文并茂，应用实例多，上机参考资料丰富。本书提供配套电子课件，可登录华信教育资源网注册后免费下载。

本书可作为高等学校计算机相关专业本科、专科学生的教材，也可供从事计算机工程与应用等工作的人员参考。

图书在版编目（CIP）数据

数据结构：使用 C 语言 / 朱战立编著. -- 7 版.

北京 ：电子工业出版社，2025. 7. -- ISBN 978-7-121 -50651-2

Ⅰ. TP311.12；TP312.8

中国国家版本馆 CIP 数据核字第 2025451B0D 号

责任编辑：冉　哲

印　　刷：三河市华成印务有限公司

装　　订：三河市华成印务有限公司

出版发行：电子工业出版社

　　　　　北京市海淀区万寿路 173 信箱　邮编　100036

开　　本：787×1 092　1/16　印张：16.75　字数：465 千字

版　　次：1997 年 3 月第 1 版

　　　　　2025 年 7 月第 7 版

印　　次：2025 年 7 月第 1 次印刷

定　　价：59.00 元

前　　言

数据结构是计算机学科各专业一门重要的专业基础课，也是其他计算机相关专业的一门必修课或选修课。数据结构课程的教学目的是，使学生掌握组织数据、存储数据及处理数据的基本概念和软件设计的基本方法，从而为进一步学习后续专业课程打下坚实的基础。

本书作者 20 多年来一直从事数据结构课程的教学工作，曾编著过多本采用不同语言描述算法的数据结构教材。本书是在经过长期使用的教材基础上，由作者进一步修改、补充和完善而成的。本书包含全国硕士研究生招生考试计算机学科专业基础考试大纲数据结构部分的全部内容。

本书介绍的典型数据结构包括线性表、栈、队列、串、数组、广义表、树、二叉树、图等，详细讨论了各自的逻辑结构、存储结构，以及各种算法的设计方法。排序和查找是两个应用广泛的算法设计问题，本书讨论了几种典型的排序算法，并讨论了静态查找、动态查找和哈希查找的存储结构与实现方法。广义表、树、二叉树和图这些非线性结构的算法经常要设计成递归算法，因此本书专设一章讨论递归算法的实现原理和设计方法。

数据结构课程是一门理论和实践结合密切的课程。本书理论叙述简洁准确、实践应用举例丰富完整，理论通过丰富、完整的程序实例予以说明，程序实例从侧面解释概念和应用方法，从而达到理论和实践密切结合的目的。本书采用 C 语言描述算法并提供了大量上机调试通过的程序实例。

本书具有如下特点。

（1）内容丰富，难度适中，文字简洁准确，图文并茂。

（2）本书的所有算法程序都已上机调试通过，包括各章的操作实现函数、各章的程序实例及习题解答中给出的程序。

（3）习题全面，覆盖面广，择要解答。每章最后设计了大量的习题，覆盖了各章的全部教学内容，并且给出了部分习题解答（见二维码）。

（4）上机参考资料丰富。数据结构是一门理论结合实践的课程，通常要求包含若干课时的课内上机实习（或称项目设计），因此本书习题部分专门设计了一定数量的上机实习习题。另外，给出了上机实习报告内容规范和一个上机实习报告书写实例（见二维码），可供学生参考。

（5）提供配套电子课件，登录华信教育资源网注册后免费下载。

根据作者的经验，使用本书授课需 54～80 课时。对于课时较少的课程，串、数组和广义表等章节可作为自学材料。

本书由朱战立编著，焦安红参与了修订工作。

教学资源

作　者

目　　录

第1章 绪 论

计算机是对各种各样数据进行处理的机器。要对数据进行处理，首先就要对数据进行有效的组织。因此，在计算机中如何有效地组织数据和高效地处理数据就是计算机科学的基本研究内容，也是继续深入学习后续课程的基础。本章主要对数据结构课程学习中将遇到的基本概念做概括性的叙述，这些内容将贯穿数据结构课程的整个学习过程。

本章内容主要包括：数据结构的基本概念、抽象数据类型的概念和意义、算法和算法的时间复杂度。

1.1 数据结构的基本概念

1.1.1 数据、数据元素、数据元素的数据类型

数据是人们利用文字符号、数字符号以及其他规定的符号对现实世界的事物及其活动所做的抽象描述。

例如，"今天天气情况是，最高温度为5℃，最低温度为−5℃"，就是关于今天天气情况的描述数据。又如，"班上甲同学姓名叫张三，乙同学姓名叫李四"，就是关于班上同学姓名的描述数据。

表示一个事物的一组数据称为一个**数据元素**。构成数据元素的数据称为该数据元素的**数据项**。

例如，要描述学生信息，可包括学生的学号、姓名、性别、年龄等数据。学生的学号、姓名、性别、年龄等数据构成学生情况描述的数据项，包括学号、姓名、性别、年龄等数据项的一组数据构成学生信息的一个数据元素。表 1-1 是一个包含三个数据元素的学生信息表。

表 1-1 学生信息表

学号	姓名	性别	年龄
2000001	张三	男	20
2000002	李四	男	21
2000003	王五	女	22

在讨论数据结构时，关于数据元素、数据项的描述都需要使用某种高级程序设计语言来描述，本书采用 C 语言描述。学生信息的数据元素是由多个数据项构成的，其数据元素的数据类型的 C 语言描述方法定义为如下结构体：

```
struct Student{
    long   number;
    char   name[10];
    char   sex[3];
    int    age;
};
```

通过上述定义，用户自定义的结构体 struct Student 就可像 C 语言中的基本数据类型（如 char、int、float 类型）一样使用。

为使用简便，还可以把上述定义改写为：

```
typedef struct Student{
    long   number;
```

```
        char  name[10];
        char  sex[3];
        int   age;
    } StudentType;
```

经过上述定义后，StudentType 就被看作和 struct Student 含义相同的标识符。

上述学生情况数据元素的数据类型被定义为 StudentType，这与把数据元素的数据类型定义为 int、float、long、char 等类型一样，都是给出了具体数据元素的数据类型。

但是，像数学一样，数据结构课程讨论的大部分算法都可以适用于任何数据类型的数据元素。这时，为了考虑算法的通用性，算法要处理的数据元素也可以是不具有实际含义的数据元素。我们把没有实际含义的数据元素称为**抽象数据元素**。在本书中，抽象数据元素用 a_0, a_1, …, a_{n-1} 表示。

在设计算法时，任何数据元素都要指定数据类型，抽象数据元素也不例外。本书用符号 DataType 表示抽象数据元素的数据类型。当软件设计具体问题确定时，抽象数据元素的数据类型将被具体数据元素的数据类型取代。例如，若线性表的数据元素类型为 DataType，当设计的具体线性表的数据元素类型为 int 类型时，可通过预先定义 DataType 为 int 类型来完成程序的设计；当设计的具体线性表的数据元素集合为表 1-1 中的学生信息时，可通过定义 DataType 为 StudentType 来完成程序的设计。具体的 C 语句为：

```
        typedef  int  DataType;
或      typedef  StudentType  DataType;
```

1.1.2 数据的逻辑结构

数据元素之间的相互联系方式称为**数据的逻辑结构**。

按照数据元素之间的相互联系方式，数据的逻辑结构主要可分为线性结构、树状结构和图结构三种。

线性结构的定义是：除第一个和最后一个数据元素外，每个数据元素只有一个唯一的前驱数据元素和一个唯一的后继数据元素。线性结构可以表示为如图 1-1（a）所示的形式，图中，A、B、C、D 为数据元素，A 是第一个数据元素，D 是最后一个数据元素，A 是 B 的前驱数据元素，C 是 B 的后继数据元素；依次类推。

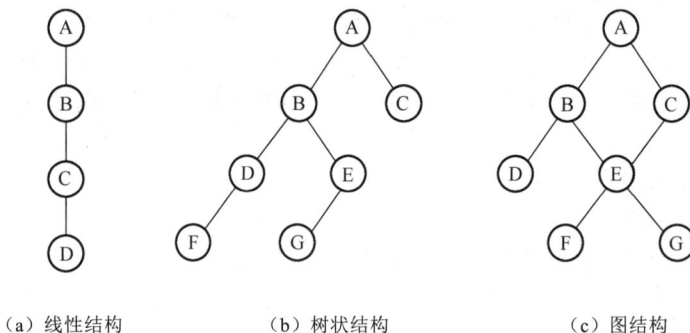

(a) 线性结构　　　　　　(b) 树状结构　　　　　　(c) 图结构

图 1-1　基本的数据逻辑结构

树状结构的定义是：除根结点外，每个数据元素只有一个唯一的前驱数据元素，可有零个或若干个后继数据元素。图 1-1（b）是一个树状结构的例子。对于数据元素 A、B、C、D、E、F、G，数据元素 A 是根结点，A 没有前驱数据元素，有两个后继数据元素 B 和 C；数据元素 B 的前驱数据元素为 A，后继数据元素为 D 和 E；数据元素 C 的前驱数据元素为 A，没有后继数据元素；如此等等。

图结构的定义是：每个数据元素可有零个或若干个前驱数据元素和零个或若干个后继数据元素。图 1-1（c）是一个图结构的例子。对于数据元素 A、B、C、D、E、F、G，若以 A 为起始点，则数据元素 E 有两个前驱数据元素 B 和 C，有两个后继数据元素 F 和 G。

树状结构和图结构也可以归为非线性结构。数据元素之间不存在如图 1-1（a）所示的一对一关系的结构都称为非线性结构。

1.1.3 数据的存储结构

任何需要计算机进行管理和处理的数据元素都必须首先按某种方式存储在计算机中。数据元素在计算机中的存储方式称为**数据的存储结构**。数据存储结构的基本形式有两种：一种是顺序存储结构，另一种是链式存储结构。

顺序存储结构是把数据元素存储在一块连续地址空间的内存中。其特点是，逻辑上相邻的数据元素在物理上也相邻，数据间的逻辑关系表现在数据元素的存储位置关系上。当采用高级程序设计语言表示时，实现顺序存储结构的方法是使用数组。如图 1-2（a）所示为线性结构数据元素 $a_0, a_1, \cdots, a_{n-2}, a_{n-1}$ 的顺序存储结构。其中，$0, 1, 2, \cdots, n-2, n-1$ 既是数据元素的编号，也是存储数据元素 $a_0, a_1, \cdots, a_{n-2}, a_{n-1}$ 的数组的下标。

指针是指向物理内存单元地址的变量。我们把由数据元素域和指针域组成的一个结构体称为一个结点。**链式存储结构**使用指针把相互直接关联的结点（直接前驱结点或直接后继结点）链接起来。其特点是，逻辑上相邻的数据元素在物理上（内存单元位置）不一定相邻，数据间的逻辑关系表现在结点的链接关系上。如图 1-2（b）所示为线性结构数据元素 $a_0, a_1, \cdots, a_{n-1}$ 的链式存储结构。其中，上一个结点到下一个结点的箭头表示上一个结点的指针域中保存的下一个结点在内存中的存储地址。head 是指向第一个结点的指针，通常称为头指针。

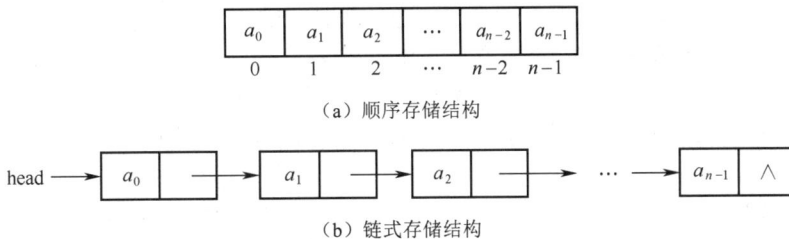

（a）顺序存储结构

（b）链式存储结构

图 1-2　数据存储结构的两种基本形式

顺序存储结构和链式存储结构是两种最基本、最常用的存储结构。除此之外，利用顺序存储结构和链式存储结构进行组合，还可以有一些更复杂的存储结构。

1.1.4 数据的操作

一种数据类型数据允许进行的某种操作称为**数据的操作**，一种数据类型数据所有的操作称为**数据的操作集合**。

数据结构课程在讨论数据的操作时，一般从抽象和具体两个角度进行讨论。在抽象角度下，数据的操作主要讨论数据操作所完成的逻辑功能，这部分内容一般与数据的逻辑结构一起讨论；在具体角度下，数据的操作主要讨论数据操作的具体实现算法。例如，若某软件要对表 1-1 中的学生信息进行处理，对学生信息可能进行的操作有：插入一个数据元素，删除一个数据元素，列出所有数据元素的值等。所以，该问题数据的操作有：插入一个数据元素，删除一个数据元素，列出所有数据元素的值等。在其抽象角度下，这些操作的逻辑功能如其字面含义所述；在具体角度下，表 1-1 的学生信息既可采用图 1-2（a）的顺序存储结构存储数据元素，也可采用图 1-2（b）的链式存储结构存储数据元素，不同的存储结构操作实现的具体算法将不同。

1.1.5　本书的结构和主要内容

数据结构课程主要讨论表、栈、队列、串、数组、广义表、树、二叉树、图等典型的基本数据结构，在讨论这些基本数据结构时，主要从它们的逻辑结构、存储结构和数据操作 3 个方面进行分析和讨论。例如，在第 2 章中讨论线性表时，2.1 节讨论线性表的抽象数据类型，即线性表的逻辑结构和逻辑结构意义下的操作功能，2.2 节讨论线性表的顺序存储结构和顺序存储结构下各基本操作的具体实现算法，2.3 节讨论线性表的链式存储结构和链式存储结构下各基本操作的具体实现算法。本书其他各章中对栈、队列、串、数组、广义表、树、二叉树、图等进行讨论的各节的安排次序与第 2 章的类同。

本书还讨论了程序设计中经常使用的两类算法问题：排序和查找算法。在具体设计排序和查找算法时，需要结合上述基本数据结构来考虑。所以，从另一个角度看，排序和查找的算法设计问题，也可以看作上述基本数据结构的应用问题。

另外，广义表、树、二叉树和图这些非线性结构的算法经常要设计成递归算法，考虑到很多学生没有机会系统学习递归算法的设计方法，所以，本书专设一章讨论递归算法的实现机理和设计方法。

1.2　抽象数据类型

类型是一组值的集合。

例如，int 类型就是具体计算机所能表示的 int 类型数值的集合。通常，int 类型的数值范围是-32768～32767。又如，float 类型就是具体计算机所能表示的 float 类型数值的集合。

数据类型是指一个类型和定义在这个类型上的操作集合。

例如，当我们说计算机中的 int 类型时，我们不仅指 int 类型所能表示的-32768～32767 的数值范围，还指 int 类型的数据允许进行的加（+）、减（-）、乘（*）、除（/）和求模（%）操作。

在"数据结构"课程中，通常把在已有的数据类型基础上设计新的数据类型的过程称为数据结构设计。

抽象数据类型（Abstract Data Type，ADT）是指一个逻辑概念上的类型和这个类型上的操作集合。

从定义看，数据类型和抽象数据类型的定义基本相同。数据类型和抽象数据类型的不同之处仅仅在于：数据类型通常指的是高级程序设计语言支持的基本数据类型，而抽象数据类型指的是在基本数据类型支持下用户新设计的数据类型。数据结构课程主要讨论表、栈、队列、串、数组、树、二叉树、图等典型的常用数据结构，这些典型的常用数据结构就是一个个不同的抽象数据类型。

如果用砖、水泥、沙子来盖楼，则不仅建造周期长，而且楼不可能盖得很高（否则将不安全）；如果用水泥预制板（更大的模块）来盖楼，则不仅建造周期短（水泥预制板由专门的公司按规范的规格提供），楼能盖得很高，而且所建造的高楼能保证安全。从数学的观点看，水泥预制板使高楼建造过程的接缝数量大大减少，从而大大降低了高楼建造的复杂度。

抽象数据类型使软件设计成为工业化流水线生产的一个中间环节。一方面，根据给出的抽象数据类型定义，负责设计这些抽象数据类型的专门公司（或专门设计人员）设计该抽象数据类型的具体存储结构，以及在具体存储结构下各操作的具体实现算法；另一方面，利用已设计实现的抽象数据类型模块,负责设计应用软件的专门公司(或专门设计人员)可以安全、快速、方便地完成该应用软件系统的设计。这样的方法与使用水泥预制板建造高楼的方法类同。水泥预制板规格的设计是建造高楼的一个中间环节。一方面,根据给出的水泥预制板规格,负责提供水泥预制板的专门公司建造水泥预制板;另一方面,根据给出的水泥预制板规格,高楼的设计人员和建造人员可以安全、快速、方便地完成高楼的设计和建造。

软件的设计采用模块化方法,抽象数据类型(如线性表、栈、队列、串、数组、广义表、树、二叉树、图等)就是构造大型软件最基本的模块。用这些已由专门公司设计好的抽象数据类型,就可以安全、快速、方便地设计功能复杂的大型软件。

数据结构课程讨论线性表、栈、队列、串、数组、广义表、树、二叉树、图等基本数据结构的功能和设计方法。在大部分高级程序设计语言的类库包中,这些常用的数据结构都已设计完成。程序设计人员通常不需要重新设计和实现这些数据结构,只需要根据问题的要求,首先把相应的数据结构头文件包含进来,然后定义具体的变量,调用相应的函数,即可实现所要完成的功能。另外,数据结构课程讨论的各种排序和查找算法,在大部分高级程序设计语言的类库包中也已经实现,程序设计人员一般通过调用相应的函数就可以实现所要完成的功能。从这个角度看,有些人可能会觉得数据结构课程的学习没有必要。对于计算机学科的学生,以及那些希望深入学习掌握计算机软件设计方法的学生来说,本课程对典型数据结构的分析及对典型算法设计方法的讨论和训练,既能帮助学生打好软件设计的扎实基础,掌握软件模块化设计的基本方法,也能帮助学生进行最基本的程序设计训练。

1.3 算法和算法的时间复杂度

1.3.1 算法

算法是描述求解问题方法的操作步骤集合。

算法要用某种语言来描述。描述算法的语言主要有三种形式:文字形式、伪码形式和程序设计语言形式。文字形式是指用中文或英文这样的文字来描述算法。伪码形式是指用一种仿程序设计语言的语言(因为这样的描述语言不是真正的程序设计语言,所以称为伪码)来描述算法。程序设计语言形式是指用某种高级程序设计语言来描述算法。用高级程序设计语言描述算法的优点是,算法描述既简捷易读,又可以直接输入计算机调用或运行。本书采用 C 语言这种高级程序设计语言描述算法。

下面给出算法设计的两个例子。从这两个例子中,读者可体会用高级程序设计语言描述算法的基本方法及这种描述方法的优点。

【例 1-1】 设计一个把存储在数组中的有 n 个抽象数据元素 $a_0, a_1, \cdots, a_{n-2}, a_{n-1}$ 逆置的算法。逆置就是把数据元素序列 $a_0, a_1, \cdots, a_{n-2}, a_{n-1}$ 变换为数据元素序列 $a_{n-1}, a_{n-2}, \cdots, a_1, a_0$,并要求原数组中的数据元素不被改变。

【算法参数设计】 这个算法的参数应该包括三个:表示原数组的输入参数 a,表示数据元素个数的输入参数 n,表示逆置后数组的输出参数 b。

算法设计如下:

```
void Reverse(DataType a[], int n, DataType b[] ){
    int i;
    for(i = 0; i < n; i++)
        b[i] = a[n - 1 - i];
}
```

该算法共进行 n 次赋值,逆置算法的实现过程如图 1-3 所示。

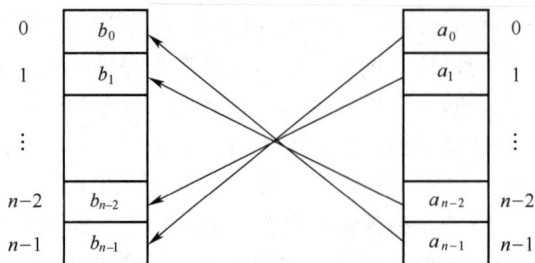

图 1-3　逆置算法的实现过程

【例 1-2】　设计一个把存储在数组中的有 n 个抽象数据元素 a_0, a_1, $\cdots$, a_{n-2}, a_{n-1} 就地逆置的算法。就地逆置就是把数据元素序列 a_0, a_1, $\cdots$, a_{n-2}, a_{n-1} 变换为数据元素序列 a_{n-1}, a_{n-2}, $\cdots$, a_1, a_0, 并要求这种变换在原数组中进行。

【算法参数设计】　这个算法的参数应该包括两个：表示原数组和就地逆置后数组的参数 a，表示数据元素个数的参数 n。

算法设计如下：

```
void Reverse(DataType a[], int n){
    int i, m = n/2;
    DataType temp;

    for(i = 0; i < m; i++){                         //进行 m 次调换
        temp = a[i];
        a[i] = a[n - 1 - i];
        a[n - 1 - i] = temp;
    }
}
```

注意：在 C 语言中，当除数和被除数都是整数时，运算符"/"表示整数相除，即商只取整数部分。例如，当 n==10 时，n/2 的运算结果为 5，即变量 m 得到赋值 5；当 n==11 时，n/2 的运算结果仍为 5，即变量 m 仍得到赋值 5。

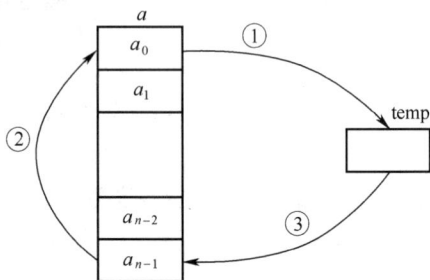

图 1-4　第一次调换的过程

该算法共进行 $n/2$ 次调换，第一次调换的过程如图 1-4 所示。

1.3.2　算法的性质和设计目标

任何算法设计都应满足以下性质。

① 输入性：具有零个或若干个输入量。

② 输出性：至少产生一个输出量或执行一个有意义操作。

③ 有限性：执行语句的序列是有限的。

④ 确定性：每条语句的含义明确，无二义性。

⑤ 可执行性：每条语句都应在有限的时间内完成。

用高级程序设计语言描述算法时，一个算法就是一个函数。算法的输入量就是函数的输入参数，算法的输出量就是函数的输出参数。由于高级程序设计语言规范了语句格式，不允许有二义性语句，因此在用高级程序设计语言中的语句组合出的算法中，只要没有无限循环，则必然满足算法的有限性、确定性和可执行性的性质。

应用程序通常是通过调用函数（算法）来完成的。程序和算法的唯一区别是，程序允许无限循环，而算法不允许无限循环。构成无限循环的一组语句如下：

```
while(1){                        //循环条件永真

    …                            //任意语句序列

}
```

算法设计应满足以下 5 个目标。

① 正确性。算法应确切地满足具体问题的需求。这是算法设计的基本目标。

② 可读性。算法的可读性有利于人们对算法的理解，这既有利于程序的调试和维护，也有利于算法的交流和移植。算法的可读性主要体现在两个方面：一是变量名、常量名、函数名等的命名要见名知意；二是要有足够多的注释。

③ 健壮性。当输入非法数据时，算法要能做出适当的处理，而不应产生不可预料的结果。

④ 高时间效率。算法的时间效率是指运行算法需要花费时间的多少。对于同一个问题，如果有多个算法可供选择，则应尽可能选择运行时间短的算法。运行时间短的算法称为高时间效率的算法。

⑤ 高空间效率。算法的空间效率是指运行算法需要占用的额外内存空间的多少。对于同一个问题，如果有多个算法可供选择，则应尽可能选择占用内存空间少的算法。占用内存空间少的算法称为高空间效率的算法。

算法的高时间效率和高空间效率通常是矛盾的。例如，有些问题，若算法占用了较多的内存空间，则算法只需要进行较少次循环就能实现，因而时间效率会提高；若算法占用了较少的内存空间，则算法需要进行较多次循环才能实现，因而时间效率会降低。在目前计算机内存价格快速下降的趋势下，当算法设计的时间效率目标和空间效率目标发生矛盾时，对于大多数情况来说，算法的时间效率目标应首先被考虑。

1.3.3 算法的时间效率分析

算法的执行时间需通过根据该算法编制的程序在计算机中运行所消耗的时间来度量。度量一个程序在计算机中的执行时间通常采用如下两种方法。

（1）事后统计方法。方法是，设计一组或若干组测试数据，然后分别运行根据不同的算法编制的程序，并比较这些程序的实际运行时间，从而确定算法时间效率的优劣。这种方法有两个缺陷：一是必须实际运行依据算法编制的程序，而这通常是比较麻烦和费时的；二是有些算法的测试数据设计困难，因为不同的算法对不同的测试数据，测试结果可能不同，要设计出能客观、全面反映算法时间效率的测试数据有时很困难。

（2）事前分析方法。方法是，用数学方法直接对算法的时间效率进行分析，不需要实际运行算法。这种方法在实际中比较常用。

根据算法编制的程序在计算机中运行所消耗的时间与下列因素有关：

● 书写算法的程序设计语言；

● 编译产生的机器语言代码的质量；

● 机器执行指令的速度；

● 问题的规模，即算法的耗时与算法所处理数据元素个数 n 的函数关系。

在这 4 个因素中，前 3 个都与具体的计算机有关。分析算法的时间效率应抛开具体的计算机，仅考虑算法本身的因素。因此，事前分析方法主要通过分析算法的耗时与算法所处理数据元素个数 n 的函数关系来评估一个算法的优劣。

算法的耗时与算法所处理数据元素个数 n 的函数关系的分析称为**算法的时间效率分析**。算法的时间效率分析主要是指分析算法的耗时与算法所处理数据元素个数 n 的**数量级意义上的函数关系**。因此，算法的时间效率分析也称为算法的时间复杂度分析。

算法的时间复杂度分析通常采用 $O(f(n))$ 表示法（$O(f(n))$ 读作"大 O 的 $f(n)$"），其中 n 为算法所处理的数据元素个数。

【定义】 $T(n)=O(f(n))$ 当且仅当存在正常数 c 和 n_0，对所有的 n（$n \geq n_0$）满足 $T(n) \leq cf(n)$。

由于上述定义中对所有的 n（$n \geq n_0$）条件，当 n 比较大时一般均成立，而我们考虑的算法的时间复杂度也主要是 n 相当大时的情况，因此具体分析一个算法的时间复杂度 $T(n)$ 时，一般不考虑 n 为一个较小的数时 $T(n) \leq cf(n)$ 不成立的情况。

通俗地说，$O(f(n))$ 给出了函数 $f(n)$ 的上界。

令函数 $T(n)$ 为算法的时间复杂度，其中 n 为算法所处理的数据元素个数，则 $T(n)=O(f(n))$ 表示算法的时间复杂度随 n 的增长率与函数 $f(n)$ 的增长率相同，或者说两者具有相同的数量级。

当 $T(n)$ 和 n 无关时，$T(n) \leq c \times 1$，所以此时算法的时间复杂度 $T(n)=O(1)$；当 $T(n)$ 和 n 为线性关系时，$T(n) \leq cn$，所以此时算法的时间复杂度 $T(n)=O(n)$；当 $T(n)$ 和 n 为平方关系时，$T(n) \leq cn^2$，所以此时算法的时间复杂度 $T(n)=O(n^2)$；其余类推，还有 $O(n^3)$、$O(\text{lb}n)$[①]、$O(\text{lg}n)$[②]、$O(2^n)$ 等。

显然，对于处理同样问题的算法来说，时间复杂度为 $O(1)$ 的算法优于时间复杂度为 $O(n)$ 的算法，时间复杂度为 $O(n)$ 的算法优于时间复杂度为 $O(n^2)$ 的算法，时间复杂度为 $O(\text{lb}n)$ 的算法优于时间复杂度为 $O(n)$ 的算法。

可见，分析一个算法中基本语句执行次数和算法所处理的数据元素个数 n 在数量级意义上的函数关系，就可以分析出该算法的时间复杂度，从而评估该算法的优劣。

下面的 4 个例题是算法时间复杂度分析的 4 种典型情况。

【例 1-3】 设表示 n 阶矩阵的数组 a 和 b 在前边部分已赋值，求实现两个 n 阶矩阵相乘运算的算法的时间复杂度。

```
for(i = 0; i < n; i++)
    for(j = 0; j < n; j++){
        c[i][j] = 0;                              //基本语句 1
        for(k = 0; k < n; k++)
            c[i][j] = c[i][j] + a[i][k] * b[k][j];  //基本语句 2
    }
```

【解】 设基本语句的执行次数为 $f(n)$，有

$$f(n)=c_1n^2+c_2n^3$$

因为 $T(n)=f(n)=c_1n^2+c_2n^3 \leq cn^3$，其中 c_1, c_2, c 均为常数，所以该算法的时间复杂度为 $T(n)=O(n^3)$。

【例 1-4】 求如下算法（片段）的时间复杂度。

```
for(i = 1; i <= n; i = 2 * i)
    printf("i = %d\n", i);                        //基本语句
```

【解】 设基本语句的执行次数为 $f(n)$，有 $2^{f(n)} \leq n$，即有 $f(n) \leq \text{lb}n$。

因为 $T(n)=f(n) \leq \text{lb}n \leq c\text{lb}n$，其中 $c=1$，所以该算法的时间复杂度为 $T(n)=O(\text{lb}n)$。

在很多情况下，若算法中数据元素的取值情况不同，则算法的时间复杂度也会不同。此时，算法的时间复杂度应是数据元素最坏情况下取值的时间复杂度（简称为最坏时间复杂度），或数据元素等概率取值情况下的平均时间复杂度（简称为平均时间复杂度）。

---

① $\text{lb}n$ 为求 n 的以 2 为底的对数，即 $\log_2 n$。

② $\text{lg}n$ 为求 n 的以 10 为底的对数，即 $\log_{10} n$。

【例1-5】 本例的算法采用冒泡排序法对数组 a 中的 n 个整数类型的元素（a[0]～a[n-1]）从小到大进行排序，求该算法的时间复杂度。

```
void BubbleSort(int a[], int n){
    int i, j, flag=1;
    int temp;
    for(i = 1; i < n && flag == 1; i++){
        flag = 0;
        for(j = 0; j < n-i; j++){
            if(a[j] > a[j+1]){
                flag = 1;
                temp = a[j];
                a[j] = a[j+1];
                a[j+1] = temp;
            }
        }
    }
}
```

【解】 这个算法的时间复杂度随待排序数据的不同而不同。当某次排序过程中没有任何两个数组元素交换位置时，表明数组元素已排序完毕，此时算法将因标记 flag=0 不满足循环条件而结束。但是，在最坏情况下，每次排序过程中都至少有一对数组元素交换位置，因此，最坏情况下该算法的时间复杂度分析如下。

设基本语句的执行次数为 $f(n)$，则在最坏情况下有

$$f(n) \approx n + 4n^2/2$$

因为 $T(n)=f(n) \approx n+2n^2 \leq cn^2$，其中 c 为常数，所以该算法的最坏时间复杂度为 $T(n)=O(n^2)$。

【例1-6】 本例的算法在一个有 n 个元素的数组 a 中删除第 i 个位置的元素，要求删除成功时数组元素个数减 1，求该算法的时间复杂度。其中，数组下标为 0～$n-1$。

```
int Delete(int a[], int *n, int i){
    int j;
    if(i < 0 || i >= *n) return 0;           //删除位置错误返回
    for(j = i + 1; j < *n; j++) a[j-1] = a[j];   //顺次移位填补
    (*n)--;                                   //数组元素个数减 1
    return 1;                                 //删除成功返回
}
```

【解】 这个算法的时间复杂度随删除数组元素的位置不同而不同。当删除最后一个位置的数组元素时，有 $i=n-1$，$j=i+1=n$，此时因为不需要移位填补而循环次数为 0；当删除倒数最后一个位置的数组元素时，有 $i=n-2$，$j=i+1=n-1$，此时因为只需要移位填补一次而循环次数为 1；依次类推，当删除第一个位置的数组元素时，有 $i=0$，$j=i+1=1$，此时因为需移位填补 $n-1$ 次而循环次数为 $n-1$。此时，算法的时间复杂度应是删除数组元素位置在等概率取值情况下的平均时间复杂度。

假设删除任何位置的数组元素都是等概率的（在一般情况下，均可做等概率假设），设 P_i 为删除第 i 个位置的数组元素的概率，则有 $P_i=1/n$。设 E 为删除数组元素的平均次数，则有

$$E = \frac{1}{n} \sum_{i=0}^{n-1} (n-1-i) = \frac{1}{n}[(n-1)+(n-2)+\cdots+2+1+0] = \frac{1}{n} \cdot \frac{n(n-1)}{2} = \frac{n-1}{2}$$

因为 $T(n)=E \leq (n+1)/2 \leq cn$，其中 c 为常数，所以该算法的平均时间复杂度为 $T(n)=O(n)$。

上面的 4 个例题是算法时间复杂度分析的 4 种典型情况。很多实际问题的算法时间复杂度分析是上述 4 种典型情况的组合或某种典型情况的变种。

1.3.4 算法耗时的实际测试

前面比较详细地讨论了时间效率分析的事前分析方法，本节将通过实际例子再讨论一下时间效率分析的事后统计方法，即算法耗时的实际测试方法，并结合时间效率分析的事前分析方法，具体说明两种分析方法的结合使用。

【例 1-7】 在数据元素个数为 30000（用数组存储）时，对比冒泡排序算法和快速排序算法的实际耗时。

根据问题的要求，设计如下测试程序，并在计算机中实际运行。

```
#include <stdio.h>
#include <stdlib.h>
#include <time.h>

typedef int KeyType;

typedef struct{
    KeyType key;
} DataType;

void BubbleSort(DataType a[], int n){
//对 a[0]～a[n-1]进行冒泡排序
    int i, j, flag = 1;
    DataType temp;
    for(i = 1; i < n && flag == 1; i++){
        flag = 0;
        for(j = 0; j < n-i; j++){
            if(a[j].key > a[j+1].key){
                flag = 1;
                temp = a[j];
                a[j] = a[j+1];
                a[j+1] = temp;
            }
        }
    }
}
void QuickSort(DataType a[], int low, int high){
//用递归方法对 a[low]～a[high]进行快速排序
    int i = low, j = high;
    DataType temp = a[low];        //取第一个数组元素为进行调整的标准数据元素

    while(i < j){
        while(i < j && temp.key <= a[j].key) j--;//在数组的右端扫描
        if(i < j){
            a[i] = a[j];
            i++;
```

```
                }
                while(i < j && a[i].key < temp.key) i++;  //在数组的左端扫描
                if(i < j){
                    a[j] = a[i];
                    j--;
                }
            }
        a[i] = temp;

        if(low < i) QuickSort(a, low, i-1);              //对左端子集合进行递归
        if(i < high) QuickSort(a, j+1, high);            //对右端子集合进行递归
    }

    void main(void){
        int i, n=30000;
        double dif;
        time_t start,end;
        DataType test1[30000], test2[30000];

        for(i=0;i<n;i++){
            test1[i].key = rand();                       //随机生成测试数据
            test2[i].key = test1[i].key;                 //准备相同的两组数据
        }

        //冒泡排序测试
        time (&start);                                   //起始时间
        BubbleSort(test1,n);                             //实际运行冒泡排序函数
        time (&end);                                     //结束时间
        dif = difftime(end,start);                       //计算耗时
        printf("冒泡排序: %.2f 秒\n", dif);              //输出显示实际耗时

        //快速排序测试
        time(&start);                                    //起始时间
        QuickSort(test2,0, n-1);                         //实际运行快速排序函数
        time(&end);                                      //结束时间
        dif = difftime(end,start);                       //计算耗时
        printf("快速排序: %.2f 秒\n", dif );             //输出显示实际耗时
    }
```

【程序运行结果】

冒泡排序：6.00 秒

快速排序：0.00 秒

【程序运行结果说明】　　系统中的 difftime(end,start)以秒为单位计时，快速排序的实际耗时少于 0.5 秒，所以输出显示为 0.00 秒。当数据元素个数足够大时，理论分析的快速排序算法优于冒泡排序算法的结果，与程序的实际测试结果相吻合。

【程序说明】

① rand()为随机数生成函数，在头文件 stdlib.h 中。

② time()的功能为取系统的当前时间，difftime(end,start)用于求出 end 减去 start 的时间差，单位为秒。这两个函数均在头文件 time.h 中。

③ 对于同一个排序算法，若初始数据元素序列不同，则排序的实际耗时将不同。所以要比较两个排序算法的实际耗时，测试数据应该相同。

1.3.5 数据元素个数和时间复杂度

算法的时间复杂度是衡量一个算法好坏的重要指标。一般来说，具有多项式时间复杂度（如 $O(n)$、$O(n^2)$、$O(n^6)$、$O(n^8)$ 等）的算法，是可接受的、可实际使用的算法；而具有指数时间复杂度（如 $O(2^n)$、$O(n^n)$、$O(n!)$ 等）的算法，是理论上可以计算，但实际上不可以计算的问题，通常称为难解的问题。

对于具有多项式时间复杂度的算法，无论数据元素个数 n 多大（只要是有限的数值），算法都可以在有限的时间内执行完成。而对于难解的问题，当 n 足够小时，算法可以在有限的时间内执行完成；当 n 比较大时，其执行时间将是一个天文数字！

表 1-2 给出了函数的多项式增长与指数增长的比较。从表 1-2 中可以看出，当 $n=50$ 时，多项式函数 $n^3=125\,000$，而指数函数 $2^n=1.0\times10^{15}$，$n!=3.0\times10^{64}$，$n^n=8.9\times10^{84}$。

表 1-2　函数的多项式增长与指数增长的比较

大小	多项式函数			指数函数		
i	n	n^2	n^3	2^n	$n!$	n^n
1	1	1	1	2	1	1
2	2	4	8	4	2	4
3	3	9	27	8	6	27
4	4	16	64	16	24	256
5	5	25	125	32	120	3125
6	6	36	216	64	720	46 656
7	7	49	343	128	5040	823 543
8	8	64	512	256	40 320	16 777 216
9	9	81	729	512	362 800	3.9×10^8
10	10	100	1000	1024	3 628 800	1.9×10^{10}
⋮	⋮	⋮	⋮	⋮	⋮	⋮
20	20	400	8000	1 048 376	2.4×10^{18}	1.0×10^{25}
30	30	900	27 000	1.0×10^9	2.7×10^{32}	2.1×10^{44}
40	40	1600	64 000	1.0×10^{12}	8.2×10^{47}	1.2×10^{64}
50	50	2500	125 000	1.0×10^{15}	3.0×10^{64}	8.9×10^{84}
⋮	⋮	⋮	⋮	⋮	⋮	⋮
100	100	10 000	1.0×10^6	1.3×10^{30}	9.3×10^{157}	1.0×10^{200}

通常，当基本语句的计算次数超过 1.0×10^{15} 时，该算法的计算机执行时间就比较长。可以计算如下，设计算机每秒可执行 1 亿（1.0×10^9）条基本语句，则执行一个需要 1.0×10^{15} 次基本操作的算法时间为：

$T=1.0\times10^{15}/1.0\times10^9=1.0\times10^6$（秒）

$=1.0\times10^6/3600=277.8$（小时）

$=277.8/24=11.6$（天）

习题 1

【基本概念习题】

1-1 填空题

（1）数据结构包括数据的（　　）、数据的（　　）和数据的（　　）这三个方面的内容。

（2）数据结构按逻辑结构可分为三大类，它们分别是（　　）、（　　）和（　　）。

（3）算法的效率可分为（　　）效率和（　　）效率。

1-2 选择题

（1）线性结构是数据元素之间存在一种（　　）。

    A．一对多关系　　B．多对多关系　　C．多对一关系　　D．一对一关系

（2）数据结构中，与所使用的计算机无关的是数据的（　　）。

    A．存储结构　　B．物理结构　　C．逻辑结构　　D．物理和存储结构

（3）算法分析的目的是（　　）。

    A．找出数据结构的合理性　　　　B．研究算法中的输入和输出的关系

    C．分析算法的效率以求改进　　　D．分析算法的可读性和文档性

（4）算法分析的两个主要方面是（　　）。

    A．时间复杂性和空间复杂性　　　B．正确性和简明性

    C．可读性和文档性　　　　　　　D．数据复杂性和程序复杂性

（5）算法指的是（　　）。

    A．计算方法　　　　　　　　　　B．排序方法

    C．解决问题的有限运算序列　　　D．调度方法

（6）计算机算法必须具备输入、输出（　　）5 个特性。

    A．可行性、可移植性和可扩充性　　B．有限性、确定性和可执行性

    C．确定性、有穷性和稳定性　　　　D．易读性、稳定性和安全性

1-3 什么叫数据？什么叫数据元素？什么叫数据项？

1-4 什么叫数据的逻辑结构？什么叫数据的存储结构？什么叫数据的操作？

1-5 数据结构课程主要讨论哪三个方面的问题？

1-6 分别画出线性结构、树状结构和图结构的逻辑示意图。

1-7 什么叫类型？什么叫数据类型？什么叫抽象数据类型？

1-8 什么叫算法？算法的 5 个性质是什么？

1-9 什么叫算法的时间复杂度？怎样表示算法的时间复杂度？

1-10 根据算法的性质解释算法和程序的区别。

1-11 数据结构和数据类型两个概念之间有区别吗？

1-12 简述线性结构与非线性结构的不同点。

1-13 设 n 为已在算法前边定义的整数类型，并已知 n 为正整数，分析下列各算法中加下画线的语句的执行次数，并给出各算法的时间复杂度 $T(n)$。

（1）
```
int i = 1, k = 0;
while (i < n-1){
    k = k + 10 * i;
    i = i + 1;
}
```

（2）
```
int i = 1, k = 0;
do{
```

```
                    k = k + 10 * i;
                    i = i + 1;
                }while (i != n);
（3）    int i = 1, j = 1;
        while (i <= n && j <= n){
                    i = i + 1;
                    j = j + 1;
        }
（4）    int x = n;              // n > 1
        int y = 0;
        while(x >= (y+1) * (y+1))
                    y++;
```

1-14   设表示 n 阶矩阵的数组 a 和 b 在前边部分已赋值，求两个 n 阶矩阵相乘运算程序段的时间复杂度。

```
for(i = 0; i < n; i++)
    for(j = 0; j < n; j++){
        c[i][j] = 0;                          //基本语句1
        for(k = 0; k < n; k++)
        c[i][j] = c[i][j] + a[i][k] * b[k][j];  //基本语句2
    }
```

【复杂概念习题】

1-15   按增长率从小到大的顺序排列下列各项：

$$2^{100}, (3/2)^n, (2/3)^n, n^n, n^{0.5}, n!, 2^n, \lg n, n^{\lg n}, n^{(3/2)}$$

1-16   设求解同一个问题有三个算法，三个算法各自的时间复杂度分别为 $O(n^2)$、$O(2^n)$ 和 $O(n\lg n)$，试问：哪个算法最可取？为什么？

1-17   按增长率从小到大的顺序分别排列下列三组中的各项：

（1）2^{100}，$(3/2)^n$，$(2/3)^n$，$(4/3)^n$

（2）n，$n^{3/2}$，$n^{2/3}$，$n!$，n^n

（3）$\text{lb}n$，$n\text{lb}n$，$n^{\text{lb}n}$，n

1-18   设有两个算法在同一台计算机中运行，其执行时间分别为 $100n^2$ 和 2^n，要使前者快于后者，则 n 至少要多大？

【算法设计习题】

1-19   设计一个从两个整数类型数据中得到较大数值的函数。

1-20   设计一个从三个整数类型数据中得到最大数值和次大数值的函数。

1-21   设计一个求 n 阶矩阵所有元素之和的函数。

1-22   设计一个求 n 阶矩阵主对角元素之和的函数。

1-23   设计一个求 n 阶矩阵次对角元素之和的函数。

第2章 线 性 表

线性表是一种最简单的线性结构。线性表的主要操作特点是可以在任意位置插入和删除一个数据元素（为叙述简便，以下均简称为元素）。线性表可以用顺序存储结构和链式存储结构存储。用顺序存储结构实现的线性表称为顺序表，用链式存储结构实现的线性表称为链表。链表主要有单链表、循环单链表和双向循环链表三种。顺序表和链表各有优缺点，并且优缺点刚好相反。

本章内容主要包括：线性表的定义和功能要求，顺序表的存储结构和实现，单链表的存储结构和实现，循环单链表、双向循环链表、静态链表的概念和设计方法。

2.1 线性表概述

2.1.1 线性表的定义

线性结构的特点是，除第一个和最后一个元素外，每个元素只有一个前驱元素和一个后继元素。**线性表**是一种可以在任意位置进行插入和删除元素操作的、由 n（$n \geqslant 0$）个相同类型元素 $a_0, a_1, a_2, \cdots, a_{n-1}$ 组成的线性结构。线性表是一种最简单的线性结构。

在 1.1 节曾讲过，没有实际含义的元素称为抽象元素。线性表中的元素 a_i（$0 \leqslant i \leqslant n-1$）表示抽象元素。在设计时遇到抽象元素，用符号 DataType 表示该抽象元素的数据类型；当软件设计具体问题确定时，抽象元素的数据类型将被具体的数据类型取代。例如，当具体软件设计要求的线性表的元素类型为 int 或 char 类型时，可通过重新定义抽象元素的数据类型为 int 类型或 char 类型来具体确定该抽象元素的数据类型。C 语言相应的语句是：

```
typedef int DataType;
```
或
```
typedef char DataType;
```

线性表的元素集合 $a_0, a_1, a_2, \cdots, a_{n-1}$ 表示元素编号从 0 开始。若写成 $a_1, a_2, a_3, \cdots, a_n$，则表示元素编号从 1 开始。顺序存储结构用数组存储元素，元素编号从 0 开始，和 C 语言数组下标从 0 开始编号相吻合，在编写算法和程序时比较方便，所以本书采用从 0 开始编号的表示方法。要注意的是，如果元素从 1 开始编号，则 a_1 表示的是第 1 个元素；而如果元素从 0 开始编号，则 a_1 表示的是第 2 个元素。使用不同的元素编号方法，在算法思想上没有差别，但在一些实现细节上会有差别。

2.1.2 线性表的抽象数据类型

回顾 1.2 节关于抽象数据类型的定义可知，抽象数据类型是指一个逻辑概念上的类型和这个类型上的操作集合，而类型是一组值的集合。因此线性表的抽象数据类型主要包括两个方面：数据集合和该数据集合上的操作集合。

1. 数据集合

线性表的数据集合可以表示为 $a_0, a_1, a_2, \cdots, a_{n-1}$，每个元素的数据类型都是抽象元素的数据类型 DataType。

2．操作集合

（1）初始化 ListInitiate(L)：初始化线性表 L。

（2）求当前元素个数 ListLength(L)：函数返回线性表 L 的当前元素个数。

（3）插入元素 ListInsert(L,i,x)：在线性表 L 的第 i 个元素前插入 x，插入成功返回 1，插入失败返回 0。插入成功的条件为：i>=0 且 i<=ListLength(L)。若 i==0，则表示在 a_0 前插入 x；若 i==ListLength(L)−1，则表示在 a_{n-1}（n 为 ListLength(L)）前插入 x；若 i==ListLength(L)，则表示在 a_{n-1} 后插入 x。

（4）删除元素 ListDelete(L,i,x)：删除线性表 L 的第 i 个元素，所删除的元素由输出参数 x 带回，删除成功返回 1，删除失败返回 0。删除成功的条件为：i>=0 且 i<=ListLength(L)−1。若 i==0，则表示删除 a_0；若 i==ListLength(L)−1，则表示删除 a_{n-1}（n 为 ListLength(L)）。

（5）取出元素 ListGet(L,i,x)：取出线性表 L 的第 i 个元素，所取出的元素由输出参数 x 带回，取出成功返回 1，取出失败返回 0。取出成功的条件为：i>=0 且 i<=ListLength(L)−1。若 i==0，则表示取出 a_0；若 i==ListLength(L)−1，则表示取出 a_{n-1}（n 为 ListLength(L)）。

作为教材，讨论线性表的抽象数据类型时，仅讨论线性表的以上 5 种主要操作。线性表在实际使用中，除上述主要操作外，一般还需要一些其他操作以方便软件设计，如定位操作、判空操作等。为节省篇幅，线性表的其他非主要操作就不在这里讨论了。线性表的定位操作作为算法设计习题给出。

2.2 线性表的顺序表示和实现

线性表的抽象数据类型是线性表的逻辑结构，它表示线性表的元素、元素之间的逻辑关系以及线性表的操作集合。任何需要计算机进行管理和处理的元素都必须首先按某种方式存储在计算机中。线性表有两种存储结构：一种是顺序存储结构，另一种是链式存储结构。一旦确定了线性表的存储结构，线性表操作集合中的所有操作就可以具体实现。本节讨论线性表的顺序存储结构和顺序存储结构下的操作实现。

顺序存储结构的线性表称为**顺序表**。

2.2.1 顺序表的存储结构

当采用像 C 语言这样的高级程序设计语言描述数据结构问题时，实现顺序存储结构的方法是使用数组。数组把线性表的元素存储在一块连续地址空间的内存单元中，这样，线性表中逻辑上相邻的元素在物理存储地址上也相邻。元素间逻辑上的前驱、后继逻辑关系就表现在元素所处内存单元的物理前、后位置关系上。

数组有静态数组和动态数组两种。静态数组存储空间的申请和释放由系统自动完成，而动态数组存储空间的申请和释放是由用户通过调用系统函数自己完成的。不论静态数组还是动态数组，其功能都是向系统申请一块地址连续的有限空间，只是申请空间的方法不同。

本章主要讨论静态数组方法实现的顺序表。动态数组方法实现的顺序表，将在第 4 章中讨论用动态数组方法设计串后，作为上机实习习题给出（见习题 4-18）。

顺序表的存储结构如图 2-1 所示。其中，a_0, a_1, a_2,…表示顺序表中存储的元素，list 表示用于存储顺序表元素的数组，MaxSize 表示数组 list 的最大内存单元个数（允许存储的元素最大个数），size 表示顺序表当前存储的元素个数。

为了用 C 语言描述图 2-1 所示的顺序表，定义结构体 SeqList 如下：

```
typedef struct{
```

```
    DataType list[MaxSize];
    int size;
} SeqList;
```

其中，**DataType** 为数组元素的数据类型，**MaxSize** 表示数组元素的最大个数，list 表示顺序表的数组成员，size 表示顺序表中当前存储的数组元素个数成员，且必须满足条件 size<=MaxSize，SeqList 是结构体名。

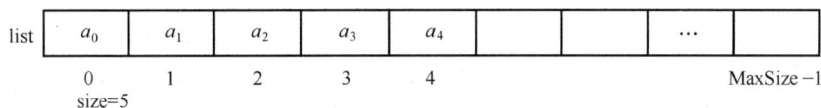

图 2-1　顺序表的存储结构

2.2.2　顺序表操作的实现

在顺序存储结构下，线性表抽象数据类型定义的各个操作的具体实现方法如下。

（1）初始化 ListInitiate(L)

```
void ListInitiate(SeqList *L){          //初始化顺序表 L
    L->size = 0;                        //定义初始元素个数
}
```

【说明】　由于函数中要改变参数 L 的 size 域的值，因此参数 L 应设计为输出型参数，即参数 L 设计为 SeqList 的指针类型，否则，size 域的修改值将不能带回去。

（2）求当前元素个数 ListLength(L)

```
int ListLength(SeqList L){              //返回顺序表 L 的当前元素个数
    return L.size;
}
```

（3）插入元素 ListInsert(L, i, x)

```
int ListInsert(SeqList *L, int i, DataType x){
//在顺序表 L 的第 i（0~size）个位置前插入 x
//插入成功返回 1，插入失败返回 0
    int j;
    if(L->size >= MaxSize){
        printf("顺序表已满无法插入!\n");
        return 0;
    }
    else if(i < 0 || i > L->size ){
        printf("参数 i 不合法! \n");
        return 0;
    }
    else{
        //从后向前依次后移数据，为插入做准备
        for(j = L->size; j > i; j--) L->list[j] = L->list[j-1];
        L->list[i] = x;                 //插入 x
        L->size ++;                     //元素个数加 1
        return 1;
    }
}
```

【说明】 因为顺序表的当前元素个数 size 初始时为 0，而有一个元素时为 1（也就是说，元素个数 size 比数组下标，即参数 i 的值大 1），所以插入位置参数 i 应大于或等于 0 且小于或等于 size。当参数 i 不在上述区间内时，即可判定参数出错。数组的存储空间是有限的，若当前已经存满了数组的 MaxSize 个内存单元，则不能继续插入。

当参数 i 正确并且还有可用的内存单元时，插入步骤是：首先把从内存单元 size-1 至内存单元 i 中的元素依次后移，然后把元素 x 插到内存单元 i 中，最后把元素个数加 1。顺序表插入过程的一个具体例子如图 2-2 所示。

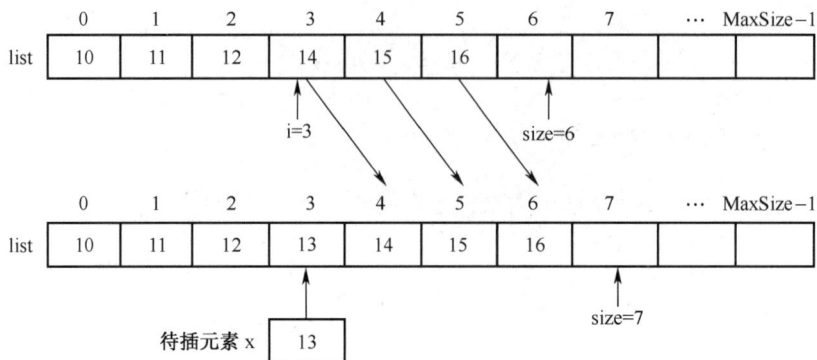

图 2-2　顺序表插入过程

这个操作也称为前插，即在顺序表的第 i 个位置前插入元素。还可以有后插操作，即在顺序表的第 i 个位置后插入元素。

（4）删除元素 ListDelete(L, i, x)

```
int ListDelete(SeqList *L, int i, DataType *x){
//删除顺序表 L 中第 i（0～size-1）个位置处的元素并保存到 x 中
//删除成功返回 1，删除失败返回 0
    int j;
    if(L->size <= 0){
        printf("顺序表已空无元素可删! \n");
        return 0;
    }
    else if(i < 0 || i > L->size-1){
        printf("参数 i 不合法");
        return 0;
    }
    else{
        *x = L->list[i];                //保存删除的元素到 x 中
        //从前向后依次前移
        for(j = i +1; j <= L->size-1; j++) L->list[j-1] = L->list[j];
        L->size--;                      //元素个数减 1
        return 1;
    }
}
```

【说明】 若顺序表中当前没有一个元素，则无法进行删除，应判断为函数调用出错。删除位置参数 i 应大于或等于 0 且小于或等于 size-1，当参数 i 不在上述区间内时，即为参数出错。

当顺序表非空并且参数 i 正确时，删除步骤是：首先把内存单元 i 中的元素，即 list[i]，存放到参数 x 中，然后从前向后依次前移从内存单元 i 到内存单元 size-1 中的元素，最后把元素个数减 1。顺序表删除过程的一个具体例子如图 2-3 所示。

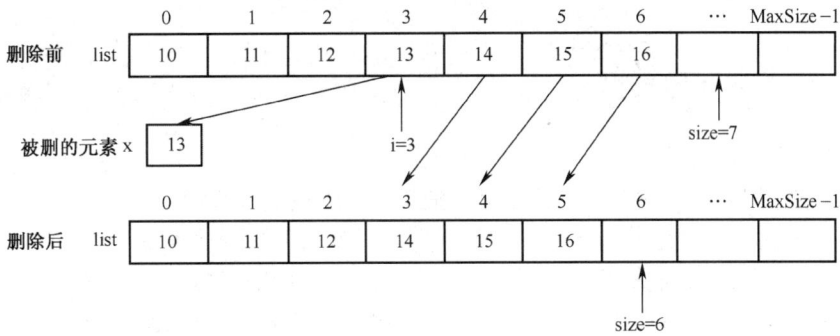

图 2-3 顺序表删除过程

（5）取元素 ListGet(L, i, x)

```
int ListGet(SeqList L, int i, DataType *x){
//取顺序表 L 中第 i 个元素存于 x 中，成功返回 1，失败返回 0
    if(i < 0 || i > L.size-1){
        printf("参数 i 不合法! \n");
        return 0;
    }
    else{
        *x = L.list[i];
        return 1;
    }
}
```

【说明】 取元素操作与删除元素操作类同，但更简单，取元素操作只需取元素 list[i] 到参数 x 中。

2.2.3 顺序表操作的效率分析

顺序表中的插入和删除操作是顺序表中时间复杂度最高的操作。在顺序表中插入一个元素时，算法中时间复杂度最高的操作是循环移动元素操作。循环移动元素的效率与插入元素的位置 i 有关，最坏情况是 $i=0$，需要移动 size 个元素；最好情况是 i=size，需要移动 0 个元素。设 p_i 是在第 i 个位置插入一个元素的概率，设顺序表中的元素个数为 n，当在顺序表的任何位置插入元素的概率相等时，有 $p_i=1/(n+1)$，则向顺序表插入一个元素需要移动的元素的平均次数为：

$$E_{ins} = \sum_{i=0}^{n} p_i(n-i) = \frac{1}{n+1}\sum_{i=0}^{n}(n-i) = \frac{n}{2}$$

从顺序表中删除一个元素时，算法中时间复杂度最高的操作也是循环移动元素操作。循环移动元素的效率与删除元素的位置 i 有关，最坏情况是 $i=0$，需要移动 size-1 个元素；最好情况是 i=size，需要移动 0 个元素。设 q_i 是删除第 i 个位置元素的概率，设顺序表中的元素个数为 n，当删除顺序表任何位置元素的概率相等时，有 $q_i=1/n$，则删除顺序表任意位置元素需要移动元素的平均次数为：

$$E_{del} = \sum_{i=0}^{n-1} q_i(n-i) = \frac{1}{n}\sum_{i=0}^{n-1}(n-i) = \frac{n-1}{2}$$

根据上面的分析可知，在顺序表中插入和删除一个元素的平均时间复杂度均为 $O(n)$。顺序表中的其余操作都与元素个数 n 无关，因此，其余操作的时间复杂度均为 $O(1)$。

顺序表的主要优点是：算法简单，内存单元利用率较高。主要缺点是：需要预先确定元素的最大个数。

2.2.4 顺序表应用举例

1．模块化设计方法

在 1.2 节抽象数据类型的讨论中曾指出，抽象数据类型是构造大型软件的模块。与使用水泥预制板安全、快速、方便地建造高楼的方法类同，大型软件的设计也采用模块化方法。线性表这种抽象数据类型就是设计大型软件时要使用的"水泥预制板"，我们用这些已由专门公司（或专门设计人员）设计好的模块，就可以安全、快速、方便地设计出功能复杂的大型软件。

一方面，根据抽象数据类型的定义，负责设计这些抽象数据类型的专门公司（或专门设计人员）设计出该抽象数据类型的具体存储结构，以及在具体存储结构下各操作的具体实现算法，这是我们在 2.2.2 节中讨论的内容；另一方面，利用已设计实现的抽象数据类型模块，负责设计应用软件的专门公司（或专门设计人员）可以安全、快速、方便地完成应用软件系统的设计。

假设 2.2.2 节讨论的顺序表存放在头文件 SeqList.h 中，则任何软件一旦需要使用顺序表，就可通过包含命令#include 把该文件包含到自己的程序文件中，从而直接利用该文件已经实现的结构体定义和函数完成程序设计。

2．设计举例

【例 2-1】 编程实现如下任务：建立一个线性表，首先依次输入元素 1, 2, 3,…,10，然后删除元素 5，最后依次显示当前线性表中的元素。假设该线性表的元素个数在最坏情况下不会超过 100 个。要求使用顺序表。

【程序参数设计】 因为该线性表元素在最坏情况下不会超过 100 个，所以定义顺序表的 MaxSize 为 100；因为该设计任务元素的数据类型为 int 类型，所以定义顺序表的 DataType 为 int 类型；该任务要求的插入、删除、取元素等操作可通过调用顺序表的插入、删除、取元素等函数来实现。

程序设计如下：

```
#include <stdio.h>                      //包含 printf()
#define MaxSize  100                    //定义 MaxSize 为 100
typedef int DataType;                   //定义 DataType
#include "SeqList.h"                     //包含 SeqList.h 头文件

void main(void){
    SeqList myList;
    int i, x;

    ListInitiate(&myList);              //初始化函数调用
    for(i = 0; i < 10; i++)             //插入 10 个元素
        ListInsert(&myList, i, i+1);    //插入函数调用
    ListDelete(&myList, 4, &x);         //删除函数调用

    //显示顺序表的当前元素
    for(i = 0; i < ListLength(myList); i++){ //当前元素个数函数调用
        ListGet(myList, i, &x);         //取元素函数调用
```

```
            printf("%d    ", x);                    //显示元素
        }
    }
```

【程序运行结果】

    1   2   3   4   6   7   8   9   10

【设计说明】

（1）在设计顺序表时，可以使用没有具体数值的 MaxSize，但在设计程序时，必须具体定义 MaxSize 的数值，否则，系统无法为主函数中变量 myList 的数组域分配具体的存储空间（C 语言要求定义数组时必须给出具体的元素个数）。

（2）在设计顺序表时，可以使用没有具体含义的数据类型 DataType，但在设计程序时，必须定义 DataType 为已定义的数据类型，否则，系统将由于 DataType 未定义而出错（C 语言要求任何标识符都要有具体定义）。

（3）程序设计语言要求所有标识符（包括数据类型和变量等）要先定义后使用，所以主函数前的语句次序必须是：

```
#define MaxSize 100
typedef int DataType;
#include "SeqList.h"
```

即要求 MaxSize 和 DataType 的定义必须在宏包含语句#include "SeqList.h"之前，否则，系统将因标识符 MaxSize 和 DataType 未定义而出错。

（4）主函数中定义变量 myList 为结构体 SeqList 数据类型，当函数的实参要求 SeqList 的指针类型时，用&myList 表示。

【例 2-2】 编程实现如下任务：建立一个如表 2-1 所示的学生信息表，要求先依次输入元素，然后依次显示当前表中的元素。假设该表中元素个数在最坏情况下不会超过 100 个。要求使用顺序表。

表 2-1　学生信息表

学号	姓名	性别	年龄
2000001	张三	男	20
2000002	李四	男	21
2000003	王五	女	22

【程序参数设计】 因为该表中元素个数在最坏情况下不会超过 100 个，所以定义顺序表的 MaxSize 为 100；该设计任务要处理的元素为学生信息，从表 2-1 可知，每个学生信息元素包括学号、姓名、性别和年龄 4 个数据项。

程序设计如下：

```
#include <stdio.h>
#define MaxSize  100                        //定义 MaxSize 为 100
typedef struct Student{
    long number;                            //学号数据项
    char name[10];                          //姓名数据项
    char sex[3];                            //性别数据项
    int  age;                               //年龄数据项
} StudentType;                              //定义学生信息结构体

typedef StudentType DataType;               //定义 DataType
```

```
#include "SeqList.h"                    //包含顺序表文件

void main(void){
    SeqList myList;
    int i;
    StudentType   x[3] = {{2000001, "张三", "男", 20},
                    {2000002, "李四", "男", 21},
                    {2000003, "王五", "女", 22}};
    StudentType s;

    ListInitiate(&myList);                  //初始化函数调用
    ListInsert(&myList, 0, x[0]);           //插入函数调用
    ListInsert(&myList, 1, x[1]);
    ListInsert(&myList, 2, x[2]);

    for(i = 0; i < ListLength(myList); i++){ //当前元素个数函数调用
        ListGet(myList, i, &s);             //取元素函数调用
        printf("%d   %s   %s   %d\n", s.number, s.name, s.sex, s.age);
    }
}
```

【程序运行结果】

```
2000001    张三    男    20
2000002    李四    男    21
2000003    王五    女    22
```

【设计说明】　　由于汉字"男""女"分别占两个字符，在 C 语言中，字符数组按字符串处理，系统存储字符串时还要自动添加一个结束标记，因此 sex 域应定义为长度为 3 的字符数组。

3．上机实习训练要求

从例 2-1 和例 2-2 可以看出，利用专门公司（或专门设计人员）已经设计实现的顺序表模块（包括结构体定义和函数），设计人员可以方便、高效地完成其设计任务。这种利用已有模块完成软件设计任务的软件设计方法，是本课程的一个重要训练内容。这部分训练内容主要在本课程的上机实习和数据结构课程设计时完成。要求学生在上机实习和课程设计时，软件设计任务要用与例 2-1、例 2-2 类同的方法（模块化方法）完成。

2.3　线性表的链式表示和实现

本节讨论线性表的链式存储结构和链式存储结构下操作的实现。链式存储结构存储线性表元素的方法是，把存储有元素的结点用指针域构造成链。**指针**是指向物理内存单元地址的变量。我们把一个由元素域及一个或若干个指针域组成的结构体称为一个**结点**。其中，数据域用来存放元素，指针域用来构造元素之间的关联关系。链式存储结构的特点是，元素间的逻辑关系表现在结点的链接关系上。链式存储结构的线性表称为**链表**。根据指针域的不同和结点构造链的方法不同，链表主要有单链表、循环单链表和双向循环链表三种。其中，单链表是最经常使用的链表。

2.3.1　单链表的存储结构

单链表中，构成链表的结点只有一个指向直接后继结点的指针域。

1. 单链表的表示方法

单链表的结点结构如图 2-4 所示。

图 2-4　单链表的结点结构

可以定义单链表结点的结构体如下：

```
typedef struct Node{
    DataType data;
    struct Node *next;
} SLNode;
```

其中，data 域用来存放元素，next 域用来存放指向下一个结点的指针。

单链表有带头结点结构和不带头结点结构两种。我们把指向单链表的指针称为**头指针**。头指针所指的不存放元素的第一个结点称为**头结点**。存放第一个元素的结点称为第一个元素结点。第一个元素结点在带头结点的单链表中是链表中的第二个结点，在不带头结点的单链表中是链表中的第一个结点。一个带头结点的单链表如图 2-5 所示。

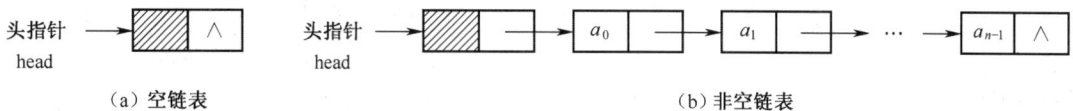

图 2-5　带头结点的单链表

在图 2-5 中，变量 head 表示头指针，头结点的数据域部分通常涂上阴影，以明显表示该结点为头结点。符号"∧"表示空指针。**空指针**是一个特殊标记，用来表示链表的结束。空指针在算法描述中用 NULL 表示。NULL 在 C 语言中宏定义为 0，因此空指针在 C 语言中也就是 0 地址。对于一个带头结点的单链表，单链表中一个元素也没有的空链表结构如图 2-5（a）所示，有 n 个元素 $a_0, a_1, \cdots, a_{n-1}$ 的单链表结构如图 2-5（b）所示。

在顺序存储结构中，用户向系统申请一块地址连续的内存空间用于存储元素，这样，任意两个在逻辑上相邻的元素在物理上也必然相邻。在链式存储结构中，链式存储结构初始时为空链表。每当有新的元素需要存储时，用户才向系统动态申请所需的内存空间插入链中，而这些在不同时刻向系统动态申请的内存空间很可能地址不连续，因此，在链式存储结构中，任意两个在逻辑上相邻的元素在物理上不一定相邻，元素的逻辑次序是通过链中的指针链接来实现的。

2. 带头结点单链表和不带头结点单链表的比较

从线性表的定义可以知道，线性表要求允许在线性表的任意位置进行插入和删除操作。若选用带头结点的单链表，设头指针为 head，则在第一个元素结点前插入结点时，不会改变头指针 head 的值，改变的是头指针所指的头结点的指针域的值，即改变的是 head->next 的值。当临时指针变量 p 等于 head 时，改变的是指针 p->next 的值。这与在其他结点前插入结点的过程相同。在带头结点的单链表第一个元素结点前插入结点的过程如图 2-6 所示。

类似地，若选用带头结点的单链表，则删除第一个元素结点时，不会改变头指针 head 的值，改变的是头指针所指结点的指针域的值，即改变的是 head->next 的值。当临时指针变量 p 等于 head 时，改变的是指针 p->next 的值。这与删除其他位置结点的过程相同。删除带头结点单链表第一个元素结点的过程如图 2-7 所示。

（a）插入前

（b）插入后

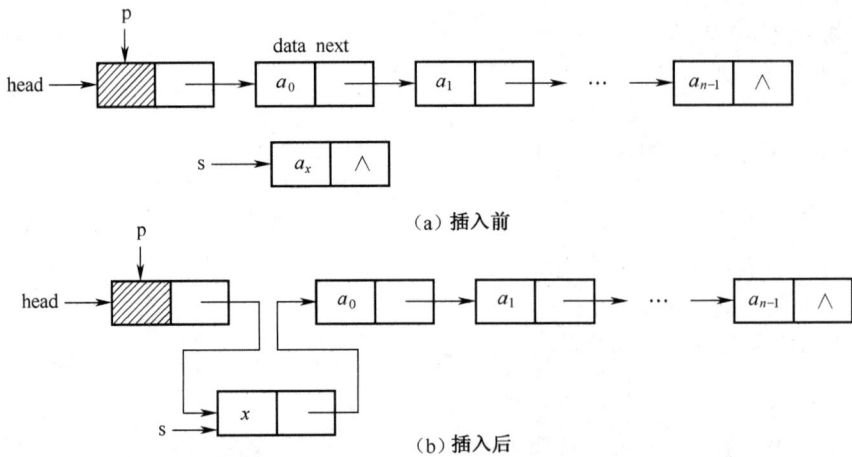

图 2-6　在带头结点单链表第一个元素结点前插入结点的过程

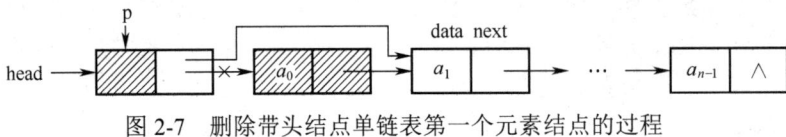

图 2-7　删除带头结点单链表第一个元素结点的过程

若选用不带头结点的单链表，在第一个元素结点前插入结点时，头指针 head 的值将改变为等于指针 s 的值，其插入过程如图 2-8 所示。

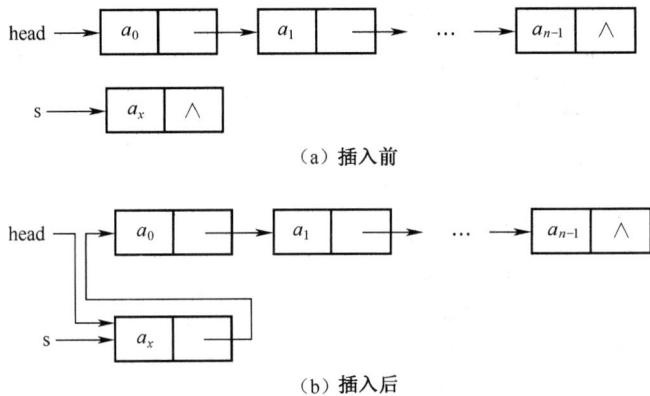

（a）插入前

（b）插入后

图 2-8　在不带头结点单链表第一个元素结点前插入结点的过程

若选用不带头结点的单链表，在非第一个元素结点的其他结点前插入结点时，头指针 head 的值不会改变，改变的是指针 p->next 的值，其插入过程如图 2-9 所示。

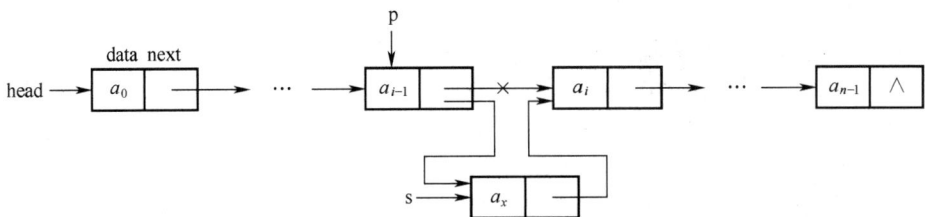

图 2-9　在不带头结点单链表其他结点前插入结点的过程

类似地，删除不带头结点单链表第一个元素结点时，头指针 head 的值将改变为等于原 head->next 的值，其删除过程如图 2-10 所示。

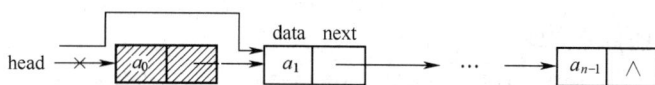

图 2-10　删除不带头结点单链表第一个元素结点的过程

若选用不带头结点单链表，删除其他结点时，头指针 head 的值将不会改变，改变的是指针 p->next 的值，其删除过程如图 2-11 所示。

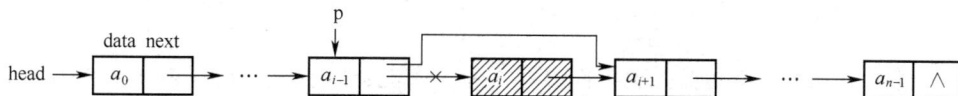

图 2-11　删除不带头结点单链表其他结点的过程

总结上述讨论可知：若设计的单链表带头结点，则无论是在第一个元素结点前插入还是在其他结点前插入，都不会改变头指针的值；若设计的单链表不带头结点，则在第一个元素结点前插入和在其他结点前插入算法的处理方法不同。类似地，若设计的单链表带头结点，则删除第一个元素结点和删除其他结点算法的处理方法相同；若设计的单链表不带头结点，则删除第一个元素结点和删除其他结点算法的处理方法不相同。因此，单链表一般构造成带头结点的单链表。

2.3.2　单链表的操作实现

1. C 语言的动态申请内存空间的函数

单链表中的每个结点，是在需要时才向系统申请的，这称为动态内存空间申请。动态申请的内存空间，当不再需要时，必须由申请者自己释放。C 语言提供了动态申请内存空间的函数 malloc() 和动态释放内存空间的函数 free()。这些函数包含在头文件 malloc.h 中。

malloc() 的原型：

```
void * malloc(unsigned size)
```

malloc() 用于向系统动态申请 size 个字节的内存空间，函数返回值为所申请内存空间的首地址。

free() 的原型：

```
void free( void *p)
```

free() 用于释放动态申请的内存空间。在程序中，用 malloc() 申请的内存空间要用一个指针类型的变量指示其首地址。假设该首地址用指针 p 指示，则当用 p 指针变量作为实参调用 free() 时，将释放指针 p 指示的动态申请函数所申请的内存空间。

利用 malloc() 等函数向系统动态申请内存空间时，需要给出参数 size，即所需动态申请内存空间的字节个数。若根据每种数据类型占用的字节个数具体进行计算将非常麻烦，为此，C 语言设计了一个专门计算任意一种数据类型占用字节个数的运算符 sizeof()。

sizeof 运算符的使用方法如下：

```
sizeof(<已定义的数据类型>)
```

sizeof 运算符的功能是，返回给出的已定义数据类型占用的字节个数。

2. 单链表的结点定义

如前所述，单链表是由一个个结点链接而成的，单链表中每个结点的结构体定义如下：

```
typedef struct Node{
    DataType data;
    struct Node *next;
} SLNode;
```

3．单链表操作的具体实现

在带头结点的单链表存储结构下，线性表抽象数据类型定义的各个操作的具体实现方法如下。

（1）初始化 ListInitiate(SLNode **head)

```
void ListInitiate(SLNode **head){                //初始化
    *head = (SLNode *)malloc(sizeof(SLNode));     //申请头结点，由 head 指示其地址
    (*head)->next = NULL;                         //置结束标记 NULL
}
```

【说明】　在初始化操作前，头指针参数 head 没有具体的地址值。在初始化操作时，头指针参数 head 才得到了具体的地址值，而这个地址值要返回给调用函数，所以，此时头指针参数 head 要设计成双重指针（指针的指针）类型。如果此时头指针参数 head 设计成指针类型，那么调用函数将无法得到在初始化函数中被赋值的头指针参数 head 的值。

（2）求当前元素个数 ListLength(SLNode *head)

```
int ListLength(SLNode *head){
    SLNode *p = head;                //p 指向头结点
    int size = 0;                    //size 初始为 0

    while(p->next != NULL){          //循环计数
        p = p->next;
        size ++;
    }
    return size;
}
```

【说明】

（i）在循环前，指针 p 指向头结点，计数变量 size 等于 0；

（ii）循环的结束条件为 p->next != NULL，循环中，每次让指针 p 指向它的直接后继结点，将计数变量 size 加 1；

（iii）最终函数返回计数值 size。

算法实现过程如图 2-12 所示。

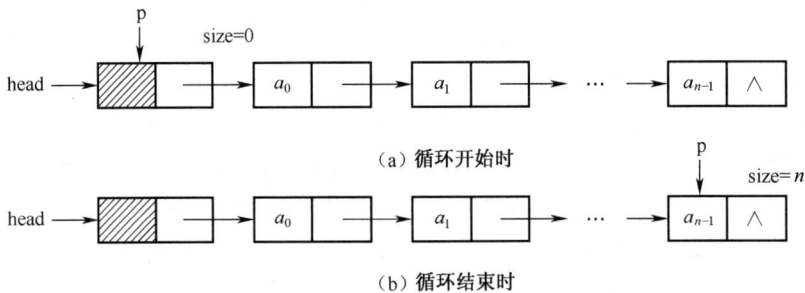

图 2-12　ListLength() 的实现过程

（3）插入 ListInsert(SLNode *head, int i, DataType x)

```
int ListInsert(SLNode *head, int i, DataType x){
//在带头结点的单链表 head 的第 i（0～size）个结点前插入一个存放元素 x 的结点
//插入成功则返回 1，失败则返回 0
    SLNode *p, *q;
    int j;
```

```
        p = head;
        j = -1;
        while(p->next != NULL && j < i - 1){
        //最终让指针 p 指向第 i-1 个结点
            p = p->next;
            j++;
        }

        if(j != i - 1){
            printf("插入元素位置参数错!");
            return 0;
        }

        q = (SLNode *)malloc(sizeof(SLNode));    //生成新结点
        q->data = x;                             //新结点数据域赋值

        q->next = p->next;                       //插入步骤①
        p->next = q;                             //插入步骤②
        return 1;
    }
```

【说明】

（i）要在带头结点的单链表 a_i 结点前插入一个存放元素 x 的结点（简称为插入元素 x），首先要在单链表中寻找到 a_{i-1} 结点并由指针 p 指示，然后动态申请一个内存单元并由指针 q 指示，并把元素 x 的值赋予新结点的数据域（q->data=x），最后修改新结点的指针域指向 a_i 结点（q->next=p->next），并修改 a_{i-1} 结点的指针域使之指向新结点 q（p->next=q）。插入过程如图 2-13 所示，图中的①和②分别对应算法中的插入步骤①、②语句。

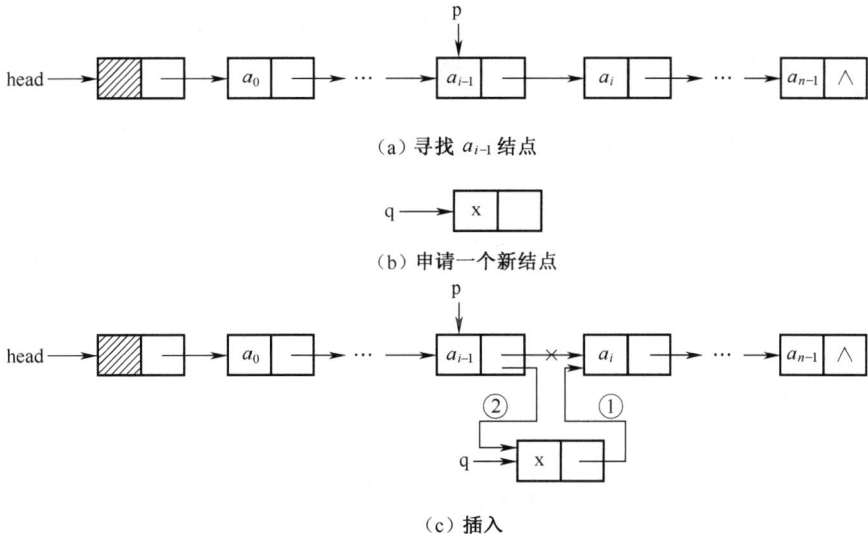

（a）寻找 a_{i-1} 结点

（b）申请一个新结点

（c）插入

图 2-13　在带头结点单链表中前插一个结点过程

（ii）循环条件由两个子条件逻辑与组成，其中子条件 p->next!=NULL 保证指针所指结点存在，子条件 j<i-1 保证最终让指针 p 指向 a_{i-1} 结点。

（4）删除 ListDelete(SLNode *head, int i, DataType *x)

```
int ListDelete(SLNode *head, int i, DataType *x){
//删除带头结点单链表 head 的第 i（0～size-1）个结点
//被删除结点的数据域值由 x 带回，删除成功则返回 1，失败则返回 0
    SLNode *p, *s;
    int j;
    p = head;
    j = -1;

    while(p->next != NULL && p->next->next!= NULL && j < i - 1){
    //循环结束时指针 p 指向第 i-1 个结点
        p = p->next;
        j++;
    }

    if(j != i - 1){
        printf("删除元素位置参数错!");
        return 0;
    }

    s = p->next;                    //指针 s 指向第 i 个结点
    *x = s->data;                   //把指针 s 所指结点的数据域值赋予 x
    p->next = p->next->next;        //删除
    free(s);                        //释放指针 s 所指结点的内存空间
    return 1;
}
```

【说明】

（i）要在带头结点的单链表中删除 a_i 结点，首先要在单链表中寻找到 a_{i-1} 结点并由指针 p 指示，然后让指针 s 指向 a_i 结点（s=p->next），并把 a_i 结点的值（数据域）赋予元素 x（*x=s->data），最后把 a_i 结点脱链（p->next=p->next->next），并动态释放 a_i 结点的内存单元，即 free(s)。删除过程如图 2-14 所示，图中的①对应算法中的删除语句。

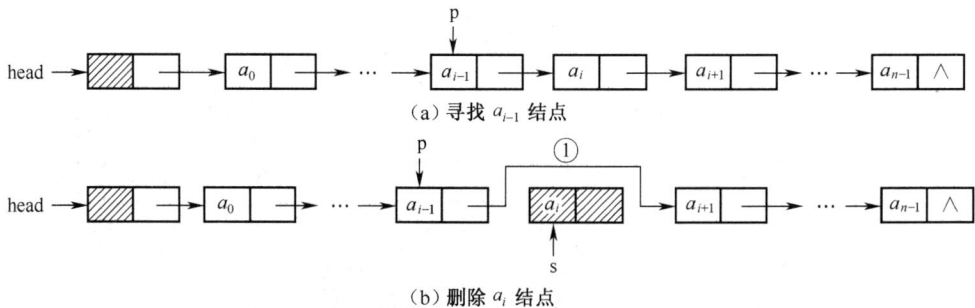

（a）寻找 a_{i-1} 结点

（b）删除 a_i 结点

图 2-14　在带头结点单链表中删除一个结点过程

（ii）循环条件由三个子条件逻辑与组成，其中子条件 p->next != NULL 保证 a_{i-1} 结点存在，子条件 p->next->next != NULL 保证 a_i 结点存在，子条件 j < i-1 保证最终让指针 p 指向 a_{i-1} 结点。与插入函数相比，删除函数的循环条件多了子条件 p->next->next != NULL。这是因为删除函数要删除 a_i 结点，若没有子条件 p->next->next != NULL 保证 a_i 结点存在，则当 a_i 结点不存在时，动态释放语句 free(s)将因指针 s 为空而出错。在循环条件中，前两个子条件的次序不能颠倒，否

则当 a_{i-1} 结点不存在时，会因指针 p->next->next 不存在而出错。

（5）取元素 ListGet(SLNode *head, int i, DataType *x)

```
int ListGet(SLNode *head, int i, DataType *x){
    SLNode *p;
    int j;

    p = head;
    j = -1;
    while(p->next != NULL && j < i){
        p = p->next;
        j++;
    }

    if(j != i){
        printf("取元素位置参数错!");
        return 0;
    }

    *x = p->data;
    return 1;
}
```

【说明】 取元素函数和删除函数基本类同，主要差别是，取元素函数的循环条件改为"j < i"，并且不删除 a_i 结点。

（6）撤销单链表 Destroy(SLNode **head)

因为单链表中的结点空间是在程序运行时动态申请的，而系统只负责自动回收程序中静态分配的内存空间，所以，与顺序表相比，单链表要增加一个撤销单链表操作，用来在调用程序退出前释放动态申请的内存空间。

```
void Destroy(SLNode **head){
    SLNode *p, *p1;

    p = *head;
    while(p != NULL){
        p1 = p;
        p = p->next;
        free(p1);
    }
    *head = NULL;
}
```

2.3.3 单链表操作的效率分析

单链表的插入和删除操作的时间效率分析方法与顺序表的插入和删除操作的时间效率分析方法类同，差别是：单链表的插入和删除操作不需要移动元素，只需要比较元素。因此，当在单链表的任何位置上插入元素的概率相等时，在单链表中插入一个元素，比较元素的平均次数为

$$E_{ins} = \sum_{i=0}^{n} p_i(n-i) = \frac{1}{n+1}\sum_{i=0}^{n}(n-i) = \frac{n}{2}$$

删除单链表中的一个元素，比较元素的平均次数为

$$E_{del} = \sum_{i=0}^{n-1} q_i(n-i) = \frac{1}{n}\sum_{i=0}^{n-1}(n-i) = \frac{n-1}{2}$$

因此，在单链表中插入和删除一个元素的平均时间复杂度均为 $O(n)$。另外，单链表求元素个数 n 操作和撤销单链表操作的时间复杂度均为 $O(n)$。单链表中的其余操作都与元素个数 n 无关，因此，其余操作的时间复杂度均为 $O(1)$。

与顺序表相比，单链表的主要优点是不需要预先确定元素的最大个数；主要缺点是每个结点中要有一个指针域，因此内存空间利用效率不高。另外，单链表操作的算法较复杂。

要特别注意的是，使用顺序表时要预先确定元素的最大个数，这在软件系统设计时可能是一个非常大的问题。例如，一个学校的图书馆使用了一套软件系统来管理图书资料，该软件系统使用顺序表结构来存放图书卡片资料。在软件设计之初，学校认为图书馆的最大规模是 40 万册图书，所以，设计人员把顺序表的 MaxSize 值定义为 400000。但是，软件系统投入使用不久，学校开始扩大招生，而扩大招生也必须扩大图书馆的藏书规模，因此，软件系统很快将因内存空间不足而不能使用，需要重新设计软件系统。

而如果软件系统使用单链表结构来存放图书卡片资料，将不会存在上述问题。这是因为在单链表结构下，每增加一个新的卡片资料，软件系统将动态申请一个相应的内存空间作为新的结点插入单链表中，此时，软件系统不能使用的唯一情况是所有内存空间都被占用完。而这种情况出现的可能性不仅非常小，而且也可以通过扩大计算机的内存容量来预防。

由此可见，实际应用系统的设计人员更喜欢使用单链表。

2.3.4 单链表应用举例

【例 2-3】 编程实现和例 2-1 相同的任务，即建立一个线性表，首先依次输入元素 1，2，3，…,10，然后删除元素 5，最后依次显示当前表中的元素。要求使用单链表。

【程序参数设计】 因为该设计任务中元素的数据类型为 int 类型，所以定义单链表的 DataType 为 int 类型。该任务要求的插入、删除、取元素等操作均可通过调用单链表的插入、删除、取元素等操作来实现。

程序设计如下：

```
#include <stdio.h>                         //包含 printf()
#include <malloc.h>                        //包含 malloc()等
typedef int DataType;                      //定义 DataType
#include "LinList.h"                       //包含 LinList.h 头文件
void main(void){
    SLNode *head;                          //定义头指针变量
    int i , x;

    ListInitiate(&head);                   //初始化
    for(i = 0; i < 10; i++)                //插入 10 个元素
        ListInsert(head, i, i+1);
    ListDelete(head, 4, &x);               //删除元素 5
    for(i = 0; i < ListLength(head); i++){ //显示当前的元素
```

```
            ListGet(head, i, &x);                    //取元素
            printf("%d    ", x);                     //显示
        }
        Destroy(&head);                              //撤销单链表
    }
```

【程序运行结果】

    1   2   3   4   6   7   8   9   10

把例 2-3 的主函数和例 2-1 的主函数相比会发现，两个主函数类同，差别只是以下三点。

① 在顺序表中，表示顺序表的参数在插入和删除函数中是输入、输出混合型参数，所以要求用变量 myList 的地址（&myList）作为实参代入；而在单链表中，表示单链表的参数在插入和删除函数中是输入型参数，所以要求用变量（head）作为实参代入。

② 顺序表需要先确定数组元素的最大个数，在实际应用中，这个数值很难估计准确；而单链表不需要考虑这样的问题。

③ 单链表要考虑撤销动态申请的内存空间，而顺序表不存在这样的问题。

2.3.5　循环单链表

循环单链表是单链表的另一种形式，其结构特点是，链表中最后一个结点的指针域不再是结束标记，而是指向整个链表的第一个结点，从而使链表形成一个环。和单链表相同，循环单链表也有带头结点结构和不带头结点结构两种。带头结点的循环单链表实现插入和删除操作较为方便，且更为常用。带头结点的循环单链表如图 2-15 所示。

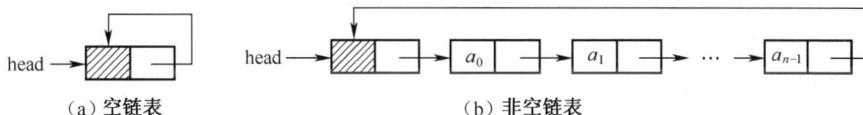

图 2-15　带头结点的循环单链表

单链表的特点是，从链表头到链表尾操作比较方便，但无法从链表尾到链表头操作；与单链表相比，循环单链表的长处是从链表尾到链表头操作比较方便。当要处理的元素序列具有环形结构特点时，适合采用循环单链表。

带头结点循环单链表的操作实现方法和带头结点单链表的操作实现方法类同，差别只是以下两点。

① 在初始化函数中，把语句(*head) ->next=NULL 改为(*head) ->next=*head，即把带头结点的循环单链表设置成如图 2-15（a）所示的形式。

② 在其他函数中，循环判断条件 p->next != NULL 和 p->next->next != NULL 中的 NULL 改为头指针 head。

循环单链表操作的算法实现方法在此不进行讨论，循环单链表的设计、实现和软件测试作为一个上机实习题目由学生自己完成。

2.3.6　双向循环链表

1. 双向链表的存储结构

双向链表中，每个结点除后继指针域外还有一个前驱指针域。和单链表类同，双向链表也有带头结点结构和不带头结点结构两种，带头结点的双向链表更为常用。另外，双向链表也可

以有循环和非循环两种结构，循环结构的双向链表更为常用。这里讨论的是带头结点的双向循环链表。

在双向循环链表中，每个结点包括三个域，分别是 data 域、next 域和 prior 域，其中 data 域为数据域，next 域为指向后继结点的指针域，prior 域为指向前驱结点的指针域。如图 2-16 所示为双向循环链表的结点结构。

双向循环链表结点的结构体定义如下：

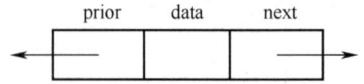

图 2-16　双向循环链表的结点结构

```
typedef struct Node{
    DataType  data;
    struct Node *next;
    struct Node *prior;
} DLNode;
```

如图 2-17 所示为带头结点的双向循环链表。从图 2-17 可见，双向循环链表的后继指针和前驱指针各自构成自己的循环单链表。

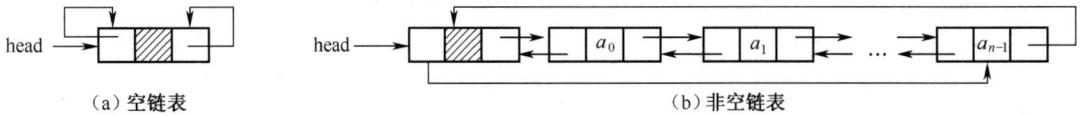

（a）空链表　　　　　　　　　　　　　　　　（b）非空链表

图 2-17　带头结点的双向循环链表

在单链表中查找当前结点的后继结点并不困难，可以通过当前结点的 next 指针进行，但要查找当前结点的前驱结点，就要从头指针 head 开始重新进行。对于一个要频繁进行查找当前结点的后继和前驱结点的应用来说，使用单链表的时间效率是非常低的，因此，双向循环链表是有效解决这类问题的当然选择。

2．双向循环链表的操作实现

在双向循环链表中，有如下指针关系：设指针 p 指向双向循环链表中的 a_i 结点，则 p->next 指向 a_{i+1} 结点，p->next->prior 仍指向 a_i 结点，即 p->next->prior == p；同样，p->prior 指向 a_{i-1} 结点，p->prior->next 仍指向 a_i 结点，即 p->prior->next == p。双向循环链表的上述指针关系可以方便算法的设计。如图 2-18 所示为双向循环链表的指针关系。

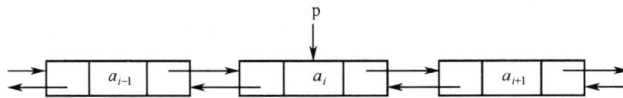

图 2-18　双向循环链表的指针关系

（1）初始化
```
void ListInitiate(DLNode **head){
    *head = (DLNode *)malloc(sizeof(DLNode));
    (*head)->prior = *head;            //构成前驱指针循环链表
    (*head)->next = *head;             //构成后继指针循环链表
}
```
（2）插入元素
```
int ListInsert(DLNode *head, int i, DataType x){
//在带头结点的双向循环链表 head 的第 i（0～size）个结点前，插入一个存放
//元素 x 的结点，插入成功则返回 1，失败则返回 0
    DLNode *p, *s;
```

```
    int j;
    p = head->next;
    j = 0;
    while(p != head && j < i){                    //寻找第 i 个结点
        p = p->next;
        j++;
    }
    if(j != i){
        printf("插入元素位置参数出错! ");
        return 0;
    }
    s = (DLNode *)malloc(sizeof(DLNode));
    s->data = x;
    s->prior = p->prior;                          //插入步骤①
    p->prior->next = s;                           //插入步骤②
    s->next = p;                                  //插入步骤③
    p->prior = s;                                 //插入步骤④
    return 1;
}
```

【说明】　和单链表相比，双向循环链表的插入算法指针 p 可以直接指在 a_i 结点上，而不需要让指针 p 指在 a_{i-1} 结点上。

双向循环链表的插入过程如图 2-19 所示。图中的①、②、③、④分别对应算法中插入步骤①、②、③、④语句。

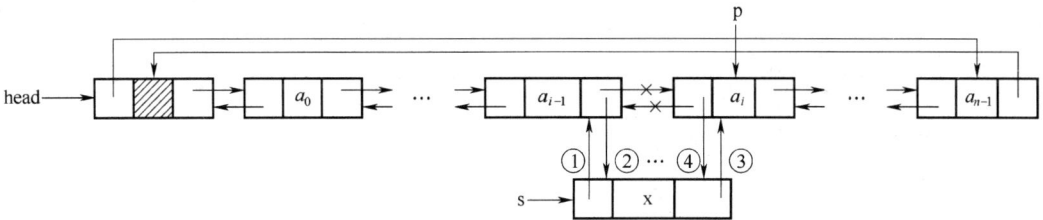

图 2-19　双向循环链表的插入过程

（3）删除元素
```
    int ListDelete(DLNode *head, int i, DataType *x){
    //删除带头结点双向循环链表 head 的第 i（0～size-1）个结点，被删除结点的
    //元素值由 x 带回，删除成功则返回 1，失败则返回 0
        DLNode *p;
        int j;
        p = head->next;
        j = 0;
        while(p->next != head && j < i){           //寻找第 i 个结点
            p = p->next;
            j++;
        }
        if(j != i){
            printf("删除元素位置参数出错!");
            return 0;
```

```
        }
        *x = p->data;                      //把要删除元素的值赋给参数 x
        p->prior->next = p->next;          //删除步骤①
        p->next->prior = p->prior;         //删除步骤②
        free(p);
        return 1;
    }
```

【说明】　和单链表相比，双向循环链表的删除算法指针 p 可以直接指在 a_i 结点上，而不需要让指针 p 指在 a_{i-1} 结点上。

双向循环链表的删除过程如图 2-20 所示。图中的①、②分别对应算法中删除步骤①、②语句。

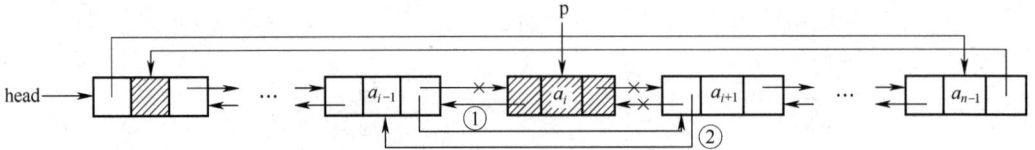

图 2-20　双向循环链表的删除过程

（4）求当前元素个数 ListLength(DLNode *head)

```
    int ListLength(DLNode *head){
        DLNode *p = head;                  //p 指向头结点
        int size = 0;                      //size 初始为 0
        while(p->next != head){            //循环计数
            p = p->next;
            size ++;
        }
        return size;
    }
```

（5）撤销内存空间 Destroy(DLNode **head)

```
    void Destroy(DLNode **head){
        DLNode *p, *p1;
        int i, n = ListLength(*head);
        p = *head;
        for(i = 0; i <= n; i++){
            p1 = p;
            p = p->next;
            free(p1);
        }
        *head = NULL;
    }
```

2.4　静态链表

在链式存储结构中，实现元素之间的次序关系依靠指针。当然，也可以用数组来构造链表，方法是：在数组中增加一个（或两个）指针域，这些指针域用来存放下一个（或上一个）元素在数组中的下标，从而构成用数组构造的单链表（或双向链表）。因为相对于申请结点内存空间的动态性来说，数组内存空间的申请方式是静态的，所以这种存储结构称为**静态链表**。由于静态链表中增加的指针仿真了链式存储结构中的指针，因此静态链表中的指针也称为仿真指针。

如图 2-21（a）所示为一个有 5 个元素的常规单链表，如图 2-21（b）和图 2-21（c）所示为图 2-21（a）的两种静态单链表，其中，数组的 data 域存放元素，数组的 next 域存放该元素的后继元素在数组中的下标。若 next 域值为-1，则表示链尾。图 2-21（b）和图 2-21（c）是相同表结构的两种不同的静态单链表。

静态链表不仅可以存储线性结构，也可以存储如树、二叉树、图等非线性结构。当静态链表用于存储树、二叉树、图等非线性结构时，通常需要一个以上的仿真指针。

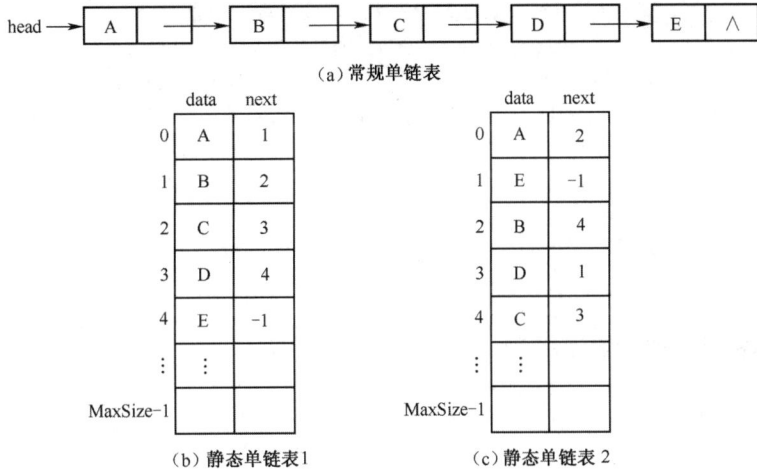

图 2-21 静态单链表

2.5 算法设计举例

2.5.1 顺序表算法设计举例

【例 2-4】 构造一个顺序表的删除算法，把顺序表 L 中的元素 x 删除。若删除成功则返回 1，若删除失败则返回 0。

【算法思想】 可通过一个循环比较过程来实现。当找到元素 x 后，删除之。

算法设计如下：

```
int ListDataDelete(SeqList *L, DataType x){
    int i, j;
    for(i = 0; i < L->size; i++)            //寻找元素 x
        if(x == L->list[i]) break;
    if(i == L->size) return 0;              //未寻找到 x
    else{                                   //寻找到 x
        for(j = i; j < L->size-1; j++)      //元素依次前移
            L->list[j] = L->list[j+1];
        L->size--;                          //元素个数减 1
        return 1;
    }
}
```

【例 2-5】 构造一个顺序表的删除算法，把顺序表 L 中所有值相同的元素 x 全部删除。若删除成功则返回 1，若删除失败则返回 0。

【算法思想】 可在例 2-4 所设计的删除算法的基础上再增加一重循环，来实现值相同的元素 x 的全部删除。

算法设计如下：

```
int ListMoreDataDelete(SeqList *L, DataType x){
    int i, j;
    int tag = 0;                            //初始删除标记置为0
    for(i = 0; i < L->size; i++){           //循环
        if(x == L->list[i]){                //寻找到元素 x
            for(j = i; j < L->size-1; j++)  //依次前移
                L->list[j] = L->list[j+1];
            L->size--;                      //元素个数减1
            i--; //退回一个位置，保证两个相邻的元素值均为 x 时正确删除
            tag = 1;                        //设置删除成功标记
        }
    }
    return tag;
}
```

2.5.2　单链表算法设计举例

【例 2-6】 设头指针为 head，并设带头结点单链表中的元素递增有序，编写算法，将元素 x 插入带头结点单链表的适当位置上。要求：插入后保持单链表元素的递增有序。

【算法思想】 从单链表的第一个元素结点开始，将元素 x 与每个结点的 data 域逐个进行比较。当 data 域的值小于或等于元素 x 的值时，进行下一个结点的比较；否则就找到了插入结点的合适位置，此时申请新结点把元素 x 存入 data 域，然后把新结点插入；如果比较到最后一个结点，仍有 data 域的值小于或等于元素 x 的值，则把新结点插入单链表尾。

算法设计如下：

```
void LinListInsert(SLNode *head, DataType x){
    SLNode *curr, *pre, *q;
    //循环初始化
    curr = head->next;                      //curr 指向第一个元素结点
    pre = head;                             //pre 指向头结点
    //定位插入位置，退出循环时，pre 指针指向要插入结点的位置
    while(curr != NULL && curr->data <= x){
        pre = curr;
        curr = curr->next;
    }
    //申请一个结点并把元素 x 存入 data 域
    q = (SLNode *)malloc(sizeof(SLNode));
    q->data = x;
    //把 q 所指新结点插入 pre 所指结点后
    q->next = pre->next;
    pre->next = q;
}
```

【说明】

（i）在定位插入位置时，循环条件必须首先是 curr != NULL，然后是 curr->data <= x。如果次

序颠倒，则当 curr 为空（等于链表结束标记 NULL）时，将因为 curr->data 不存在而出错；如果次序不颠倒，则当 curr 等于 NULL 时，将退出循环，不会进行后边条件 curr->data <= x 的比较。

（ii）当比较到最后一个结点仍有 data 域的值小于或等于元素 x 的值时，此时有 pre 指向最后一个结点，curr 等于 NULL，则上述算法把新结点插入单链表尾，作为单链表新的表尾结点。

【例 2-7】 设 head 为单链表的头指针，并设单链表带有头结点，编写算法，将单链表中的元素按照元素的值递增有序地进行就地排序。

【说明】 就地排序是指在不增加新结点的基础上，通过修改原有单链表的指针域来达到排序的目的。

【算法思想】 在例 2-6 算法的基础上再增加一重循环，即可实现全部元素的排序。因为此时的排序过程没有申请新的结点空间，所以这样的排序算法满足就地排序，即不增加新的内存空间的设计要求。

具体实现过程是：把头指针 head 所指单链表置空（初始时 head 所指单链表仅包含一个头结点），把去掉头结点的原单链表（设由指针 p 指示）中的元素逐个重新插入 head 所指单链表中。每次插入都从 head 所指单链表的第一个元素结点开始，逐个比较 head 所指单链表每个结点的 data 域和 p 所指单链表的当前第一个元素结点的 data 域，当前者小于或等于后者时，用 head 所指单链表的下一个结点进行比较；否则就找到了插入结点的合适位置，从 p 所指单链表中取下当前第一个元素结点插入 head 所指单链表的合适位置。这样的过程一直进行到 p 所指单链表为空时结束。

算法设计如下：

```
void LinListSort(SLNode *head){
    SLNode *curr, *pre, *p, *q;
    p = head->next;            //p 指针所指向的结点要逐个取出作为插入结点
    head->next = NULL;         //带头结点，初始为空链
    while(p != NULL){          //p 指针不空时循环
        curr = head->next;
        pre = head;
        //定位插入位置，退出循环时，pre 指针指向要插入结点的位置
        while(curr != NULL && curr->data <= p->data){
            pre = curr;
            curr = curr->next;
        }
        q = p;                 //q 指针指向要插入的结点
        p = p->next;           //p 指针指向下一个结点
        //把 q 指针所指结点插入 pre 指针所指结点后
        q->next = pre->next;
        pre->next = q;
    }
}
```

习题 2

【基本概念习题】

2-1 填空题

（1）在顺序表中插入或删除一个元素，需要平均移动（   ）个元素，具体移动的元素个数与（   ）有关。

（2）向一个长度为 n 的顺序表的第 i（$0 \leq i \leq n$）个元素之前插入一个元素时，需向后移动（　　）个元素。

（3）删除一个长度为 n 的顺序表的第 i（$0 \leq i \leq n-1$）个元素时，需向前移动（　　）个元素。

（4）顺序表中，逻辑上相邻的元素，其物理位置（　　）。单链表中，逻辑上相邻的元素，其物理位置（　　）。

（5）在单链表中，除第一个元素结点外，其他结点的存储位置由（　　）指示。

（6）在有 n 个结点的单链表中，要删除指针 p 所指结点，需要找到它的（　　），其时间复杂度为（　　）。

2-2　判断正误题（并简要说明）

（1）链表的每个结点中都恰好包含一个指针。（　　）

（2）链表的删除算法很简单，因为当删除链表中某个结点后，计算机会自动将后续的各个单元向前移动。（　　）

（3）线性表的每个结点只能是一个简单数据类型，而链表的每个结点可以是一个复杂数据类型。（　　）

（4）顺序表结构适合进行顺序存取，而链表适合进行随机存取。（　　）

（5）顺序存储结构的优点是存储密度大，并且插入、删除运算效率高。（　　）

（6）线性表在物理存储空间中也一定是连续的。（　　）

（7）线性表在顺序存储时，逻辑上相邻的元素未必在存储的物理位置次序上相邻。（　　）

（8）顺序存储结构只能用于存储线性结构。（　　）

2-3　单项选择题

（1）数据在计算机内存中表示时，物理地址与逻辑地址相同并且是连续的，称为（　　）。

　　　A．存储结构　　　B．逻辑结构　　　C．顺序存储结构　　　D．链式存储结构

（2）要向一个有 127 个元素的顺序表中插入一个新元素并保持原来顺序不变，平均要移动（　　）个元素。

　　　A．8　　　　　　　B．63.5　　　　　　C．63　　　　　　　　D．7

（3）链式存储结构所占存储空间（　　）。

　　　A．分两部分，一部分存放结点值，另一部分存放表示结点间关系的指针

　　　B．只有一部分，存放结点值

　　　C．只有一部分，存储表示结点间关系的指针

　　　D．分两部分，一部分存放结点值，另一部分存放结点所占单元数

（4）线性表若采用链式存储结构，则要求内存中可用存储单元的地址（　　）。

　　　A．必须是连续的　　　　　　　　B．部分地址必须是连续的

　　　C．一定是不连续的　　　　　　　D．连续或不连续都可以

（5）线性表在（　　）情况下适合使用链式结构实现。

　　　A．需经常修改结点值　　　　　　B．需不断进行删除或插入操作

　　　C．线性表中含有大量的结点　　　D．线性表中结点结构复杂

（6）单链表的存储密度（　　）。

　　　A．大于 1　　　　B．等于 1　　　　C．小于 1　　　　　D．不能确定

2-4　什么叫线性结构？什么叫线性表？

2-5　什么叫顺序存储结构？什么叫链式存储结构？

2-6　什么叫指针？什么叫头指针？什么叫头结点？

2-7　什么叫单链表？什么叫循环单链表？什么叫双向循环链表？

2-8 解释顺序存储结构和链式存储结构的特点，再比较顺序表和单链表的优缺点。

2-9 在单链表中设置头结点的作用是什么？

【复杂概念习题】

2-10 在顺序表中插入和删除一个元素需平均移动多少个元素？具体的移动次数取决于哪两个因素？

2-11 为什么在循环单链表中设置尾指针比设置头指针更好？

2-12 在单链表、循环单链表和双向循环链表中，若仅知道指针 p 指向某结点，不知道头指针，能否将指针 p 所指结点从相应的链表中删去？若可以，则其时间复杂度各为多少？

2-13 下述算法实现什么功能？

```
typedef struct Node{
    DataType data;
    struct Node *next;
} SLNode;

void DoSomeThing(SLNode *L){              //L 是带头结点单链表的头指针
    SLNode *Q, *P, *S = L->next;
    if(S != NULL && S->next != NULL){
        Q = S;
        S = S->next;
        P = S;
        while(P->next != NULL)
            P = P->next;
        L->next = Q->next;
        P->next = Q;
        Q->next = NULL;
    }
}
```

【算法设计习题】

2-14 编写一个算法，逐个输出顺序表中的所有元素。设元素的数据类型为 int 类型。

2-15 编写一个算法，逐个输出单链表中的所有元素。设元素的数据类型为 int 类型。

2-16 线性表定位操作 ListFind(L,x)的功能是：在线性表 L 中查找是否存在元素 x，如果存在，则返回线性表中和元素 x 值相等的第 1 个元素的序号（序号编号从 0 开始）；如果不存在，则返回–1。要求编写顺序表的定位操作算法。

2-17 设顺序表 L 中的元素递增有序，编写一个算法，将元素 x 插入顺序表 L 中的适当位置，以保持该顺序表的有序性。

2-18 编写算法实现顺序表的就地逆置，即利用原顺序表的内存单元把元素序列 $a_0, a_1, \cdots, a_{n-1}$ 逆置为 $a_{n-1}, \cdots, a_1, a_0$。

2-19 在有些应用中，允许线性表中存在值相同的元素。线性表的另一个删除操作 ListDeleteMore(L, x)的功能是：删除线性表 L 中所有与元素 x 值相同的元素。要求编写使用单链表实现上述功能的删除操作算法。

2-20 编写算法实现带头结点单链表的就地逆置，即利用原带头结点单链表的结点空间把元素序列 $a_0, a_1, \cdots, a_{n-1}$ 逆置为 $a_{n-1}, \cdots, a_1, a_0$。

2-21 设带头结点的单链表 L1 和 L2 中分别存放着两个元素集合，编写算法判断集合 L1 是否是集合 L2 的子集，即判断集合 L1 中的元素是否都是集合 L2 中的元素。

2-22 编写不带头结点单链表的插入操作和删除操作算法。

（提示：要考虑在第一个元素结点前插入和删除第一个元素结点时与在其他位置插入和删除其他位置结点时的不同情况。）

【上机实习习题】

2-23 设计循环单链表。要求：

（1）循环单链表的操作，包括初始化，求元素个数，插入、删除、取元素。

（2）设计一个测试主函数验证所设计循环单链表的正确性。

2-24 设计一个有序顺序表。要求：

（1）有序顺序表的操作，包括初始化，求元素个数，插入、删除和取元素。有序顺序表和顺序表的主要区别是，有序顺序表中的元素按其值非递减有序。

（2）设计一个测试主函数验证所设计有序顺序表的正确性。

选做内容：设计合并函数 ListMerge(L1, L2, L3)，其功能是把有序顺序表 L1 和 L2 中的元素合并到 L3 中，要求 L3 中的元素依然保持有序。设计一个主函数验证该合并函数的正确性。

2-25 集合的并、交、差运算。

问题描述：编制一个能演示执行集合的并、交、差运算的程序。集合中的元素限定为小写字母字符 ['a', 'b', ⋯, 'z']。

要求：

（1）设计集合的并、交、差运算函数。

（2）演示程序以用户和计算机对话的方式执行。

测试数据：

（1）Set1 = "magazine"

　　Set2 = "paper"

　　Set1∪Set2 = "aegimnprz"

　　Set1∩Set2 = "ae"

　　Set1−Set2 = "gimnz"

（2）Set1 = "012oper4a6tion89"

　　Set2 = "error data"

　　Set1∪Set2 = "adeinoprt"

　　Set1∩Set2 = "aeort"

　　Set1−Set2 = "inp"

提示：以有序链表表示集合。

2-26 实现一元多项式的加法。要求：

（1）编程实现一元多项式的加法。

（2）编写一个测试主函数。

提示：对于任意一元多项式

$$P_n(x) = P_0 + P_1 X^1 + P_2 X^2 + \cdots + P_i X^i + \cdots + P_n X^n$$

可以抽象为一个由"系数—指数"对构成的线性表，且线性表中各元素的指数项是递增的，即

$$P = ((P_0, 0), (P_1, 1), (P_2, 2), \cdots, (P_n, n))$$

用一个单链表表示上述线性表，其结点结构为：

```
typedef struct node{
    float coef;          //系数域
    int   exp;           //指数域
    struct node *next;   //指针域
} PloyNode;
```

第3章 栈和队列

栈和队列都是特殊的线性表。线性表、栈和队列三者中的元素以及元素之间的逻辑关系完全相同，在操作上的差别是：线性表的插入和删除不受限制，而栈只能在栈顶插入和删除，队列只能在队尾插入，在队头删除。栈和队列都可以分别用顺序存储结构和链式存储结构存储。顺序队列通常采用顺序循环队列方法实现，因为顺序循环队列可以避免顺序队列的"假溢出"问题。栈和队列在各种类型的软件中应用十分广泛，栈可以用来完成元素序列的特定转换，队列可以用作元素序列的缓冲存储。

本章内容主要包括：栈的定义、顺序栈和链式栈的存储结构与操作实现、队列的定义、顺序循环队列和链式队列的存储结构与操作实现、优先级队列的设计和应用。

3.1 栈

3.1.1 栈的基本概念

栈（也称堆栈）是一种特殊的线性表，栈中的元素以及元素之间的逻辑关系和线性表完全相同，在操作上的差别是：线性表允许在任意位置插入和删除元素，而栈只允许在固定一端插入和删除元素。

栈中允许插入和删除元素的一端称为栈顶，另一端称为栈底。栈顶的当前位置是动态的，用于标记栈顶当前位置的变量称为栈顶指示器（或栈顶指针）。栈的插入操作通常称为入栈或进栈，栈的删除操作通常称为出栈或退栈。

根据栈的定义，每次入栈的元素都放在原栈顶元素之前而成为新的栈顶元素，每次出栈的元素都是原栈顶元素，这样，最后进入栈的元素总是最先退出栈，因此，栈也称为后进先出的线性表，或简称为后进先出表。

考虑到入栈操作和出栈操作可以任意组合，输入栈的元素是一种序列，输出栈的元素是另一种序列，所以，栈完成的功能实际上是从某种元素序列到另一种元素序列的转换。

【例 3-1】 设有元素序列 A, B, C，利用一个栈，得到元素序列 B, A, C。

【解】 按照如下方法操作：A 入栈，B 入栈，B 出栈，A 出栈，C 入栈，C 出栈，则输出元素序列为 B, A, C。因此，利用一个栈，可以把元素序列 A, B, C 变换为元素序列 B, A, C。其操作过程如图 3-1 所示。

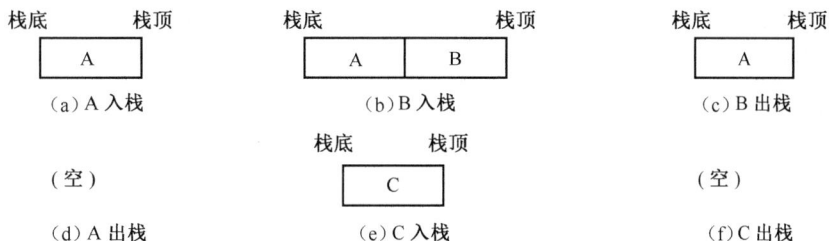

图 3-1 输出元素序列为 B, A, C 的操作过程

但是，栈不能完成任何输入元素序列到输出元素序列的转换任务，有些特殊元素序列的转换任务，栈无法完成。

【例 3-2】 设有元素序列 A, B, C，给出利用一个栈可以得到的所有元素序列和不可以得到的所有元素序列。

【解】 可以得到的元素序列有：

A 入栈，A 出栈，B 入栈，B 出栈，C 入栈，C 出栈，输出元素序列为 A, B, C。

A 入栈，A 出栈，B 入栈，C 入栈，C 出栈，B 出栈，输出元素序列为 A, C, B。

A 入栈，B 入栈，B 出栈，A 出栈，C 入栈，C 出栈，输出元素序列为 B, A, C。

A 入栈，B 入栈，B 出栈，C 入栈，C 出栈，A 出栈，输出元素序列为 B, C, A。

A 入栈，B 入栈，C 入栈，C 出栈，B 出栈，A 出栈，输出元素序列为 C, B, A。

由 A, B, C 组成的数据项，除上述 5 个不同组合外，还有 C, A, B 组合。但是，不可能在把 A, B, C 全部入栈后，先把 C 出栈，再把 A 出栈，此时，A 不在栈顶位置，栈顶位置的元素是 B。所以，利用一个栈，不可能从元素序列 A, B, C 得到元素序列 C, A, B。

在软件设计中，需要利用栈进行元素序列转换的例子很多。例如，在编译软件系统中，就需要频繁地把中缀表达式形式的算术表达式，转换成后缀表达式形式的算术表达式。又如，任何支持递归算法的程序设计语言，都是借助栈来实现递归算法需要的"后调用的过程先执行"的。

3.1.2 栈的抽象数据类型

1．数据集合

栈的数据集合可以表示为 $a_0, a_1, \cdots, a_{n-1}$，每个元素的数据类型均为 DataType。

2．操作集合

（1）初始化 StackInitiate(S)：初始化栈 S。

（2）非空否 StackNotEmpty(S)：栈 S 非空否。若栈非空，则返回 1；否则返回 0。

（3）入栈 StackPush(S, x)：在栈 S 的栈顶插入元素 x。

（4）出栈 StackPop(S, d)：把栈 S 的当前栈顶元素删除并由参数 d 带回。若出栈成功，则返回 1；否则返回 0。

（5）取栈顶元素 StackTop(S, d)：取栈 S 的当前栈顶元素并由参数 d 带回。若取到元素，则返回 1；否则返回 0。

3.1.3 栈的顺序表示和实现

顺序存储结构的栈称为**顺序栈**。

1．顺序栈的存储结构

根据前边的分析可知，顺序栈和顺序表的数据成员（元素）是相同的，不同之处是，顺序栈的入栈和出栈操作只能对当前栈顶元素进行。

顺序栈的存储结构如图 3-2 所示。其中，$a_0, a_1, a_2, \cdots$表示顺序栈要存储的元素序列，stack 表示顺序栈存放元素的数组，MaxStackSize 表示顺序栈数组 stack 的最大内存单元个数（允许存储的元素最大个数），top 表示顺序栈数组 stack 的当前栈顶位置。

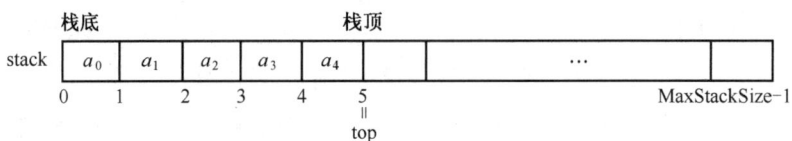

图 3-2　顺序栈的存储结构

为了用 C 语言描述图 3-2 所示的顺序栈，定义结构体 SeqStack 如下：

```
typedef struct{
    DataType stack[MaxStackSize];
    int top;
} SeqStack;
```

对比图 2-1 所示的顺序表的存储结构和图 3-2 所示的顺序栈的存储结构，以及结构体 SeqList 和结构体 SeqStack，可以发现，两者除数据域名和结构体名不同外，其结构完全相同。图 3-2 中的指针 top 实际上就是图 2-1 中的当前存储的元素个数 size，只是两者的含义不同，所以取名不同。

2．顺序栈的操作实现

在顺序存储结构下，栈抽象数据类型操作集合中各个操作的具体实现方法如下：

（1）初始化 StackInitiate(S)

```
void StackInitiate(SeqStack *S){          //初始化顺序栈 S
    S->top = 0;                           //初始化栈顶下标
}
```

（2）非空否 StackNotEmpty(S)

```
int StackNotEmpty(SeqStack S){
//判断顺序栈 S 非空否，若非空则返回 1，否则返回 0
    if(S.top <= 0)      return 0;
    else return 1;
}
```

（3）入栈 StackPush(SeqStack *S, DataType x)

```
int StackPush(SeqStack *S, DataType x){
//把 x 存入顺序栈 S 中，若入栈成功则返回 1，否则返回 0
    if(S->top >= MaxStackSize){
        printf("栈已满无法插入！\n");
        return 0;
    }
    else{
        S->stack[S->top] = x;
        S->top ++;
        return 1;
    }
}
```

（4）出栈 StackPop(SeqStack *S, DataType *d)

```
int StackPop(SeqStack *S, DataType *d){
//取出顺序栈 S 的栈顶元素由参数 d 带回，若出栈成功则返回 1，否则返回 0
    if(S->top <= 0){
        printf("栈已空无元素出栈！\n");
        return 0;
    }
    else{
        S->top--;
        *d = S->stack[S->top];
        return 1;
    }
}
```

```
    }
```

（5）取栈顶元素 StackTop(SeqStack S, DataType *d)

```
int StackTop(SeqStack S, DataType *d){
//取顺序栈 S 的当前栈顶元素由参数 d 带回，若成功则返回 1，否则返回 0
    if(S.top <= 0){
        printf("栈已空！\n");
        return 0;
    }
    else{
        *d = S.stack[S.top - 1];
        return 1;
    }
}
```

上述实现顺序栈操作的所有函数中，都没有循环语句，所以，顺序栈所有操作的时间复杂度均为 $O(1)$。

3．顺序栈的测试

设上述顺序栈的结构体定义和操作的实现函数存放在头文件 SeqStack.h 中，设计如下测试主函数进行测试：

```
#include <stdio.h>                    //包含 printf()
#define MaxStackSize  100             //定义 MaxStackSize 为 100
typedef int DataType;                 //定义 DataType
#include "SeqStack.h"                 //包含 SeqStack.h 头文件

void main(void){
    SeqStack myStack;
    int i , x;
    StackInitiate(&myStack);          //初始化
    for(i = 0; i < 10; i++)
        StackPush(&myStack, i+1);
    StackTop(myStack, &x);
    printf("当前栈顶元素为: %d\n", x);
    printf("依次出栈的元素序列如下：\n");
    while(StackNotEmpty(myStack)){
        StackPop(&myStack, &x);       //出栈
        printf("%d  ", x);            //显示元素
    }
}
```

【程序运行结果】

```
当前栈顶元素为: 10
依次出栈的元素序列如下：
10  9  8  7  6  5  4  3  2  1
```

3.1.4 栈的链式表示和实现

链式存储结构的栈称为**链式栈**。

1. 链式栈的存储结构

单链表的存储结构用结点构造链。每个结点除数据域外还有一个或一个以上的指针域。数据域用来存放元素，指针域用来构造元素之间的关系。链式栈的存储结构和单链表的存储结构完全相同。

栈有两端，插入元素和删除元素的一端为栈顶，另一端为栈底。对链式栈来说，显然，若把靠近头指针的一端定义为栈顶，则插入元素和删除元素时不需要遍历整个链，其时间复杂度为 $O(1)$；若把远离头指针的一端定义为栈顶，则每次插入元素和删除元素时都需要遍历整个链，其时间复杂度为 $O(n)$。因此，链式栈都设计成把靠近头指针的一端定义为栈顶。链式栈的头结点对操作实现的影响不大，因此可有可无。依次向带头结点链式栈输入 $a_0, a_1, a_2, \cdots, a_{n-1}$ 后，带头结点链式栈的结构示意图如图 3-3 所示。

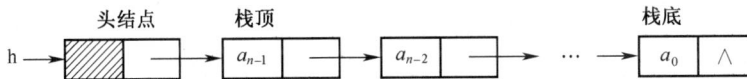

图 3-3 带头结点链式栈的结构示意图

和单链表相同，链式栈是由一个个结点组成的，每个结点由两个域组成，一个是存放元素的数据域 data，另一个是存放指向下一个结点指针的指针域 next。因此，链式栈结点的结构体定义如下：

```
typedef struct snode{
    DataType data;
    struct snode *next;
} LSNode;
```

2. 链式栈的操作实现

虽然链式栈的插入和删除操作都是在单链表的表头进行的，但若把链式栈设计成带头结点的结构，则插入和删除操作改变的只是头指针所指头结点的 next 域的值（head->next 的值），而不是头指针的值（head 的值），因此，可把链式栈设计成带头结点的结构。此时，头指针参数可设计成结点的指针类型。否则，若把链式栈设计成不带头结点的结构，则插入和删除操作改变的都是头指针的值，则头指针参数必须设计成结点的双重指针（指针的指针）类型。如果不这样设计，则头指针参数值的改变将无法带回调用函数中。因此，这里把链式栈设计成带头结点的结构。

带头结点链式栈操作的实现如下。

（1）初始化 StackInitiate(LSNode **head)

```
void StackInitiate(LSNode **head){
//初始化带头结点链式栈
    *head = (LSNode *)malloc(sizeof(LSNode));
    (*head)->next = NULL;
}
```

（2）非空否 StackNotEmpty(LSNode *head)

```
int StackNotEmpty(LSNode *head){
//判断栈是否非空，非空，返回 1；空，返回 0
    if(head->next == NULL) return 0;
    else return 1;
}
```

（3）入栈 StackPush(LSNode *head, DataType x)

```
    void StackPush(LSNode *head, DataType x){
    //把元素 x 插入链式栈 head 的栈顶作为新的栈顶
        LSNode *p;
        p = (LSNode *)malloc(sizeof(LSNode));
        p->data = x;
        p->next = head->next;          //新结点链入栈顶
        head->next = p;                //新结点成为新的栈顶
    }
```

（4）出栈 StackPop(LSNode *head, DataType *d)

```
    int StackPop(LSNode *head, DataType *d){
    //出栈并把栈顶元素由参数 d 带回，若出栈成功则返回 1，否则返回 0
        LSNode *p = head->next;
        if(p == NULL){
            printf("栈已空出错!");
            return 0;
        }
        head->next = p->next;          //删除原栈顶元素
        *d = p->data;                  //原栈顶元素赋予 d
        free(p);                       //释放原栈顶结点空间
        return 1;
    }
```

（5）取栈顶元素 StackTop(LSNode *head, DataType *d)

```
    int StackTop(LSNode *head, DataType *d){
     //取栈顶元素并由参数 d 带回
        LSNode *p = head->next;
        if(p == NULL){
            printf("栈已空出错!");
            return 0;
        }
        *d = p->data;
        return 1;
    }
```

（6）撤销动态申请空间 Destroy(SLNode *head)

和单链表的操作相同，链式栈也要增加一个撤销动态申请空间的操作：

```
    void Destroy(LSNode *head){
        LSNode *p, *p1;
        p = head;
        while(p != NULL){
            p1 = p;
            p = p->next;
            free(p1);
        }
    }
```

上述实现链式栈操作的所有函数中，都没有循环语句，所以，链式栈所有操作的时间复杂度均为 $O(1)$。

上述链式栈结点的结构体定义和操作的实现函数存放在头文件 LinStack.h 中。

3.2 栈应用

栈是各种软件系统中应用最广泛的数据结构之一。括号匹配和表达式计算是编译软件设计中的基本问题，其软件设计中都需要使用栈。

3.2.1 括号匹配问题

【例3-3】 假设一个算术表达式中包含圆括号、方括号和花括号三种类型的括号，编写一个函数，用来判别表达式中的括号是否正确配对，并设计一个测试主函数。

【算法思想】 在算术表达式中，右括号和左括号匹配的次序正好符合后到的括号要最先被匹配的"后进先出"栈操作特点，因此可以借助一个栈来进行判断。

括号匹配共有以下4种情况：
① 左、右括号配对次序不正确；
② 右括号多于左括号；
③ 左括号多于右括号；
④ 左、右括号匹配正确。

具体方法如下。顺序扫描算术表达式（表现为一个字符串），当遇到三种类型括号的左括号时，让该括号入栈。当扫描到某一种类型的右括号时，比较当前栈顶括号是否与之匹配，若匹配，则出栈继续进行判断；若当前栈顶括号与当前扫描的括号不匹配，则左、右括号配对次序不正确；若字符串当前为某种类型右括号而栈已空，则右括号多于左括号；字符串循环扫描结束时，若栈非空（栈中尚有某种类型左括号），则说明左括号多于右括号；如果未出现上述三种情况，则说明左、右括号匹配正确。

函数设计如下：

```c
void ExpIsCorrect(char exp[], int n){
//判断有n个字符的字符串exp中左、右括号是否配对正确
    SeqStack myStack;                    //定义顺序栈变量myStack
    int i;
    char c;
    StackInitiate(&myStack);             //初始化栈
    for(i = 0; i < n; i++){
        if((exp[i] == '(') || (exp[i] == '[') || (exp[i] == '{'))
            StackPush(&myStack, exp[i]);                         //入栈
        else if(exp[i] == ')' && StackNotEmpty(myStack)&&
            StackTop(myStack, &c) && c == '(')
            StackPop(&myStack, &c);                              //出栈
        else if(exp[i] == ')' && StackNotEmpty(myStack)&&
            StackTop(myStack, &c) && c != '('){
            printf("左右括号配对次序不正确!\n");
            return;
        }
        else if(exp[i] == ']' && StackNotEmpty(myStack)&&
            StackTop(myStack, &c) && c == '[')
            StackPop(&myStack, &c);                              //出栈
        else if(exp[i] == ']' && StackNotEmpty(myStack)&&
            StackTop(myStack, &c) && c != '['){
            printf("左右括号配对次序不正确!\n");
```

```
                    return;
                }
            else if(exp[i] == '}' && StackNotEmpty(myStack)&&
                    StackTop(myStack, &c) && c == '{')
                    StackPop(&myStack, &c);                              //出栈
            else if(exp[i] == '}' && StackNotEmpty(myStack)&&
                    StackTop(myStack, &c) && c != '{') {
                    printf("左右括号配对次序不正确!\n");
                    return;
                }
            else if(((exp[i] == ')') || (exp[i] == ']') || (exp[i] == '}'))&&
                        !StackNotEmpty(myStack)) {
                    printf("右括号多于左括号!\n");
                    return;
                }
            }

        if(StackNotEmpty(myStack))
            printf("左括号多于右括号!\n");
        else
            printf("左右括号匹配正确!\n");
    }
```

测试主函数设计如下：

```
#include <string.h>
#include <stdio.h>
#define MaxStackSize   100
typedef char DataType;
#include "SeqStack.h"
//void ExpIsCorrect(char exp[], int n)同上，这里省略
void main(void) {
    char a[] = "(())abc{[)(]}";        //测试例子1，左、右括号配对次序不正确
    char b[] = "((()))abc{[]}";        //测试例子2，右括号多于左括号
    char c[] = "(()()abc{[]}";         //测试例子3，左括号多于右括号
    char d[] ="(())abc{[]}";           //测试例子4，左、右括号匹配正确
    int n1 = strlen (a) ;
    int n2 = strlen (b) ;
    int n3 = strlen (c) ;
    int n4 = strlen (d) ;
    ExpIsCorrect(a, n1);
    ExpIsCorrect(b, n2);
    ExpIsCorrect(c, n3);
    ExpIsCorrect(d, n4);
}
```

【程序运行结果】

        左右括号配对次序不正确!
        右括号多于左括号!
        左括号多于右括号!
        左右括号匹配正确!

3.2.2 算术表达式计算问题

算术表达式计算是编译系统中的一个基本问题，其实现方法是栈的一个典型应用。

在编译系统中，表达式可分为三类，即算术表达式、关系表达式和逻辑表达式。其中，算术表达式存在计算问题。

要把便于人理解的算术表达式翻译成能正确求值的计算机指令序列，通常需要先把算术表达式变换成便于计算机理解的形式，这就要变换算术表达式的表示形式。也就是说，要把一种算术表达式表示形式变换成另一种算术表达式表示形式。借助栈可实现这样的变换。

任何一个算术表达式都是由操作数、运算符和分界符组成的。操作数和运算符是算术表达式的主要部分，分界符标志了一个算术表达式的结束。我们称操作数、运算符和分界符为算术表达式中的单词。为简化问题，假设这里讨论的算术表达式只包含加、减、乘、除运算。

假设计算机高级语言中的一个算术表达式为：

$$A+(B-C/D)*E$$

这种算术表达式中的运算符总是出现在两个操作数之间（除单目运算符外），所以也称为**中缀表达式**。编译系统对中缀形式的算术表达式处理的方法是，先把它转换为后缀表达式。**后缀表达式**就是表达式中的运算符出现在操作数之后。中缀表达式中包含左、右括号，后缀表达式中不包含左、右括号，其运算优先级由运算符的次序决定。

例如，中缀表达式 A+B 的后缀表达式为 AB+。又例如，中缀表达式 C*(A+B)的后缀表达式为 CAB+*。

要把一个中缀表达式变换成相应的后缀表达式，要考虑算术运算规则。算术四则运算的规则如下。

规则 1：先乘除后加减。

规则 2：先括号内后括号外。

规则 3：同级别时先左后右。

中缀表达式 A+(B-C/D)*E 写成满足四则运算规则的后缀表达式即为：

$$ABCD/-E*+$$

其运算次序为：$t_1=CD/$；$t_2=B"t_1"-$；$t_3="t_2"E*$；$t_4=A"t_3"+$。

可见，后缀表达式有以下两个特点：

① 后缀表达式中的操作数与中缀表达式中的操作数先后次序完全相同，只是运算符的先后次序改变了；

② 后缀表达式中没有括号，后缀表达式的运算符次序就是其执行次序。

正是由于后缀表达式具有以上两个特点，编译系统在处理后缀表达式时不必考虑运算符的优先关系，从左到右依次扫描后缀表达式中的各个单词，当读到一个单词为运算符时，就对该运算符前边的两个操作数施以该运算符所代表的运算，然后将结果存入一个临时变量 $t_i(i\geqslant1)$ 中，并作为一个新的操作数接着进行上述过程，直到表达式处理完毕为止。

综上所述，编译系统中算术表达式的计算分为两个步骤：

（1）把中缀表达式变换成相应的后缀表达式；

（2）根据后缀表达式计算该表达式的值。

其中，步骤（1）这种元素序列的特定变换可以利用栈来实现，步骤（2）的算法也可借助栈来实现。

下面先讨论如何把中缀表达式变换为后缀表达式。由前边的讨论可知，后缀表达式中的操作数与中缀表达式中的操作数先后次序相同，只是运算符的先后次序改变了。编译系统设置一个存放运算符的栈，初始时，栈顶置入一个分界符"#"。编译系统从左到右依次扫描中缀表达式，每读到一个操作数就把它作为后缀表达式的一部分输出，每读到一个运算符（分界符也看作运算符）就将其优先级与栈顶运算符的优先级进行比较，以决定是将所读到的运算符入栈，还是将栈顶运算符作为后缀表达式的一部分输出。

这里要说明的是，输出生成的后缀表达式是为了简化问题和方便算法的上机验证，实际的编译系统将生成的后缀表达式存于一个字符数组中以备下一步骤使用。

表 3-1 给出了算术运算符（包括加、减、乘、除、左括号、右括号和分界符）的优先级关系表，表中，θ_1 代表栈顶运算符，θ_2 代表当前扫描读到的运算符。

表 3-1　运算符优先级关系表

运算符		θ_2						
		+	−	*	/	(	)	#
θ_1	+	>	>	<	<	<	>	>
	−	>	>	<	<	<	>	>
	*	>	>	>	>	<	>	>
	/	>	>	>	>	<	>	>
	(	<	<	<	<	<	=	
	)	>	>	>	>		>	>
	#	<	<	<	<	<		=

表 3-1 是四则运算三条规则的变形。当 θ_1 为 "+" 或 "−"，θ_2 为 "*" 或 "/" 时，θ_1 的优先级低于 θ_2 的优先级，满足规则 1 的先乘除后加减规则；当 θ_1 为 "+"、"−"、"*" 或 "/"，θ_2 为 "(" 时，θ_1 的优先级低于 θ_2 的优先级，满足规则 2 的先括号内后括号外规则；当 θ_1 的运算符和 θ_2 的运算符同级别时，θ_1 的优先级高于 θ_2 的优先级，满足规则 3 的同级别时先左后右规则。

几个特殊处理考虑如下：① 由于后缀表达式中无括号，当 θ_1 为 "("，θ_2 为 ")" 时，用标记 "=" 使算法在此时去掉该对括号；② 当 θ_1 为 "#"，θ_2 为 "#" 时，用标记 "=" 使算法在此时结束处理；③ 若表中值为空，则表示不允许出现此种情况，一旦出现即为中缀表达式语法出错，如 θ_1 为 ")" 而 θ_2 为 "(" 的情况即为中缀表达式语法出错。为简化算法设计，在下边的算法设计中未考虑这种中缀表达式语法出错情况。

根据以上分析，中缀表达式变换为后缀表达式的算法步骤如下。

（1）设置一个栈，初始时将栈顶元素置为#。

（2）顺序读入中缀表达式，当读到的单词为操作数时就将其输出，并接着读下一个单词。

（3）当读到的单词为运算符时，令 x1 为当前栈顶运算符的变量，x2 为当前扫描读到运算符的变量，把当前读入的单词赋予变量 x2，然后比较 x1 的优先级与 x2 的优先级。若 x1 的优先级高于 x2 的优先级，则将 x1 出栈并作为后缀表达式的一个单词输出，然后比较新的栈顶运算符 x1 的优先级与 x2 的优先级；若 x1 的优先级低于 x2 的优先级，则将 x2 入栈，然后读下一个单词；若 x1 的优先级等于 x2 的优先级且 x1 为 "("，x2 为 ")"，则将 x1 出栈，然后读下一个单词；若 x1 的优先级等于 x2 的优先级且 x1 为 "#"，x2 为 "#"，则算法结束。

利用上述算法把中缀表达式 A+(B−C/D)*E 变换成后缀表达式的过程见表 3-2，得到的后缀表达式为 ABCD/−E*+。

表 3-2　中缀表达式变换成后缀表达式的过程

步骤	中缀表达式	栈	后缀表达式	步骤	中缀表达式	栈	后缀表达式
1	A+(B−C/D)*E#	#		9	)*E#	#+(−/	ABCD
2	+(B−C/D)*E#	#	A	10	)*E#	#+(−	ABCD/
3	(B−C/D)*E#	#+	A	11	*E#	#+(	ABCD/−
4	B−C/D)*E#	#+(	A	12	*E#	#+	ABCD/−
5	−C/D)*E#	#+(	AB	13	E#	#+*	ABCD/−
6	C/D)*E#	#+(−	AB	14	#	#+*	ABCD/−E
7	/D)*E#	#+(−	ABC	15	#	#+	ABCD/−E*
8	D)*E#	#+(−/	ABC	16	#	#	ABCD/−E*+

　　把中缀表达式变换成相应的后缀表达式后，计算后缀表达式的值的过程仍是一个栈应用问题。其算法思想是：设置一个栈存放操作数，从左到右依次扫描后缀表达式，每读到一个操作数就将其入栈，每读到一个运算符就从栈顶取出两个操作数施以该运算符所代表的运算操作，并把该运算结果作为一个新的操作数入栈，此过程一直进行到后缀表达式读完，最后栈顶的操作数就是该后缀表达式的运算结果。

　　如图 3-4 所示为按照上述算法思想，以后缀表达式 ABCD/−E*+ 为例求值时顺序栈的变化情况。

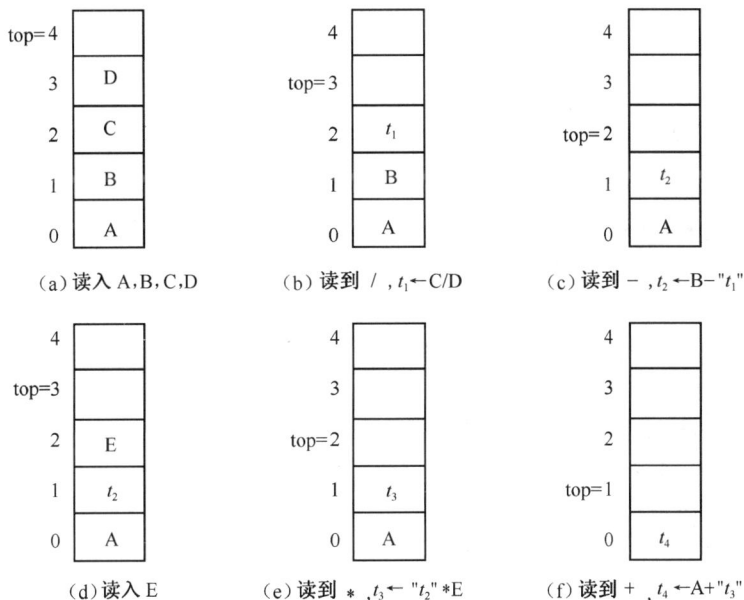

图 3-4　后缀表达式求值时顺序栈的变化情况

根据上述算法思想，后缀表达式的求值函数可以设计如下：

```
int PostExp(char str[]){
//借助栈计算后缀表达式 str 的值
    DataType x, x1, x2;
    int i;
    LSNode *head;                       //定义头指针变量 head
    StackInitiate(&head);               //初始化链式栈 head
    for(i = 0; str[i] != '#'; i++){     //循环直到输入为#
        if(isdigit(str[i])){            //当 str[i]为操作数时
```

```
            x = (int)(str[i] - 48);         //转换成 int 类型数据存于变量 x 中
            StackPush(head, x);             //x 入栈
        }
        else{                               //当 str[i]为运算符时
            StackPop(head, &x2);            //出栈得操作数, 存于变量 x2 中
            StackPop(head, &x1);            //出栈得被操作数, 存于变量 x1 中
            switch(str[i]){                 //执行 str[i]所表示的运算
                case '+': { x1 += x2; break; }
                case '-': { x1 -= x2; break; }
                case '*': { x1 *= x2; break; }
                case '/':
                    if(x2 == 0.0){
                        printf("除数为 0 错!\n");
                        exit(0);
                    }
                    else{
                        x1 /= x2;
                        break;
                    }
            }
            StackPush(head, x1);            //运算结果入栈
        }
    }
    StackPop(head, &x);                     //得到计算结果存于 x
    return x;                               //返回计算结果
}
```

【说明】 通常, 一个操作数是一个所属数据类型变量允许的数值范围内的数值。例如, 假设一个变量 x 的数据类型为 int 类型, 则变量 x 允许的数值范围就是-32768～32767。PostExp(str)为了教学演示方便, 只允许操作数的数值范围为 1 位正整数, 即操作数只允许取值范围为 0～9。

【例 3-4】 设有后缀表达式 ABCD/-E*+, 其中, 变量 A 等于 3, 变量 B 等于 6, 变量 C 等于 4, 变量 D 等于 2, 变量 E 等于 5, 设计一个程序, 求出该后缀表达式的值。

程序设计如下:

```
#include <stdio.h>
#include <malloc.h>
#include <stdlib.h>                         //包含 exit()
#include <ctype.h>                          //包含 isdigit()
typedef int DataType;                       //定义 DataType
#include "LinStack.h"                       //包含 LinStack.h 头文件
int PostExp(char str[]){
//借助栈计算后缀表达式 str 的值
    DataType x, x1, x2;
    int i;
    LSNode *head;                           //定义头指针变量 head
    StackInitiate(&head);                   //初始化链式栈 head
    for(i = 0; str[i] != '#'; i++){         //循环直到输入为#
        if(isdigit(str[i])){                //当 str[i]为操作数时
            x = (int)(str[i] - 48);         //转换成 int 类型数据并存入变量 x 中
```

```
                StackPush(head, x);              //x 入栈
            }
            else{                                //当 str[i]为运算符时
                StackPop(head, &x2);             //出栈得到操作数，存入变量 x2 中
                StackPop(head, &x1);             //出栈得到被操作数，存入变量 x1 中
                switch(str[i]){                  //执行 str[i]所表示的运算
                    case '+': { x1 += x2; break; }
                    case '-': { x1 -= x2; break; }
                    case '*': { x1 *= x2; break; }
                    case '/':
                        if(x2 == 0.0){
                            printf("除数为 0 错!\n");
                            exit(0);
                        }
                        else{
                            x1 /= x2;
                            break;
                        }
                }
                StackPush(head, x1);             //运算结果入栈
            }
        }
        StackPop(head, &x);                      //得到计算结果，存入 x 中
        return x;                                //返回计算结果
    }
    void main(void){
        char str[] = "3642/-5*+#";               //测试数据
        int result;
        result = PostExp(str);
        printf("后缀表达式计算结果为: %d", result);
    }
```

【程序运行结果】

后缀表达式计算结果为：23

3.3 队列

3.3.1 队列的基本概念

队列也是一种特殊的线性表，队列中的元素及元素间的逻辑关系和线性表的完全相同，在操作上的差别是：线性表允许在任意位置插入和删除元素，而队列只允许在其一端进行插入操作，在其另一端进行删除操作。

队列中，允许进行插入操作的一端称为队尾，允许进行删除操作的一端称为队头。队头和队尾分别由队头指示器（或称队头指针）和队尾指示器（或称队尾指针）指示。队列的插入操作通常称为入队列，队列的删除操作通常称为出队列。

根据队列的定义，每次入队列的元素都放在原来的队尾元素之后成为新的队尾元素，每次出队列的元素都是原来的队头元素。这样，最先入队列的元素总是最先出队列，所以队列是一种先进先出的线性表，简称先进先出表。

如图 3-5 所示为依次向队列中插入元素 $a_0, a_1, \cdots, a_{n-1}$ 后的示意图，其中，a_0 是当前队头元素，a_{n-1} 是当前队尾元素。

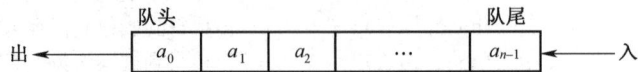

图 3-5　队列示意图

就像在食堂买饭就餐一样，如果你在就餐人不多时去食堂就餐，你一到买饭窗口就能得到食堂服务人员的服务；但如果你在就餐人很多时去食堂就餐，你就需要在某个窗口排队等待，直到轮到你时才能得到食堂服务人员的服务。在软件设计中也经常会遇到需要排队等待服务的问题。队列可用于临时存储那些需要等待接受服务的信息序列。

3.3.2　队列的抽象数据类型

1．数据集合

队列的数据集合可以表示为 $a_0, a_1, \cdots, a_{n-1}$，每个元素的数据类型均为 DataType。

2．操作集合

（1）初始化 QueueInitiate(Q)：初始化队列 Q。

（2）非空否 QueueNotEmpty(Q)：队列 Q 非空否。若队列非空，则函数返回 1，否则函数返回 0。

（3）入队列 QueueAppend(Q, x)：在队列 Q 的队尾插入元素 x。

（4）出队列 QueueDelete(Q, d)：把队列 Q 的队头元素删除并由参数 d 带回。如果出队列成功则返回 1，失败则返回 0。

（5）取队头元素 QueueGet(Q, d)：取队头元素并由参数 d 带回。如果取到元素则返回 1，否则返回 0。

3.3.3　顺序队列及其存在的问题

顺序存储结构的队列称为**顺序队列**。

1．顺序队列的存储结构

如图 3-6 所示为一个有 6 个内存单元的顺序队列的动态示意图，图中 front 为队头指针，rear 为队尾指针。图 3-6（a）表示一个空队列；图 3-6（b）表示 A、B、C 入队列后的状态；图 3-6（c）表示 A、B 出队列后的状态；图 3-6（d）表示 D、E 入队列后的状态。

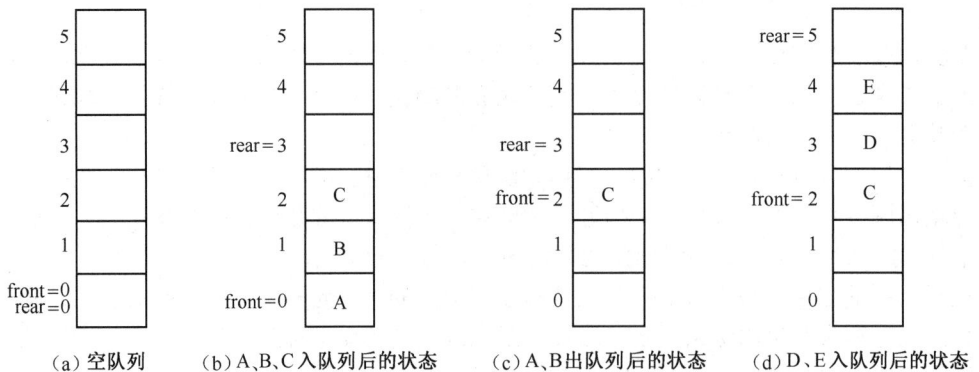

（a）空队列　（b）A、B、C 入队列后的状态　（c）A、B 出队列后的状态　（d）D、E 入队列后的状态

图 3-6　顺序队列的动态示意图

2．顺序队列的"假溢出"问题

设一个顺序队列的最大内存单元个数为6，即MaxQueueSize=6，经A、B、C入队列，A、B出队列，D、E入队列操作后，其状态如图3-6（d）所示。此时若再要进行F、G入队列操作，则在进行G入队列操作时，顺序队列将因队尾指针越出数组下界而"溢出"，其状态如图3-7所示。

从图3-7可以看出，此时的"溢出"是因为队尾指针rear的值超出了顺序队列定义的MaxQueueSize=6的最大内存单元个数而引起的，但此时队列中还有两个内存单元可供存储，因此，这时的"溢出"并不是由于内存单元不够而产生的溢出。

顺序队列因多次入队列和出队列操作后出现的尚有内存单元但不能进行入队列操作的溢出称为**假溢出**。

相对于假溢出，一个顺序队列定义的内存单元全部已存满而又要求进行入队列操作所引起的溢出称为**真溢出**。

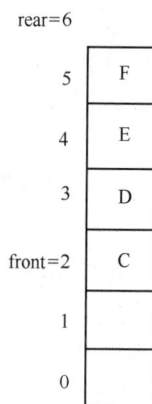

图 3-7　顺序队列的假溢出

显然，顺序队列的假溢出问题可以设法解决。顺序循环队列是解决顺序队列假溢出问题的最好方法。

3.3.4　顺序循环队列的表示和实现

1．顺序循环队列的基本原理

假溢出是由于队尾指针rear的值和队头指针front的值不能由所定义内存单元个数的最大值自动转为所定义内存单元个数的最小值而产生的。因此，解决的方法是，把顺序队列所使用的内存单元构造成一个逻辑上首尾相连的循环队列。当rear和front达到MaxQueueSize-1后，再前进一个位置就自动到0。这样，就不会出现顺序队列数组的头部已空出许多内存单元，但队列的队尾指针因为数组下标越界而引起溢出的假溢出问题。

对于顺序循环队列，队尾指针（或队头指针）原来等于MaxQueueSize-1，加1后等于0，可以利用高级程序设计语言 int 类型的求模（或称取余）运算（%）来实现。例如，设MaxQueueSize=6，当队尾指针rear=5时，若再加1，则有rear=(rear+1)%6=0，实现了队尾指针rear的下一个取值为0。

2．顺序循环队列的队空和队满判断问题

顺序循环队列存在队空和队满状态相同、无法区别的问题。

设顺序循环队列的MaxQueueSize=6，其初始状态如图3-8（a）所示（顺序循环队列通常画成环形结构），此时队头指针front=0，队尾指针rear=0，有front==rear；当A、B、C、D、E、F入队列后，顺序循环队满，此时队头指针front=0，队尾指针rear=0，有front==rear，其状态如图3-8（b）所示；当A、B、C、D、E、F出队列后，顺序循环队空，此时队头指针front=0，队尾指针rear=0，有front==rear，其状态如图3-8（c）所示。显然，在上述顺序循环队列中，队满时的状态为front==rear，队空时的状态也为front==rear，这将导致算法设计无法区分队空和队满状态的问题。

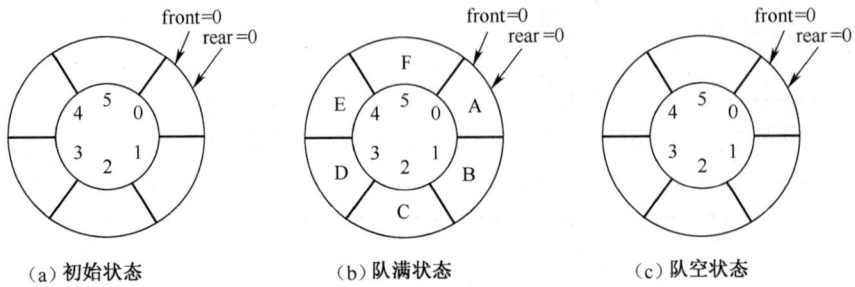

图 3-8 顺序循环队列的队满和队空状态

解决顺序循环队列的队满和队空状态判断问题通常有以下三种方法。

（1）少用一个内存单元

如果少用一个内存单元，则以队尾指针 rear 加 1 等于队头指针 front 为队满的判断条件，即此时队满的判断条件如下：

    (rear + 1) % MaxQueueSize == front

队空的判断条件仍然如下：

    rear == front

（2）设置一个标志位

设置标志位为 tag，初始时置 tag=0；每当入队列操作成功时，就置 tag=1；每当出队列操作成功时，就置 tag=0。此时，队空的判断条件如下：

    rear == front && tag==0

队满的判断条件如下：

    rear == front && tag==1

（3）设置一个计数器

设计数器为 count，初始时置 count=0；每当入队列操作成功时，就使 count 加 1；每当出队列操作成功时，就使 count 减 1。这样，该计数器不仅具有计数功能，而且还具有像标志位一样的标志作用，此时，队空的判断条件如下：

    count == 0

队满的判断条件如下：

    count > 0 && rear == front

队满的判断条件还可以定义如下：

    count == MaxQueueSize

显然，用设置计数器的方法判断顺序循环队列的队空和队满状态最为简单。下面顺序循环队列的实现采用此方法来判断队空和队满状态。

由于顺序队列存在假溢出问题，因此顺序队列很少在实际软件系统中使用。实际软件系统中使用的顺序队列基本都是顺序循环队列。

3．顺序循环队列的实现

根据前面对顺序循环队列的分析，采用计数器方法解决队空、队满状态判断问题的顺序循环队列的结构体定义如下：

```
typedef struct{
    DataType queue[MaxQueueSize];
    int rear;                        //队尾指针
    int front;                       //队头指针
    int count;                       //计数器
} SeqCQueue;
```

顺序循环队列的算法实现如下。

（1）初始化 QueueInitiate(SeqCQueue *Q)

```
void QueueInitiate(SeqCQueue *Q){          //初始化顺序循环队列 Q
    Q->rear = 0;                           //定义初始队尾指针下标值
    Q->front = 0;                          //定义初始队头指针下标值
    Q->count = 0;                          //定义初始计数器值
}
```

（2）非空否 QueueNotEmpty(SeqCQueue Q)

```
int QueueNotEmpty(SeqCQueue Q){
//判断顺序循环队列 Q 非空否，若非空则返回 1，否则返回 0
    if(Q.count != 0)   return 1;
    else return 0;
}
```

（3）入队列 QueueAppend(SeqCQueue *Q, DataType x)

```
int QueueAppend(SeqCQueue *Q, DataType x){
//把 x 插入顺序循环队列 Q 的队尾，成功则返回 1，失败则返回 0
    if(Q->count > 0 && Q->rear == Q->front){    //队满判断
        printf("队列已满无法插入！\n");
        return 0;
    }
    else{
        Q->queue[Q->rear] = x;               //元素 x 插入队尾
        Q->rear = (Q->rear + 1) % MaxQueueSize;  //队尾指针加 1
        Q->count++;                          //计数器加 1
        return 1;
    }
}
```

（4）出队列 QueueDelete(SeqCQueue *Q, DataType *d)

```
int QueueDelete(SeqCQueue *Q, DataType *d){
//删除顺序循环队列 Q 的队头元素并赋给 d，成功则返回 1，失败则返回 0
    if(Q->count == 0){                       //队空判断
        printf("队列已空无元素出队列！\n");
        return 0;
    }
    else{
        *d = Q->queue[Q->front];             //取出队头元素存入 d 中
        Q->front = (Q->front + 1) % MaxQueueSize;//队头指针加 1
        Q->count--;                          //计数器减 1
        return 1;
    }
}
```

（5）取队头元素 QueueGet((SeqCQueue Q, DataType *d)

```
int QueueGet(SeqCQueue Q, DataType *d){
//取顺序循环队列 Q 的当前队头元素并赋给 d，成功则返回 1，失败则返回 0
    if(Q.count == 0){                        //队空判断
        printf("队列已空无元素可取！\n");
        return 0;
```

```
        }
        else{
            *d = Q.queue[Q.front];
            return 1;
        }
    }
```

上述实现顺序循环队列操作的所有函数中都没有循环语句，所以，顺序循环队列所有操作的时间复杂度均为 $O(1)$。

3.3.5 链式队列

链式存储结构的队列称为**链式队列**。

1. 链式队列的存储结构

我们已知，队列是操作受限制的线性表，队列有队头和队尾，插入元素的一端称为队尾，删除元素的一端称为队头。

链式队列的队头指针指向队列的当前队头结点位置，队尾指针指向队列的当前队尾结点位置。对于不带头结点的链式队列，出队列时可直接删除队头指针所指的结点，因此链式队列没有头结点更方便。一个不带头结点、队列中有元素 $a_0, a_1, \cdots, a_{n-1}$ 的链式队列的结构如图 3-9 所示，其中，指针 front 指示的是链式队列的队头结点，指针 rear 指示的是链式队列的队尾结点。

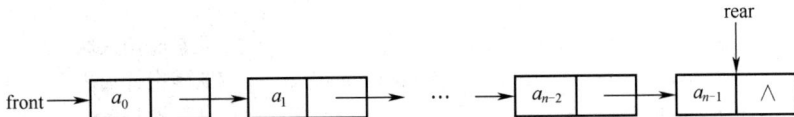

图 3-9　不带头结点的链式队列结构

链式队列中结点的结构体可定义如下：

```
typedef struct qnode{
    DataType data;
    struct qnode *next;
} LQNode;
```

为了方便参数调用,通常把链式队列的队头指针 front 和队尾指针 rear 也定义为如下的结构体：

```
typedef struct{
    LQNode *front;                      //队头指针
    LQNode *rear;                       //队尾指针
} LQueue;
```

2. 链式队列操作的实现

（1）初始化 QueueInitiate(LQueue *Q)
```
    void QueueInitiate(LQueue *Q){       //初始化链式队列 Q
        Q->rear = NULL;                  //定义初始队尾指针下标值
        Q->front = NULL;                 //定义初始队头指针下标值
    }
```

（2）非空否 QueueNotEmpty(LQueue Q)
```
    int QueueNotEmpty(LQueue Q){
    //判断链式队列 Q 非空否，若非空则返回 1，否则返回 0
        if(Q.front == NULL) return 0;
```

```
        else return 1;
    }
```

（3）入队列 QueueAppend(LQueue *Q, DataType x)

```
    void QueueAppend(LQueue *Q, DataType x){
    //把 x 插入链式队列 Q 的队尾
        LQNode *p;
        p = (LQNode *)malloc(sizeof(LQNode));
        p->data = x;
        p->next = NULL;
        if(Q->rear != NULL) Q->rear->next = p;      //队列原来非空时队尾加新结点
        Q->rear = p;                                //修改队尾指针
        if(Q->front == NULL) Q->front = p;          //队列原来为空时修改队头指针
    }
```

【说明】　链式队列入队列时，需要考虑：队列原来非空时，在原队尾加入一个新结点；队列原来为空时需要修改队头指针，而队列原来非空时不需要修改队头指针。

（4）出队列 QueueDelete(LQueue *Q, DataType *d)

```
    int QueueDelete(LQueue *Q, DataType *d){
    //删除链式队列 Q 的队头元素并赋给 d，若出队列成功则返回 1，否则返回 0
        LQNode *p;
        if(Q->front == NULL){
            printf("队列已空无元素出队列! \n");
            return 0;
        }
        else{
            *d = Q->front->data;
            p = Q->front;
            Q->front = Q->front->next;  //出队列结点脱链
            if(Q->front == NULL) Q->rear = NULL;
                                //删除最后一个结点后，要置队尾指针为空
            free(p);
            return 1;
        }
    }
```

【说明】　链式队列出队列时，若删除了队列中最后一个结点，则需要置队尾指针为空。

（5）取队头元素 QueueGet(LQueue *Q, DataType *d)

```
    int QueueGet(LQueue Q, DataType *d){
    //取链式队列 Q 的当前队头元素并赋给 d，若成功则返回 1，否则返回 0
        if(Q.front == NULL){
            printf("队列已空无元素出队列! \n");
            return 0;
        }
        else{
            *d = Q.front->data;
            return 1;
        }
    }
```

（6）撤销动态申请空间 Destroy(SLNode *head)

和单链表的操作集合相同，链式队列也要增加一个撤销动态申请空间的操作。

```
void Destroy(LQueue Q){
    LQNode *p, *p1;
    p = Q.front;
    while(p != NULL){
        p1 = p;
        p = p->next;
        free(p1);
    }
}
```

上述结点结构体定义和操作实现函数保存在链式队列头文件 LQueue.h 中。

在上述实现链式队列操作的函数中，除了撤销动态申请空间函数 Destroy() 的时间复杂度为 $O(n)$，其他操作的时间复杂度均为 $O(1)$。

3.3.6 队列应用举例

队列的应用很广泛，例如，操作系统中对各种资源的管理，应用系统中各种事件的排队等待管理，等等。本节讨论一个模拟计算机系统中的打印任务管理器，从而简要说明队列这种基本数据结构在软件系统中的应用方法。

【任务描述】　一个计算机局域网系统中有若干台计算机，为了节约资源，只安装了一台打印机，要求设计一个管理器，对打印机的打印任务进行管理，打印机的打印任务按照先来先打印的方式进行管理。

【任务分析】　打印任务管理器可设计成一个链式队列。每来一个打印任务，就把该打印任务加到队尾；每当打印机空闲时，就从队头取出一个新的打印任务进行打印。队列结构的打印任务管理器按照先来先打印的方式进行管理。打印任务管理器应包含的操作如下。

① 初始化。初始化打印队列。

② 入队列。把新的打印任务加到队尾。

③ 出队列。取出队列中的第一个打印任务进行打印，并把该打印任务从队头删除。

④ 输出。输出显示当前队列中的所有打印任务。

⑤ 清空。清空打印队列。

【任务说明】　每个打印任务应包含打印任务标识号和要打印的内容。

【数据结构设计】　链式队列的结点结构体定义如下：

```
typedef struct node{
    int id;                        //打印任务标识号
    char *text;                    //要打印的内容
    struct node *next;             //指向下一个结点的指针
}Task;                             //结点结构体 Task
```

链式队列的头指针、尾指针结构体定义如下：

```
typedef struct{
    Task *front;                   //头指针
    Task *rear;                    //尾指针
}Queue;                           //链式队列结构体 Queue
```

【函数设计】

① 初始化。初始化打印队列。

```
void InitaskManager(Queue *taskmanager){
    taskmanager->front = taskmanager->rear = NULL;
}
```

【说明】 所设计的链式队列不带头结点。

② 入队列。把新的打印任务加到队尾。

```
void AppendPrintTask(Queue *taskmanager, int tid,  char *text){
//把新的打印任务加到队列 taskmanager 的队尾
//打印任务包括打印任务标识号 tid 和打印内容 text
    Task *p;
    p = (Task *) malloc(sizeof(Task));
    p->text = (char *) malloc(strlen(text) * sizeof(Task) +1);
    strcpy(p->text, text);                        //打印内容赋值
    p->id = tid;                                  //打印任务标识号赋值
    p->next = NULL;
    //队列原来非空时，队尾增加新结点
    if(taskmanager->rear != NULL) taskmanager->rear->next = p;
    taskmanager->rear = p;                        //修改队尾指针
    //队列原来为空时修改队头指针
    if(taskmanager->front == NULL) taskmanager->front = p;
}
```

③ 出队列。取出队列中的第一个打印任务进行打印，并把该打印任务从队头删除。

```
int PrintFirstTask(Queue *taskmanager){
//取出队列 taskmanager 中的第一个打印任务进行打印
//并把该打印任务从队头删除
    Task *p = taskmanager->front;                 //p 指向队头结点

    if(p == NULL) return 0;                       //若队空则出错
    else{                                         //完成打印任务
        printf("Task id: %d\n", p->id);           //输出打印任务标识号
        printf("Task context: %s\n", p->text);    //输出打印内容

    }
    taskmanager->front = taskmanager->front->next;//产生新的队头结点
    //若队列已空，则置队尾指针指向空指针
    if(taskmanager->front == NULL) taskmanager->rear = NULL;
    free(p->text);                                //释放打印内容
    free(p);                                      //释放原队头结点
    return 1;
}
```

④ 输出。输出显示当前队列中的所有打印任务。

```
void PrintAllTask(Queue *taskmanager){
//输出显示队列 taskmanager 中的当前所有打印任务
    Task *p = taskmanager->front;
    while(p != NULL){
        printf("Task id: %d\n", p->id);
        printf("Task context: %s\n", p->text);
```

```
                    p = p->next;
            }
        }
```
⑤ 清空。清空打印队列。
```
        void ClearPrintTask(Queue *taskmanager) {
        //释放打印队列 taskmanager 的所有结点
            Task *p, *p1;
            p = taskmanager->front->next;
            while(p != NULL) {
                p1 = p;
                p = p->next;
                free(p1->text);
                free(p1);
            }
        }
```

【说明】 由于所设计的打印任务管理器链式队列中每个结点的内容包含字符串，而字符串操作需要专门的字符串函数来完成，因此上述链式队列不能直接调用前面讨论的链式队列。但是，对比两个链式队列的操作可以发现，两个链式队列的结点操作方法完全类同。

上述结构体定义和函数设计包含在头文件 **PrintTaskManager.h** 中。

【例 3-5】 设计一个模拟打印任务管理器运行过程的程序。

程序设计如下：
```
        #include <stdio.h>                    //包含 printf()
        #include <malloc.h>                   //包含 malloc()等
        #include <string.h>                   //包含 strlen()等
        #include "PrintTaskManager.h"         //包含打印任务管理器

        void main(void) {
            char ch = '0';
            int tid = 0;
            char *text = "打印内容";
            Queue Q;
            InitaskManager(&Q);                //初始化
            while(ch != 'q') {
                printf("1 加入");
                printf("\t2 完成");
                printf("\t3 输出");
                printf("\t4 清空");
                printf("\tq 退出");
                printf("\nPlease enter:");
                ch = getchar();
                getchar();
                switch(ch) {
                    case '1':
                        tid = tid + 1;
                        AppendPrintTask(&Q, tid, text); //加入新的打印任务
                        break;
                    case '2':
```

```
                PrintFirstTask(&Q);                //完成队头的打印任务并删除队头结点
                break;
        case '3':
                PrintAllTask(&Q);                 //输出显示当前队列的所有打印任务
                break;
        case '4':
                ClearPrintTask(&Q);               //清空打印队列
                break;
        case 'q':
                return;
        }
    }
}
```

【一次程序运行结果】

```
    1 加入  2 完成  3 输出  4 清空  q 退出
    Please enter: 1
    1 加入  2 完成  3 输出  4 清空  q 退出
    Please enter: 1
    1 加入  2 完成  3 输出  4 清空  q 退出
    Please enter: 1
    1 加入  2 完成  3 输出  4 清空  q 退出
    Please enter: 3
    Task id: 1
    Task context: 打印内容
    Task id: 2
    Task context: 打印内容
    Task id: 3
    Task context: 打印内容
    1 加入  2 完成  3 输出  4 清空  q 退出
    Please enter: 2
    Task id: 1
    Task context: 打印内容
    1 加入  2 完成  3 输出  4 清空  q 退出
    Please enter: 2
    Task id: 2
    Task context: 打印内容
    1 加入  2 完成  3 输出  4 清空  q 退出
    Please enter: 2
    Task id: 3
    Task context: 打印内容
    1 加入  2 完成  3 输出  4 清空  q 退出
    Please enter: 3
    1 加入  2 完成  3 输出  4 清空  q 退出
    Please enter: q
```

【程序运行结果说明】

程序运行时，先进行 3 次加入新的打印任务操作，然后输出显示当前队列的全部打印任务
（当前队列中共有 3 个打印任务），然后又进行 3 次完成打印任务操作，然后又输出显示当前队

列的全部打印任务（当前队列中没有打印任务），最后退出程序。

3.4 优先级队列

优先级队列是带有优先级的队列。队列是元素的先进先出表，即最先进入队列的元素将最先被删除。但在有些软件系统中，有时会要求把队列中的元素分优先级，出队列时首先选择优先级最高的元素出队列（优先级高的元素被先服务），对优先级相同的元素则按先进先出的原则出队列。显然，优先级队列和一般队列的主要区别是，优先级队列的出队列操作不是把队头元素出队列，而是把队列中优先级最高的元素出队列。

用顺序存储结构存储的优先级队列称为顺序优先级队列，用链式存储结构存储的优先级队列称为链式优先级队列。下面讨论顺序优先级队列的设计和实现。

3.4.1 顺序优先级队列的设计和实现

对于优先级队列来说，元素由两部分组成，一部分是元素的优先级，另一部分是元素的其他内容。通常，设计优先级为 int 类型的数值，并规定数值越小优先级越高。这样，优先级队列元素的结构体应定义如下：

```
typedef struct{
    int priority;           //优先级
    ElemType elem;          //其他内容
}DataType;
```

不失一般性，定义元素除优先级外的部分为 elem，其数据类型为 ElemType。对于不同的应用问题，用户可根据实际情况具体定义 elem 的数据类型。

如上所述，优先级队列和一般队列的主要区别是，优先级队列的出队列操作不是把队头元素出队列，而是把队列中优先级最高的元素出队列。因此，顺序优先级队列中除出队列操作外的其他操作的实现方法和前面讨论的顺序队列操作的实现方法相同。顺序优先级队列出队列操作的实现方法是：首先在遍历队列元素的基础上找出优先级最高的元素，然后依次把从原队列中第二个元素到队尾的所有元素前移一个位置，最后把队列的元素个数减 1。由于顺序优先级队列每次出队列操作后，有一个前移元素过程，这样，元素都集中在顺序队列的前面部分，因此顺序优先级队列不存在像顺序队列那样的"假溢出"问题。

顺序优先级队列设计如下：

```
typedef struct{
    int priority;                    //优先级
    ElemType elem;                   //其他内容
}DataType;                           //队列元素结构体

typedef struct{
    DataType queue[MaxQueueSize];    //队列数组
    int size;                        //元素个数
} SeqPQueue;                         //优先级队列结构体

void QueueInitiate(SeqPQueue *Q){    //初始化优先级队列 Q
    Q->size = 0;                     //定义初始元素个数
}

int QueueNotEmpty(SeqPQueue Q){
```

```c
//判断优先级队列 Q 非空否，若非空则返回 1，否则返回 0
    if(Q.size <= 0)    return 0;
    else return 1;
}


int QueueAppend(SeqPQueue *Q, DataType x){
//把 x 插入优先级队列 Q 的队尾，成功则返回 1，失败则返回 0
    if(Q->size >= MaxQueueSize){
        printf("队列已满无法插入! \n");
        return 0;
    }
    else{
        Q->queue[Q->size] = x;
        Q->size ++;
        return 1;
    }
}


int QueueDelete(SeqPQueue *Q, DataType *d){
//删除优先级队列 Q 中优先级最高的元素并赋给 d，成功则返回 1，失败则返回 0
    DataType min;
    int minIndex, i;
    if(Q->size <= 0){
        printf("队列已空无元素出队列! \n");
        return 0;
    }
    else{
        min = Q->queue[0];              //初始选 queue[0]为优先级最高的元素
        minIndex = 0;                   //minIndex 为优先级最高的元素的下标
        for(i = 1; i < Q->size; i++)    //寻找优先级最高的元素的下标
            if(Q->queue[i].priority < min.priority){
                min = Q->queue[i];
                minIndex = i;
            }

        *d = Q->queue[minIndex];              //找到的优先级最高的元素
        for(i = minIndex+1; i < Q->size; i++)//依次前移
            Q->queue[i-1] = Q->queue[i];
        Q->size--;                             //元素个数减 1
        return 1;
    }
}


int QueueGet(SeqPQueue *Q, DataType *d){
//取优先级队列 Q 中优先级最高的元素并赋给 d，成功则返回 1，失败则返回 0
    DataType min;
    int minIndex, i;
    if(Q->size <= 0){
```

```
            printf("队列已空无元素可取！\n");
            return 0;
        }
        else{
            min = Q->queue[0];              //初始选 queue[0]为优先级最高的元素
            minIndex = 0;                   //minIndex 为优先级最高的元素的下标
            for(i = 1; i < Q->size; i++)    //寻找优先级最高的元素的下标
                if(Q->queue[i].priority < min.priority){
                    min = Q->queue[i];
                    minIndex = i;
                }
            *d = Q->queue[minIndex];        //找到的优先级最高的元素
            return 1;
        }
    }
```

3.4.2　优先级队列应用举例

操作系统中的进程管理是优先级队列的一个应用实例，操作系统中使用一个优先级队列来管理进程。

每个进程由进程任务号和优先级值两部分组成，进程任务号是每个不同进程的唯一标志，优先级值通常是一个 0~40 的数值，规定 0 为优先级最高，40 为优先级最低。例如，通常认为打印任务的执行对实时性要求不高，所以打印任务的优先级定为 40。当优先级队列中有若干个进程排队等待时，进程管理就可根据其优先级值选择优先级最高的进程首先出队列，从而达到了当系统繁忙时，所有进程都排队等待，以及实时性要求高的进程（优先级高的进程）先被服务的双重目标。

【例 3-6】　设计一个程序模仿操作系统的进程管理问题。进程服务按"优先级高的先服务、优先级相同的先到先服务"的原则管理。设文件 task.dat 中存放了仿真进程服务请求数据，其中第一列表示进程的任务号，第二列表示进程的优先级。

文件 task.dat 中的仿真进程服务请求数据如下：

1 30
2 20
3 40
4 20
5 0

【设计】　文件 task.dat 中每个进程服务请求数据包含任务号和优先级两项，可以直接用上述结构体 DataType 中的 elem 域存放任务号，用 priority 域存放优先级。因此，定义结构体 DataType 中的 ElemType 为 int 类型。

设上述顺序优先级队列的实现代码存放在文件 SeqPQueue.h 中，程序设计如下：

```
#include <stdio.h>
#include <stdlib.h>
#define MaxQueueSize 100
typedef int ElemType;                    //定义 data 域的 ElemType
#include "SeqPQueue.h"                    //包含顺序优先级队列

void main(void){
```

```
        SeqPQueue myPQueue;
        FILE *fp;
        DataType task;
        int i;
        if((fp = fopen("task.dat", "r")) == NULL){
            printf("不能打开文件 task.dat! ");
            exit(0);
        }
        QueueInitiate(&myPQueue);                      //初始化顺序优先级队列
        while(!feof(fp)){
            fscanf(fp, "%d %d", &task.elem, &task.priority);   //读数据
            QueueAppend(&myPQueue, task);              //数据入队列
        }
        i = 1;
        printf("序号   任务号   优先级\n");
        while(QueueNotEmpty(myPQueue)){                //逐个出队列并显示
            QueueDelete(&myPQueue, &task);             //出队列
            printf("%d        ", i);                   //显示序号
            printf("%d        ", task.elem);           //显示任务号
            printf("%d     \n", task.priority);        //显示优先级
            i++;
        }
    }
```

【程序运行结果】

序号	任务号	优先级
1	5	0
2	2	20
3	4	20
4	1	30
5	3	40

从程序的运行结果可以看出，进程管理的服务遵从了"优先级高的先服务、优先级相同的先到先服务"的管理原则。

习题 3

【基本概念习题】

3-1 填空题

（1）线性表、栈和队列都是（   ）结构，线性表允许在（   ）位置插入和删除元素；栈只能在（   ）插入和删除元素；队列只能在（   ）插入元素并且只能在（   ）删除元素。

（2）（   ）是一种特殊的线性表，允许插入和删除操作的一端称为（   ），不允许插入和删除运算的一端称为（   ）。

（3）（   ）是被限定为只能在表的一端进行插入操作，在表的另一端进行删除操作的线性表。

（4）在具有 n 个内存单元的顺序循环队列中，如果采用少用一个内存单元的方法判断队满，则队满时共有（   ）个元素。

3-2 单项选择题

（1）判定一个顺序循环队列 Q（元素个数最多为 Max）为队满的条件是（   ）。

A．Q.rear − Q.front == Max   B．Q.rear − Q.front − 1== Max
C．Q.front == Q.rear   D．Q.front == (Q.rear + 1)%Max

（2）n 个元素的数组用来存储一个循环队列，f 为当前队头元素的前一个位置，r 为队尾元素的位置，假定队列中元素的个数小于 n，则计算队列中元素的公式为（   ）。

A．r−f   B．(n+f+r)%n   C．n+r−f   D．(n+r−f)%n

（3）设有输入序列 a, b, c，经过入栈、出栈、入栈、入栈、出栈操作后，从栈中弹出的元素的序列是（   ）。

A．a, b   B．b, c   C．a, c   D．b, a

3-3 从数据集合和操作集合两个方面说明线性表、栈和队列的相同点与不同点。

3-4 顺序队列的"假溢出"问题是怎样产生的？

3-5 说明顺序循环队列的构造方法。用什么方法解决顺序循环队列的队满和队空判断问题？

3-6 什么叫优先级队列？优先级队列和队列有什么相同之处和不同之处？

3-7 举例说明栈、队列和优先级队列的用途。

3-8 设元素序列 a, b, c, d, e, f, g 的进栈操作和出栈操作可任意进行（排除栈为空时的出栈操作情况），下列哪些元素序列可由出栈序列得到？

（1）d, e, c, f, b, g, a   （2）f, e, g, d, a, c, b

（3）e, f, d, g, b, c, a   （4）c, d, b, e, f, a, g

【复杂概念习题】

3-9 对于一个栈，输入序列由 A,B,C,D 组成，试给出全部可能的输出序列和不可能的输出序列。

3-10 画出借助栈把下列中缀表达式转换成后缀表达式的过程：

$$A * (B−D) + E / F$$

3-11 设长度为 n 的链式队列采用循环单链表结构，若设头指针，则入队列和出队列操作的时间复杂度如何？若只设尾指针，则入队列和出队列操作的时间复杂度如何？

3-12 写一个将顺序栈 S 中所有元素均删去的算法 void ClearStack(SeqStack *S)，并说明参数 S 为何要设计为指针类型？

3-13 写一个返回顺序栈 S 中结点个数的算法 int StackSize (SeqStack S)，并说明参数 S 为何不用设计为指针类型？

3-14 给出采用设置标志位方法解决"假溢出"问题的顺序循环队列的初始化、入队列和出队列操作的算法思想。

3-15 设顺序双向循环队列的数据结构定义为：

```
typedef struct{
    DataType list[MaxSize];
    int front;                    //队头指针
    int rear;                     //队尾指针
} BSeqCQueue;
```

设 Q 为 BSeqCQueue 类型的指针参数（输出型参数），并设初始化操作时有：Q->rear=Q->front=0，现要求：

（1）给出顺序双向循环队满和队空的条件。

（2）给出顺序双向循环队列的入队列和出队列操作算法思想。

3-16 说明下列函数的功能。

提示：参见结构体 SeqStack 的定义和顺序栈的操作函数。

（1）

```
void Demo1(SeqStack *S){
    int i, arr[64],    n=0;
    DataType x;
    while (StackNotEmpty(*S)){
        StackPop(S, &x);
        arr[n++] = x;
    }
    for(i=0; i< n; i++)
        StackPush(S, arr[i]);
}
```

（2）

```
void Demo2( SeqStack *S, DataType m){
    SeqStack T;
    DataType x;
    StackInitiate(&T);
    while(StackNotEmpty(*S)){
        StackPop(S, &x);
        if(x != m)
            StackPush(&T, x);
    }
    while(StackNotEmpty(T)){
        StackPop(&T, &x);
        StackPush(S, x);
    }
}
```

3-17 说明下列函数的功能。

提示：参见结构体 SeqCQueue 的定义和顺序循环队列的操作函数。

```
void Demo3(SeqCQueue *Q){
    DataType x;
    SeqStack S;
    StackInitiate(&S);
    while (QueueNotEmpty(*Q)){
        QueueDelete(Q, &x);
        StackPush(&S, x);
    }
    while (StackNotEmpty(S)){
        StackPop(&S, &x);
        QueueAppend(Q, x);
    }
}
```

【算法设计习题】

3-18 编写函数，判断一个字符序列是否为回文。回文是指一个字符序列以中间字符为基准，两边字符完全相同，如字符序列"ABCDEDCBA"就是回文，而字符序列"ABCDEDBAC"不是回文。

3-19 顺序循环队列常规的设计方法是使用队尾指针和队头指针：队尾指针用于指示当前的队尾位置，队头指针用于指示当前的队头位置。现要求设计一个使用队头指针和计数器的顺序循环队列，其操作包括初始化、入队列、出队列、取队头元素和判断队列是否非空。

　　3-20　优先级队列是带有优先级的队列。设顺序优先级队列的结构体定义为：

```
typedef struct{
    DataType list[MaxSize];
    int size;
} SeqPQueue;
```

编写不考虑顺序优先级队列相同元素先进先出原则的优先级队列的删除操作算法。

　　3-21　假设以带头结点的循环单链表实现链式队列，并且要求只设尾指针，不设头指针，编写实现这种链式队列初始化、入队列和出队列操作的函数。

【上机实习习题】

　　3-22　顺序循环队列设计。要求：

　　（1）设计采取少用一个内存单元的方法解决顺序循环队列的队满和队空状态判断问题的顺序循环队列。

　　（2）顺序循环队列的操作包括初始化、入队列、出队列。

　　（3）编写一个测试主函数。

　　3-23　链式队列设计。要求：

　　（1）以带头结点的循环单链表实现，并只设尾指针，不设头指针。

　　（2）编写实现这种链式队列的初始化、入队列、出队列、取元素、判断非空函数。

　　（3）设计一个主函数进行测试。

　　3-24　中缀表达式的求值问题，要求：

　　（1）先设计一个函数，把中缀表达式转换为后缀表达式。

　　（2）再设计一个函数，完成后缀表达式的求值计算。

　　（3）设计一个主函数，进行测试。

　　3-25　背包问题。

　　问题描述：假设有一个能装入总体积为 T 的背包和 n 件体积分别为 $w_1, w_2, \cdots, w_n$ 的物品，能否从 n 件物品中挑选若干件恰好装满背包，使 $w_1 + w_2 + \cdots + w_n = T$，要求找出所有满足上述条件的解。例如，当 $T=10$，各件物品的体积为 {1, 8, 4, 3, 5, 2} 时，可找到下列 4 组解：

　　{1, 4, 3, 2}、{1, 4, 5}、{8, 2}、{3, 5, 2}。

　　要求：

　　（1）设计一个背包问题的函数。

　　（2）编写一个测试主函数。

　　测试数据：$T=10$，各件物品的体积为 {1, 8, 4, 3, 5, 2}。

　　提示：首先将物品排成一列，然后顺序选取物品装入背包中。假设选取了前 i 件物品之后背包还没有装满，则继续选取第 $i+1$ 件物品；若该件物品"太大"不能装入，则弃之而继续选取下一件，直至背包装满为止；但如果在剩余的物品中找不到合适的物品以填满背包，则说明"刚刚"装入背包的那件物品"不合适"，应将它取出"弃之一边"，继续再从"它之后"的物品中选取；如此重复，直至求得满足条件的解，或者无解。由于回退重选规则就是"后进先出"规则，因此要用栈。

第4章 串

在用计算机进行非数值问题处理时经常要用到串。串也是一种线性结构。与线性表不同的是，串的操作特点是一次操作若干个元素，即一个子串。串可以用顺序存储结构和链式存储结构存储。串的动态数组存储结构空间效率和时间效率都更高。模式匹配是串最重要和最复杂的一个操作。Brute-Force 算法和 KMP 算法是两种最经常使用的串的模式匹配算法。

本章内容主要包括：串的定义和功能要求、串的动态数组存储结构实现、串的模式匹配算法。

4.1 串概述

4.1.1 串及其基本概念

串（也称为字符串）是由 n（$n \geqslant 0$）个字符组成的有限序列。串一般记作 $s = "s_0 s_1 \cdots s_{n-1}"$，其中 s 称为串名，n 称为串的长度，双引号括起来的字符序列称为串的值，每个字符 s_i（$0 \leqslant i < n$）均可以是任意的字符，一般是字母、数字、标点符号等可用于屏幕显示的 ASCII 码字符。

一个串中任意连续的字符组成的子序列称为该串的**子串**，包含子串的串称为该子串的**主串**。

串也是一种特殊的线性表。与线性表相比，串的元素及元素之间的逻辑关系和线性表的完全相同，其差别是：① 线性表的元素可以是任意数据类型，而串的元素只允许是字符类型；② 线性表一次操作一个元素，而串一次操作若干个元素，即一个子串。如果每次操作的子串长度固定为 1，那么串就是数据类型固定为字符类型的线性表，换句话说，线性表也可以看作子串长度固定为 1 的串的特例。

一个字符在一个串中的位置序号（为大于或等于 0 的正整数）称为该字符在串中的**位置**。可以比较任意两个串的大小。我们称两个串是**相等**的，当且仅当这两个串的值完全相等。两个串的值完全相等意味着两个串不仅长度相等，而且各个对应位置的字符都相等。例如，下列串 S1、S2、S3、S4 和 S5 均不相等。

S1="Data"	S2="DataStructure"
S3="Data Structure"	S4="Data Structurs"
S5="data structure"	

前三个串长度就不相等，S3 和 S4 虽然长度相等，但最后一个位置的字符不相等。

要注意的是，26 个英文字母的字符有大写和小写之分，大写英文字母字符和小写英文字母字符是不同的字符，因此上述 S3 和 S5 不相等。

在 C 语言中，表示一个**串值**时用一对双引号把串值括起来，但双引号本身不属于串，双引号的作用只是为了避免与其他符号混淆。

虽然串是由字符组成的，但串和字符是两个不同的概念。串是长度不确定的字符序列，而字符只是一个字符。因此即使是长度为 1 的串也和字符不同。例如，串"a"和字符'a'（字符通常用单引号括起来）就是两个不同的概念。因为串"a"不仅要存储字符'a'，还要存储该串的长度数据；而字符'a'只需存储字符'a'，不需要存储长度数据。

串在许多应用软件中都有应用。例如，微软公司 Word 工具软件的操作对象就是用户建立的、内容为一个串的文件。

4.1.2 串的抽象数据类型

1．数据集合

串的数据集合可以表示为字符序列 $s_0, s_1, \cdots, s_{n-1}$，每个元素的数据类型均为字符类型。

2．操作集合

为方便下面示例的讨论，先定义如下几个串：

  S1 = "I am a student"

  S2 = "student"

  S3 = "teacher"

  S4 = "I am a teacher"

（1）初始化 Initiate(S)：初始化串 S。

（2）赋值 Assign(S, T)：把串 T 的值赋给串 S。

（3）求长度 Length(S)：求串 S 的长度。

例如，Length(S1)=14，Length(S2)=7。

（4）比较 Compare(S, T)：比较串 S 和串 T 的大小。S 和 T 的比较分为三种情况：S 等于 T，S 大于 T 或 S 小于 T。

例如，Compare(S4, S1)的比较结果为 S4>S1，这是因为当比较到第 7 个字符时，字符't'的 ASCII 码值大于字符's'的 ASCII 码值。

（5）插入 Insert(S, pos, T)：若参数满足约束条件 $0 \leqslant pos \leqslant Length(S)$，则在串 S 的第 pos 个字符前插入串 T，串 S 的新长度为 Length(S)+Length(T)；若参数不满足约束条件，则不能插入。

例如，Insert(S1, 4, "not ")操作后，串 S1="I am not a student"。

（6）删除 Delete(S, pos, len)：若参数满足约束条件 $0 \leqslant pos \leqslant Length(S)-1$，$len \geqslant 1$ 且 $pos+len \leqslant Length(S)$，则删除串 S 中从第 pos 个字符开始、长度为 len 的子串；若参数不满足约束条件，则不做删除子串操作。

例如，Delete(S1, 6, 8)操作后，串 S1="I am a"。

（7）取子串 SubString(S, pos, len)：若参数满足约束条件 $0 \leqslant pos \leqslant Length(S)-1$，$len \geqslant 1$ 且 $pos+len \leqslant Length(S)$，则取串 S 中从第 pos 个字符开始、长度为 len 的子串；若参数不满足约束条件，则不做取子串操作。

例如，SubString(S1, 7, 7, T)操作后，取到子串"student"。

（8）查找子串 Search(S, start, T)：在主串 S 中，从位置 start 开始查找是否存在子串 T，若主串 S 中存在子串 T，则查找成功；若主串 S 中不存在子串 T，则查找失败。

例如，Search(S1, 0, S2)操作后，查找成功；Search(S1, 0, S3)操作后，查找失败。

（9）替换子串 Replace(S, start, T, V)：在主串 S 中，从位置 start 开始查找是否存在子串 T，若主串 S 中存在子串 T，则用子串 V 替换子串 T；若主串 S 中不存在子串 T，则不做替换。

例如，Replace(S1, 0, S2, S3)操作后，S1 ="I am a teacher"。

4.1.3 C 语言的串函数

C 语言提供了许多串函数，这些串函数可以方便设计人员的软件设计。在讨论串抽象数据类型时，对比研究 C 语言提供的串函数是有益的。这既可以使我们对串的操作实现方法有一个基本的理解，又可以进一步提高使用 C 语言串函数的能力。

对于具体的软件设计问题，设计人员既可以利用高级语言提供的串函数实现串操作，也可以根据本章讨论的串的基本概念和实现方法重新设计完全不同的串函数，这也是数据结构课程把串作为一章专门讨论的原因。

C 语言用 char 类型的数组存储串。串的长度是不定的，C 语言解决串的长度不定的方法是，在串的末尾自动添加一个字符'\0'作为串的结束标志。下面的语句定义了一个字符数组并赋初值"Data Structure":

        Char str[] = "Data Structure";
串"Data Structure"在内存中的存储形式如下：

D	a	t	a		S	t	r	u	c	t	u	r	e	\0

这样，数组名 str 指示串"Data Structure"在内存中的首地址，结束标志'\0'表示串的结束。

C 语言串函数包含在库文件 string.h 中。下面给出一些基本的 C 语言串函数的原型及其功能。要注意的是，C 语言串函数的功能和我们在 4.1.2 节中讨论的串操作的功能不完全相同。下面的各示例都从定义语句开始。

假设已有如下 C 语言变量定义语句：

        char s1[] = "I am a student";
        char s2[20] = "teacher";
        char s3[] = "student";
        int result;
        char s4[20], *p;

（1）串长度

        int strlen(char *str):
        printf("%d\n", strlen(s1));   //输出 14
        printf("%d\n", strlen(s2));   //输出 7

（2）复制

        char *strcpy(char *str1, char *str2):
        strcpy(s4, s2);
        printf("%s\n", s4);   //输出 teacher

（3）比较

        int strcmp(char *str1, char *str2):
        result = strcmp(s2, s3);   //s2 > s3
        printf("%d\n", result);   //输出 1
        result = strcmp(s2, s2);   //s2 == s3
        printf("%d\n", result);   //输出 0
        result = strcmp(s3, s2);   //s3 < s2
        printf("%d\n", result);   //输出-1

（4）字符定位

        char *strchr(char *str, char ch);
        p = strchr(s1, 's');   //p 指向 s1 中字符's'的位置
        printf("%s\n", p);   //输出 student

（5）子串查找

        char *strstr(char *s1, char *s2)
        p = strstr(s1, s3);   //p 指向 s1 中字符's'的位置
        printf("%s\n", p);   //输出 student

（6）连接

        char * strcat(char *str1, char *str2):
        strcat(s2, s3);
        printf("%s\n", s2);   //输出 teacherstudent

C 语言串函数的功能较强，但由于函数定位通常用字符指针，因此使用的难度较大。下面是一个使用 C 语言串函数编程的例子。

【例 4-1】 名和姓的对换问题。英国人和美国人姓名的书写形式是"名在前，姓在后"，但在有些情况下，需要把姓名写成"姓在前，名在后，中间加一个逗号"的形式。编写一个程序实现把"名在前，姓在后"的姓名表示法转换成"姓在前，名在后，中间加一个逗号"的姓名表示法。

注意： C 语言用自动在串末尾添加结束标志'\0'的方法来表示串的长度。

【程序设计思想】 设原姓名串放在 name 中。首先把原姓名串 name 中的空格改写为'\0'（注意，此时结束标记'\0'后边，即指针 p+1 指示的是原姓名串 name 的姓部分，而原姓名串 name 表示的是原姓名的名部分）；然后把原姓名串 name 的姓部分、逗号和名部分分步添加到新姓名串 newName 中，最后再恢复原姓名串 name 为开始时的状态。

程序设计如下：

```c
#include <string.h>
#include <stdio.h>
void ReverseName(char *name, char *newName){
    char *p;
    p = strchr(name, ' ');      //p 指向空格' '位置
    *p = '\0';                  //把空格换为'\0'，因此 name 的长度只包括名部分
    strcpy(newName, p+1);       //指针 p+1 指向的是原姓名串 name 的姓部分
    strcat(newName, ",");       //新姓名串 newName 等于姓+逗号
    strcat(newName, name);      //新姓名串 newName 等于姓+逗号+名
    *p = ' ';                   //恢复原姓名串 name 为开始时的状态
}

void main(void){
    char name[] = "William Topp", newName[30];
    ReverseName(name, newName);
    printf("ReverseName: %s", newName);
}
```

程序运行结果如下：

```
Topp,William
```

4.2 串的存储结构

串的存储结构有顺序存储结构和链式存储结构两种。

1. 串的顺序存储结构

和线性表的顺序存储结构相同，可用一个字符类型的数组存储串。用数组存储串，当定义了一个串变量后，这个串在内存中的开始地址就确定了。但由于串的长度是不确定的，因此需要用某种方法确定一个串的长度。

表示串的长度通常有两种方法：一种方法是在串的末尾添加结束标记，这种方法的优点是便于系统自动实现，C 语言采用这种方法；另一种方法是设置一个串的长度参数，这种方法的优点是便于在算法中用长度参数控制循环过程，目前新的高级程序设计语言，如 Java 语言等，都采用这种方法。

串的顺序存储结构就是用数组存放串的所有字符，数组有静态数组和动态数组两种。

（1）静态数组结构

串的静态数组是指用静态内存分配方法定义的数组。由于此时数组元素的个数是在编译时确定的，在运行时不可改变，因此也称为定长数组结构。串的静态数组结构体可定义如下：

```
typedef struct{
    char str[MaxSize];
    int length;
} String;
```

其中，MaxSize 表示数组元素最大个数（串允许的最大长度），str 表示存储串的数组名，length 表示串的当前长度，必须满足 length≤MaxSize，String 是结构体名。

（2）动态数组结构

动态数组是指用动态内存分配方法定义的数组。动态数组结构中数组元素的个数是在用户申请动态数组空间时才确定的，因此，在动态数组结构体定义中要增加一个指出动态数组元素最大个数的域。串的动态数组结构体可定义如下：

```
typedef struct{
    char *str;
    int maxLength;
    int length;
} DString;
```

其中，str 是动态数组的数组名，str 指向动态数组的首地址，maxLength 表示动态数组元素最大个数，length 表示串的当前长度，必须满足 length≤maxLength，DString 是结构体名。

注意：动态数组的数组名和元素最大个数是分开定义的，分别用结构体的成员分量 str 和 maxLength 表示，这为软件设计提供了方便。

2．串的链式存储结构

串的链式存储结构就是把串分别存放在构成链表的若干个结点的数据域中。串的链式存储结构有单字符结点链和块链两种。

（1）单字符结点链

单字符结点链就是每个结点的数据域只包含一个字符。单字符结点链的结构体定义如下：

```
typedef struct Node{
    char str;
    struct Node *next;
} SCharNode;
```

在上述结构体定义中，每个字符域 str 所占的存储空间为 1 个字节，而每个指针域 next 所占的存储空间为 3 个或更多字节（根据机器不同而不同）。显然，单字符结点链的空间利用效率非常低。

（2）块链

块链就是每个结点的数据域包含若干个字符。块链的结构体定义如下：

```
typedef struct Node{
    char str[Number];
    struct Node *next;
} NCharNode;
```

其中，Number 为每个结点数据域的字符个数。当 Number 数值比较大时，块链的空间利用效率比单字符结点链的空间利用效率要高很多。

块链存储结构的主要问题是，操作实现比较麻烦。

3．实际应用中串存储结构的选择

在实际应用中，串基本上采用动态数组存储结构（直接利用高级程序设计语言的串函数库，如 C 语言的 **string.h** 函数库的情况除外），原因如下。

（1）在静态数组存储结构下，串的长度参数很难灵活改变。通常，一个应用软件会有许多长度不同的串类型的变量，不可能都统一成一个长度值。

（2）在应用软件中，串类型的变量是一种介于常量和变量之间的变量，既不会像数值变量那样频繁改变，也不会像常量那样一成不变。例如，设有

```
char name[8] = "William";
```

在一般情况下，对于串变量 name，不会再改变其值，但也可能要改变成 name="William Topp"，特别是当定义的串长度值较短（如为 8），而实际要求的串长度值较长（如为 13）时，静态数组存储结构很难实现。

（3）在链式存储结构中，单字符结点链的空间利用效率太低，块链的操作实现太麻烦。

（4）由于其他三种串的存储结构都存在这样或那样的问题，而动态数组存储结构不仅空间利用效率高，而且可以方便地定义和改变串变量的长度，因此，在实际应用中，串基本上采用动态数组存储结构。

4.3 串基本操作的实现算法

串的动态数组结构体定义为：

```
typedef struct{
    char *str;
    int maxLength;
    int length;
} DString;
```

（1）初始化操作

初始化操作用来申请存储串的动态数组空间以及给相关的数据域赋值。

```
void Initiate(DString *S, int max, char *string){
    int i;
    S->str = (char *)malloc(sizeof(char)*max);    //申请动态数组空间
    S->maxLength = max;                           //置动态数组元素最大个数
    S->length = strlen(string);                   //置串的当前长度值
    for(i = 0; i < S->length; i++)
        S->str[i] = string[i];                    //赋值
}
```

【说明】初始化操作时，通过参数 max 给出具体串变量的长度值，通过参数 string 给出串变量的初值。

（2）插入子串操作

```
int Insert(DString *S, int pos, DString T){
//在主串 S 的 pos 位置插入子串 T，插入成功则返回 1，失败则返回 0
    int i;
    if(pos < 0){
        printf("参数 pos 出错!");
        return 0;
    }
    else{
```

```
if(S->length + T.length > S->maxLength){
//重新申请 S->str 所指数组空间，原数组元素存放在新数组的前面
        realloc(S->str, (S->length+T.length)*sizeof(char));
        S->maxLength = S->length+T.length;
}
for(i = S->length-1; i >= pos; i--)
        S->str[i+T.length] = S->str[i];  //依次后移 T.length 个位置
for(i = 0; i < T.length; i++)
        S->str[pos+i] = T.str[i];         //插入
        S->length += T.length;            //置新的元素个数
        return 1;
    }
}
```

realloc(p, size)实现将 p 所指的已分配内存空间的大小改为 size，在新分配内存空间中原样保存原内存空间中的数据。

当使用动态数组时，串允许的最大长度在串结构体 DString 中用 maxLength 域来表示，此数值在初始化操作时给定。当调用插入函数时，若判断出子串 T 插入主串 S 后，主串 S 的内存空间不足，则可以为主串 S 重新申请更大的内存空间，再插入子串 T。这为软件设计时串长度的变化提供了方便。

插入子串的具体方法是：首先，若主串 S 的当前长度 S->length 加子串 T 的当前长度 T.length 大于主串 S 所允许的最大长度 S->maxLength，则为主串 S 重新申请最大长度 S->maxLength 等于 S->length+T.length 的内存空间；其次，把主串 S 中从串尾到 pos 的所有字符依次后移 T.length 个内存单元；最后，把子串 T 的 T.length 个字符依次插到主串 S 从 pos 开始的 T.length 个内存单元中。

插入子串过程的示意图如图 4-1 所示。其中，如图 4-1（a）所示为当 S->length+T.length＞S->maxLength 时，为主串 S 重新申请内存空间的过程；如图 4-1（b）所示为元素依次后移的过程；如图 4-1（c）所示为插入元素的过程。

（3）删除子串操作
```
    int Delete(DString *S, int pos, int len){
//删除主串 S 从 pos 位置开始的长度为 len 的子串，删除成功则返回 1，失败则返回 0
    int i;
    if(S->length <= 0) {
        printf("数组中未存放字符无元素可删！\n");
        return 0;
    }
    else if(pos < 0 || len < 0 || pos+len > S->length) {
        printf("参数 pos 和 len 不合法");
        return 0;
    }
    else {
        for(i = pos+len; i <= S->length-1; i++)
            S->str[i-len] = S->str[i];            //依次前移 len 个位置
        S->length = S->length - len;              //置新的元素个数
        return 1;
    }
}
```

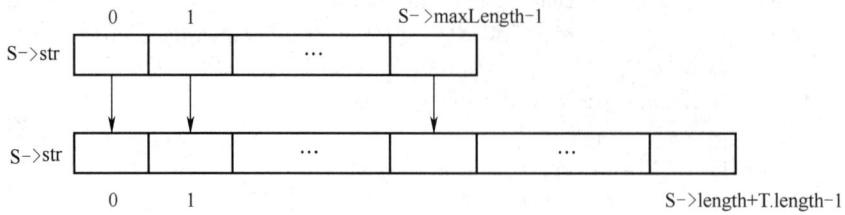

（a）重新申请内存空间

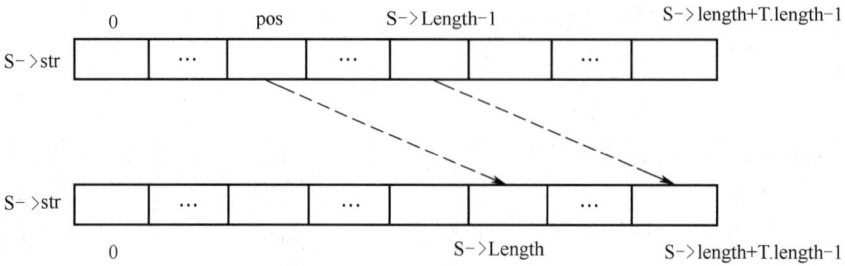

（b）元素依次后移

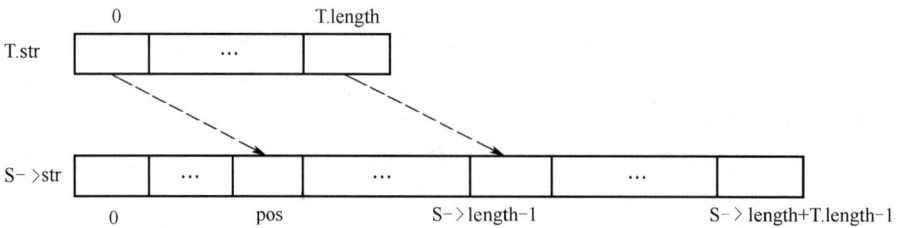

（c）插入

图 4-1　插入子串过程的示意图

删除子串的具体方法是：把主串 S 中从 pos+len 到串尾的所有字符依次前移 len 个内存单元。删除子串过程的示意图如图 4-2 所示。

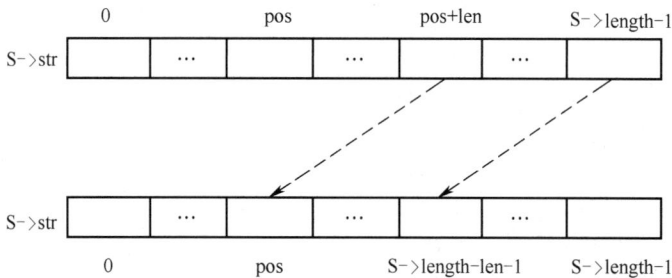

图 4-2　删除子串过程的示意图

（4）取子串操作

```
int SubString(DString *S, int pos, int len, DString *T){
//取主串 S 从 pos 位置开始的长度为 len 的子串，取成功则返回 1，失败则返回 0
    int i;
    if(pos < 0 || len < 0 || pos+len > S->length) {
        printf("参数 pos 和 len 出错!");
```

```
            return 0;
        }
        if(len > T->maxLength) {
            T->str = (char *)malloc(len*sizeof(char));      //重新申请数组空间
            T->maxLength = len;
        }
        for(i = 0; i < len; i++)
            T->str[i] = S->str[pos+i];
        T->length = len;
        return 1;
    }
```

取子串的具体方法是：首先，若子串 T 允许的最大长度 T->maxLength 小于要取的子串长度 len，则为子串 T 重新申请最大长度 T->maxLength 等于 len 的内存空间；然后，把主串 S 中从 pos 到 pos+ len 的 len 个字符依次赋给子串 T。取子串过程的示意图如图 4-3 所示。

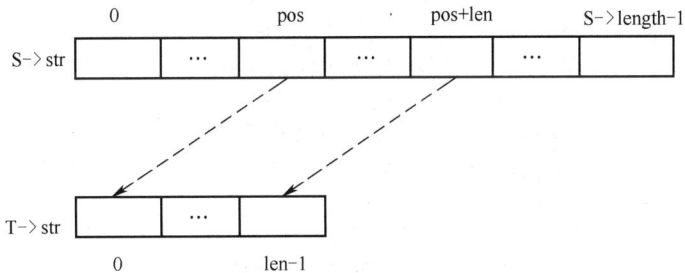

图 4-3　取子串过程的示意图

（5）撤销操作
```
    void Destroy(DString *S){
    //撤销串 S 占用的内存空间
        free(S->str);
        S->maxLength = 0;
        S->length = 0;
    }
```

【例 4-2】　编写一个程序，测试上述动态数组存储结构下串操作函数的正确性。

设动态数组存储结构下串抽象数据类型的实现文件为 DString.h，程序设计如下：
```
    #include <stdio.h>
    #include <malloc.h>
    #include <string.h>
    #include "DString.h"

    void main(void){
        DString  myString1, myString2, myString3;
        int i, max1 = 5, max2 = 9, max3 = 0;
        //测试初始化函数
        Initiate(&myString1, max1, "Data");
        Initiate(&myString2, max2, "Structure");
        Initiate(&myString3, max3, " ");
        printf("初始 myString2 串：          ");
        for(i = 0; i < myString2.length; i++)
```

```
                printf("%c", myString2.str[i]);
        printf("     maxLength = %d", myString2.maxLength);
        printf("     length = %d\n", myString2.length);
        //测试插入函数
        Insert(&myString2, 0, myString1);
        printf("插入子串后 myString2 串：  ");
        for(i = 0; i < myString2.length; i++)
                printf("%c", myString2.str[i]);
        printf("     maxLength = %d", myString2.maxLength);
        printf("     length = %d\n", myString2.length);
        //测试删除函数
        Delete(&myString2, 0, 5);
        printf("删除子串后 myString2 串：  ");
        for(i = 0; i < myString2.length; i++)
                printf("%c", myString2.str[i]);
        printf("     maxLength = %d", myString2.maxLength);
        printf("     length = %d\n", myString2.length);
        //测试取子串函数
        SubString(&myString2, 0, 5, &myString3);
        printf("取子串后 myString3 串：    ");
        for(i = 0; i < myString3.length; i++)
                printf("%c", myString3.str[i]);
        printf("     maxLength = %d", myString3.maxLength);
        printf("     length = %d\n", myString3.length);
        //测试撤销函数
        Destroy(&myString1);
        Destroy(&myString2);
        Destroy(&myString3);
    }
```

【程序运行结果】

```
初始 myString2 串：        Structure       maxLength = 9    length = 9
插入子串后 myString2 串：  Data Structure    maxLength = 14   length = 14
删除子串后 myString2 串：  Structure       maxLength = 14   length = 9
取子串后 myString3 串：    Struc       maxLength = 5    length = 5
```

可以看出，动态数组结构的串可以在程序中方便地定义字符数组的元素最大个数，这给程序设计提供了很大便利。这样的软件设计方法也可以应用到第 2 章讨论的顺序表的设计中。第 2 章讨论的顺序表，实际上是一种静态数组结构的顺序表。在实际应用中，如果出现要定义多个顺序表类型变量，而每个顺序表变量数组的元素最大个数不相同的情况，静态数组结构的顺序表就不好处理了；另外，当不断进行插入操作造成顺序表满时，静态数组结构的顺序表也不好处理。而对于这两种情况，动态数组结构的顺序表可以很方便地进行处理。

4.4 串的模式匹配算法

串抽象数据类型中讨论的查找操作也称为串的模式匹配操作。模式匹配操作的具体含义：在主串（也称为目标串）s 中，从位置 start 开始查找是否存在模式串 t，如果在主串 s 中查找到一个与模式串 t 相同的子串，则查找成功，否则查找失败。本节讨论的串均采用顺序存储结构，因此，这里所说的模式串 t 在主串 s 中的位置，是指查找成功时，模式串 t 的第一个字符在主串

s 中的数组下标。

Brute-Force 算法和 KMP 算法是两种经常使用的顺序存储结构下的串模式匹配算法。

4.4.1 Brute-Force 算法

1．Brute-Force 算法思想

Brute-Force 算法实现模式匹配的思想是：从主串 $s="s_0s_1 \cdots s_{n-1}"$ 的第一个字符开始与模式串 $t="t_0t_1 \cdots t_{m-1}"$ 的第一个字符进行比较，若相等，则继续比较后续字符；否则，从主串 s 的第二个字符开始重新与模式串 t 的第一个字符进行比较，若相等，则继续比较后续字符；否则，从主串 s 的第三个字符开始重新与模式串 t 的第一个字符进行比较；如此不断进行比较，若存在模式串 t 中的每个字符依次和主串 s 中的一个连续字符序列（子串）相等，则匹配成功，函数返回该子串的第一个字符在主串 s 中的下标；若比较完主串 s 的所有字符序列后，不存在一个和模式串 t 相等的子串，则匹配失败，函数返回 -1。

为便于理解，举例说明如下。设主串 $s="cddcdc"$，模式串 $t="cdc"$，s 的长度为 $n=6$，t 的长度为 $m=3$，用变量 i 指示主串 s 当前比较字符的下标，用变量 j 指示模式串 t 当前比较字符的下标。Brute-Force 算法模式匹配过程如图 4-4 所示。

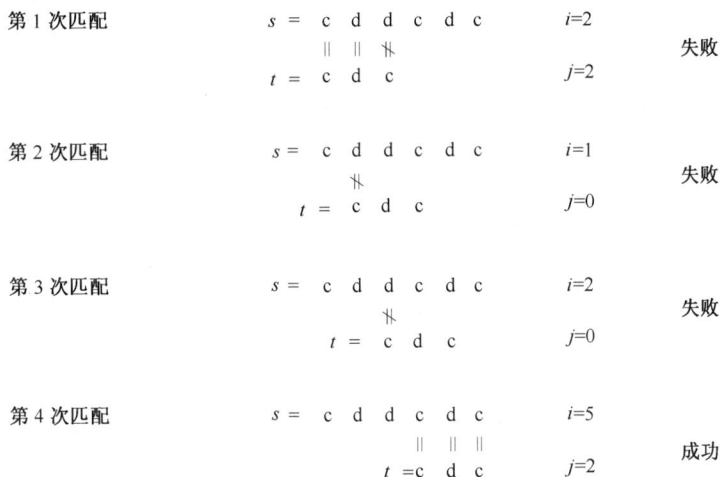

图 4-4 Brute-Force 算法模式匹配过程

从上述匹配过程可以推知以下两点。

① 若在前 $k-1$ 次比较中未匹配成功，则第 k 次比较从 s 中的第 k 个字符 s_{k-1} 开始与 t 中的第 1 个字符 t_0 进行比较。

② 设某一次匹配有 $s_i \neq t_j$，其中 $0 \leqslant i < n$，$0 \leqslant j < m$，$i \geqslant j$，则应有 $s_{i-1}=t_{j-1}$，……，$s_{i-j+1}=t_1$，$s_{i-j}=t_0$。再由①可知，下一次比较主串的字符 s_{i-j+1} 和模式串的第一个字符 t_0。

因此，模式匹配的一般性过程如图 4-5 所示。图 4-5 中，当比较到 $s_i \neq t_j$ 时，下一次将比较 s_{i-j+1} 是否等于 t_0。

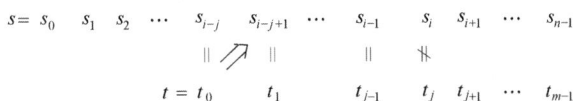

图 4-5 模式匹配的一般性过程

2．Brute-Force 算法函数设计

根据上面的分析，可设计 Brute-Force 算法的函数如下：

```
int BFIndex(DString S, int start, DString T){
//查找主串 S 中从 start 开始的模式串 T，成功返回 T 在 S 中的位置，失败返回-1
    int i = start, j = 0, v;
    while(i < S.length && j < T.length){
        if(S.str[i] == T.str[j]){
            i++;
            j++;
        }
        else {
            i = i-j+1;
            j = 0;
        }
    }
    if(j == T.length) v = i-T.length;
    else v = -1;
    return v;
}
```

【例 4-3】 编写一个程序，测试 BFIndex() 的正确性。

程序设计如下：

```
#include <stdio.h>
#include <malloc.h>
#include <string.h>
#include "DString.h"

int BFIndex(DString S, int start, DString T){
    //函数体部分略
}

void main(void){
    DString  myString1, myString2;
    int max1 = 29, max2 = 9;
    int pos = 0;
    Initiate(&myString1, max1, "Data Structure Data Structure");
    Initiate(&myString2, max2, "Structure");
    //第一次查找
    pos = BFIndex(myString1, pos, myString2);
    printf("第一次查找时 pos = %d\n", pos);
    //第二次查找
    pos = BFIndex(myString1, pos+1, myString2);
    printf("第二次查找时 pos = %d\n", pos);
    Destroy(&myString1);
    Destroy(&myString2);
}
```

【程序运行结果】

第一次查找时 pos = 5
第二次查找时 pos = 20

3．Brute-Force 算法的缺点

Brute-Force 算法简单并易于理解。在大部分情况下，该算法时间效率较好。但是，在有些情况下，Brute-Force 算法的时间效率不高。主要原因是：在主串和模式串已有相当多个字符已比较且相等的情况下，只要有一个字符不相等，便需要把主串的比较位置（算法中变量 i 的值）回退。设主串的长度为 n，模式串的长度为 m，则 Brute-Force 算法在最好情况下的时间复杂度为 $O(m)$，即主串的前 m 个字符刚好等于模式串的 m 个字符，而在最坏情况下的时间复杂度为 $O(nm)$。

Brute-Force 算法的最坏情况分析如下：当模式串的前 $m-1$ 个字符序列和主串的相应字符序列比较总是相等，但模式串的第 m 个字符和主串的相应字符比较总是不相等时，模式串的 m 个字符的序列必须和主串的相应字符序列比较 $n-m+1$ 次，每次比较 m 个字符，总共需比较 $m(n-m+1)$ 次，因此其时间复杂度为 $O(nm)$。例如，s="aaaaaaaa"，t="aab"，$n=8$，$m=3$，t 的前 2 个字符序列和 s 的相应字符序列比较总是相等，t 的第 3 个字符和 s 的相应字符比较总是不相等，t 的 3 个字符序列和 s 的相应字符序列比较 $n-m+1=6$ 次，每次比较 3 个字符，最后又比较 2 个字符，即比较 $s_6=t_0$='a'，$s_7=t_1$='a'，当 $j=2$，$i=8$ 时，因为循环条件不满足而退出循环，所以总共比较 $m(n-m+1)+2=3\times6+2=20$ 次。

4.4.2 KMP 算法

1．KMP 算法分析

KMP 算法是三位学者在 Brute-Force 算法的基础上同时提出的模式匹配的改进算法。KMP 算法的主要特点是，消除了 Brute-Force 算法的主串比较位置在相当多个字符比较相等后只要有一个字符比较不相等便需要回退的缺点。

分析 Brute-Force 算法的匹配过程可以发现，算法中主串比较位置的回退并非一定必要。这可分为两种情况。第一种情况是，模式串中无真子串（关于模式串中的真子串的讨论见本节后面）。例如，在主串 s="cddcdc"与模式串 t="cdc"的模式匹配过程中，当 $s_0=t_0$，$s_1=t_1$，$s_2\neq t_2$ 时，算法中下一次的比较位置为 $i=1$，$j=0$，即接下来比较 s_1 和 t_0，但是因为 $t_0\neq t_1$，而 $s_1=t_1$，所以一定有 $s_1\neq t_0$。因此，此时比较 s_1 和 t_0 无意义，实际上随后可直接比较 s_2 和 t_0。

```
s = a b a c b a b    i=3
    ‖ ‖ ‖ ×           失败
t = a b a b          j=3
```

图 4-6　模式匹配例子

第二种情况是，模式串中有真子串。设主串 s="abacabab"，模式串 t="abab"，第一次匹配过程如图 4-6 所示，此时有 $s_0=t_0$='a'，$s_1=t_1$='b'，$s_2=t_2$='a'，$s_3\neq t_3$。因为有 $t_0\neq t_1$，$s_1=t_1$，所以必有 $s_1\neq t_0$；又因为有 $t_0=t_2$，$s_2=t_2$，所以必有 $s_2=t_0$。因此下面可直接比较 s_3 和 t_1。

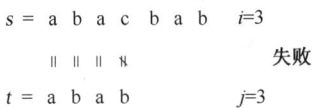

总结以上两种情况可以发现，一旦 s_i 和 t_j 比较不等，主串 s 的比较位置不必回退，主串的 s_i（或 s_{i+1}）可直接和模式串的 t_k（$0\leqslant k<j$）进行比较，其中 k 的确定与主串 s 并无关系，k 的确定只与模式串 t 本身的构成有关，即从模式串本身就可求出 k 的值。这就变成了求模式串的真子串问题。

2．模式串的真子串

现在讨论一般情况。设 s="$s_0s_1\cdots s_{n-1}$"，t="$t_0t_1\cdots t_{m-1}$"，当模式匹配比较到 $s_i\neq t_j$（$0\leqslant i<n$，$0\leqslant j<m$）时，必存在

$$"s_{i-j}s_{i-j+1}\cdots s_{i-1}"="t_0t_1\cdots t_{j-1}" \qquad (4-1)$$

此时，若模式串中不存在可相互重叠的真子串，则说明在子串"$t_0t_1\cdots t_{j-1}$"中不存在任何以 t_0 为首

字符的子串与主串"$s_{i-j}s_{i-j+1}\cdots s_{i-1}$"中分别以 s_{i-j}, s_{i-j+1}, $\cdots$, s_{i-1} 为首字符的子串相匹配，下一次可直接比较 s_i 和 t_0，这是第一种情况。

此时若模式串中存在可相互重叠的真子串，满足以下条件：

$$"t_0t_1\cdots t_{k-1}"="t_{j-k}t_{j-k+1}\cdots t_{j-1}", \quad 0<k<j \tag{4-2}$$

则说明模式串中的子串"$t_0t_1\cdots t_{k-1}$"已和主串"$s_{i-k}s_{i-k+1}\cdots s_{i-1}$"相匹配，下一次可直接比较 s_i 和 t_k，这是第二种情况。

在模式串 t 中，所有真子串的寻找问题就变成了求 next[j] 函数问题。

3. next[j]函数

首先定义 next[j] 函数：

$$next[j]=\begin{cases} \max\{k\,|\,0<k<j\text{ 且}"t_0t_1\cdots t_{k-1}"="t_{j-k}t_{j-k+1}\cdots t_{j-1}"\}, & \text{当此集合非空时} \\ 0, & \text{其他情况} \\ -1, & j=0 \end{cases} \tag{4-3}$$

next[j] 函数定义中的第一种情况是，在模式串"$t_0t_1\cdots t_{j-1}$"中存在这样两个长度均小于 j 的子串，其中一个子串以 t_0 为首字符，另一个子串以 t_{j-1} 为末字符，满足"$t_0t_1\cdots t_{k-1}$"="$t_{j-k}t_{j-k+1}\cdots t_{j-1}$"条件，且这样的相等子串是所有这种相等子串中长度最长的。如果规定这样的相等子串的长度可以等于子串"$t_0t_1\cdots t_{j-1}$"本身，即规定 $0<k\leqslant j$，则这样的相等子串为模式串 t 的非真子串；如果规定这样的相等子串的长度必须小于模式串"$t_0t_1\cdots t_{j-1}$"本身，即规定 $0<k<j$，则这样的相等子串为模式串 t 的真子串。

next[j] 函数定义中的第二种情况是，在模式串"$t_0t_1\cdots t_{j-1}$"中不存在任何满足"$t_0t_1\cdots t_{k-1}$"="$t_{j-k}t_{j-k+1}\cdots t_{j-1}$"条件的真子串。

next[j] 函数定义中的第三种情况是，当 $j=0$ 时给出特殊的取值。当 $j=0$ 时，模式串"$t_{j-k}t_{j-k+1}\cdots t_{j-1}$"中的下标有 $j-1=0-1=-1$，即模式串为空，此时令 next[j] 函数取值为 -1。

以上是 next[j] 函数的定义以及对 next[j] 函数和模式串"$t_{j-k}t_{j-k+1}\cdots t_{j-1}$"的真子串关系的说明。

4. KMP 算法

总结上面的讨论，KMP 算法思想是：当模式串 t 中的 t_j 与主串 s 的 s_i（$i\geqslant j$）比较不相等时，若模式串 t 中不存在如上所说的真子串，有 next[j]=0，则下一次比较 s_i 和 t_0，这是第一种情况；若模式串 t 中存在真子串"$t_0t_1\cdots t_{k-1}$"="$t_{j-k}t_{j-k+1}\cdots t_{j-1}$"，且满足 $0<k<j$ 条件，则有 next[j]=k，next[j]=k 表示随后和主串 s 的 s_i 进行比较的模式串 t 的字符为 t_k，这是第二种情况；当 $j=0$ 时，令 next[j]=-1（此处 -1 为一个标记），此时令主串和模式串的下标各增 1，随后比较 s_{i+1} 和 t_0。

KMP 算法的模式匹配过程如图 4-7 所示。当模式串 t 中的 t_j 与主串 s 的 s_i 比较不相等时，若模式串 t 中存在真子串"$t_0t_1\cdots t_{k-1}$"="$t_{j-k}t_{j-k+1}\cdots t_{j-1}$"，此时可将模式串 t 按照 k=next[j] 的值右滑；然后比较 s_i 和 t_k，若仍有 $s_i\neq t_k$，则模式串 t 按照新的 k=next[k] 的值继续右滑后进行比较。这样的过程可一直进行到 k=next[k]=0，此时若 $s_i\neq t_0$，则模式串 t 不再右滑，随后比较 s_{i+1} 和 t_0。

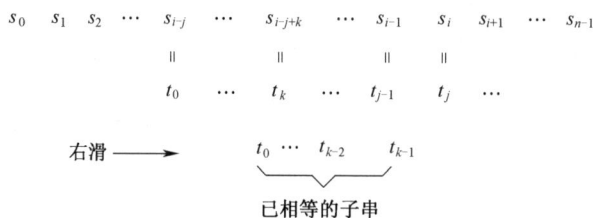

图 4-7　KMP 算法的模式匹配过程

在 KMP 算法思想的基础上，许多学者还提出了一些改进算法。当满足特殊情况时，这些算法的时间效率会大幅度提高。

KMP 算法的函数可以设计如下：设 s 为主串，t 为模式串，设 i 为主串 s 当前比较字符的下标，j 为模式串 t 当前比较字符的下标，令 i 和 j 的初值为 0。当 $s_i=t_j$ 时，i 和 j 分别增 1 再继续进行比较；否则，i 不变，j 改变为 next[j] 值再继续进行比较。其余类推，直到下列两种情况之一发生：一种情况是，j 退回到某个 j=next[j] 值时，有 $s_i=t_j$，则 i 和 j 分别增 1 再继续进行比较；另一种情况是，j 退回到 j=−1 时，令主串和模式串的下标各增 1，随后比较 s_{i+1} 和 t_0。这样的循环过程直到 $i \geqslant$ S.length 或 $j \geqslant$ T.length 为止。

KMP 算法设计如下：

```
int KMPIndex(DString S, int start, DString T, int next[]){
//查找主串 S 中从 start 开始的模式串 T，成功则返回 T 在 S 中的位置，失败则返回−1
//数组 next 中存放有 T 的 next[j]值
    int i = start, j = 0, v;
    while(i < S.length && j < T.length){
        if(j == -1 || S.str[i] == T.str[j]){
            i++;
            j++;
        }
        else j = next[j];
    }

    if(j == T.length) v = i-T.length;
    else v = -1;
    return v;
}
```

在上述循环过程中，每当 j==0 时，都要先退到 j=next[0]（−1），然后再使 j=0，且 i++。为了提高效率，当 j==0 时，可以直接令 i++。因此，上述 KMP 算法可改进为如下形式：

```
int KMPIndex(DString S, int start, DString T, int next[]){
//查找主串 S 中从 start 开始的模式串 T，成功则返回 T 在 S 中的位置，失败则返回−1
//数组 next 中存放有 T 的 next[j]值
    int i = start, j = 0, v;
    while(i < S.length && j < T.length){
        if(S.str[i] == T.str[j]){
            i++;
            j++;
        }
        else if(j == 0) i++;
        else j = next[j];
    }
    if(j == T.length) v = i-T.length;
    else v = -1;
    return v;
}
```

5. 求 next[j]值的函数设计

下面讨论求 next[j]值的算法问题。从计算 next[j]值的式（4-3）可以看出，next[j]值的计算问题是一个递推计算问题。设有 next[j]=k，即在模式串 t 中存在"$t_0t_1\cdots t_{k-1}$"="$t_{j-k}t_{j-k+1}\cdots t_{j-1}$"（$0<k<j$），其中 k 为满足等式的最大值，则计算 next[j+1]的值有以下两种情况。

① 若 t_k=t_j，则表明在模式串 t 中有"$t_0t_1\cdots t_k$"="$t_{j-k}t_{j-k+1}\cdots t_j$"，且不可能存在任何一个 $k'>k$ 满足该式，因此有

$$\text{next}[j+1]=\text{next}[j]+1=k+1$$

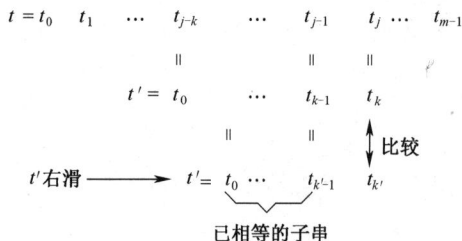

图 4-8 求 next[j+1]的模式匹配

② 若 $t_k\neq t_j$，则可把计算 next[j+1]值的问题看成如图 4-8 所示的模式匹配问题，即把模式串 t'右滑至 k'=next[k]（$0<k'<k<j$）。若此时 $t_{k'}$=t_j，则表明在模式串 t 中有"$t_0t_1\cdots t_{k'}$"="$t_{j-k}t_{j-k+1}\cdots t_j$"（$0<k'<k<j$），因此有

$$\text{next}[j+1]=k'+1=\text{next}[k]+1$$

若此时 $t_{k'}\neq t_j$，则将模式串 t'右滑到 k''=next[k']后继续进行匹配。其余类推，直到某次比较有 t_k=t_j（此即为上述情况），或某次比较有 $t_k\neq t_j$ 且 k=0，此时

$$\text{next}[j+1]=0$$

因此，类同于 KMP 算法的求模式串的 next[j]值的算法如下：

```
void GetNext(DString T, int next[]){
//求模式串 T 的 next[j]值并存于数组 next 中
    int j = 1, k = 0;
    next[0] = -1;
    next[1] = 0;
    while(j < T.length - 1){
        if(T.str[j] == T.str[k]){
            next[j+1] = k + 1;
            j++;
            k++;
        }
        else if(k == 0){
            next[j+1] = 0;
            j++;
        }
        else k = next[k];
    }
}
```

下边给出手工计算 next[j]值的两个例子。

【例 4-4】 计算 t="aba"的 next[j]。

当 j=0 时，next[0]=−1；

当 j=1 时，next[1]=0；

当 j=2 时，$t_0\neq t_1$，next[2]=0。

即有：

模式串	a	b	c
j	0	1	2
next[j]	−1	0	0

【例 4-5】 计算 t="abcabcaaa"的 next[j]。

当 j=0 时，next[0]=−1；

当 j=1 时，next[1]=0；

当 j=2 时，$t_0 \neq t_1$，next[2]=0；

当 j=3 时，$t_0 \neq t_2$，next[3]=0；

当 j=4 时，$t_0=t_3$='a'，next[4]=1；

当 j=5 时，$t_1=t_4$='b'，即有"$t_0 t_1$"="$t_3 t_4$"="ab"，next[5]=next[4]+1=1+1=2；

当 j=6 时，$t_2=t_5$='c'，即有"$t_0 t_1 t_2$"="$t_3 t_4 t_5$"="abc"，next[6]=next[4]+1=2+1=3；

当 j=7 时，$t_3=t_6$='a'，即有"$t_0 t_1 t_2 t_3$"="$t_3 t_4 t_5 t_6$"="abca"，next[7]=next[6]+1=3+1=4；

当 j=8 时，因为 $t_4 \neq t_7$，所以 k=next[k]=next[4]=1；因为 $t_1 \neq t_7$，所以 k=next[k]=next[1]=0；因为 $t_0=t_7$='a'，所以 next[8]=next[1]+1=0+1=1。这就是计算 next[j+1]值时的第二种情况。

即有：

模式串	a	b	c	a	b	c	a	a	a
j	0	1	2	3	4	5	6	7	8
next[j]	-1	0	0	0	1	2	3	4	1

6. KMP 算法应用设计

【例 4-6】 编写一个程序，测试 KMPIndex()和 GetNext()的正确性。

程序设计如下：

```
#include <stdio.h>
#include <malloc.h>
#include <string.h>
#include "DString.h"
void GetNext(DString T, int next[]){
    //函数体部分略
}
int KMPIndex(DString S, int start, DString T, int next[]){
    //函数体部分略
}
void main(void){
    DString  myString1, myString2;
    int max1 = 29, max2 = 9;
    int pos = 0;
    int next[29];
    Initiate(&myString1, max1, "Data Structure Data Structure");
    Initiate(&myString2, max2, "Structure");
    GetNext(myString2, next);
    pos = KMPIndex(myString1, pos, myString2, next);
    printf("pos = %d\n", pos);
    pos = KMPIndex(myString1, pos+1, myString2, next);
    printf("pos = %d\n", pos);
    Destroy(&myString1);
    Destroy(&myString2);
}
```

【程序运行结果】

```
pos = 5
pos = 20
```

4.4.3 Brute-Force 算法和 KMP 算法的比较

本节用两个实际例子来比较 Brute-Force 算法和 KMP 算法的实际比较次数。

【例 4-7】 编程比较 Brute-Force 算法和 KMP 算法的实际比较次数。两个测试例子为：

① S = "cddcdc", T = "abcde"

② S = "aaaaaaaa", T = "aab"

【设计思想】 首先，分别把 Brute-Force 算法和 KMP 算法改造为返回累计比较次数的函数，然后在主函数中分别用两个实际参数调用改造后的 Brute-Force 算法和 KMP 算法，最后分别输出两个算法对测试例子的实际比较次数。

Brute-Force 算法累计比较次数函数的具体实现方法是：在函数中定义一个临时变量 v，变量 v 的初值为 0，令在循环比较中执行 v++ 操作，这样，匹配算法每循环比较一次，变量 v 将增 1，最终让函数返回变量 v。KMP 算法累计比较次数函数的具体实现方法类同。

程序设计如下：

```c
#include <stdio.h>
#include <malloc.h>
#include <string.h>
#include "DString.h"
int BFIndexCount(DString S, int start, DString T){
//统计 Brute-Force 算法比较次数并返回
    int i = start, j = 0, v=0;
    while(i < S.length && j < T.length){
        if(S.str[i] == T.str[j]){
            i++;
            j++;
        }
        else {
            i = i-j+1;
            j = 0;
        }
        v++;
    }
    return v;
}
void GetNext(DString T, int next[]){
    int j = 1, k = 0;
    next[0] = -1;
    next[1] = 0;
    while(j < T.length - 1){
        if(T.str[j] == T.str[k]){
            next[j+1] = k + 1;
            j++;
            k++;
        }
        else if(k == 0){
            next[j+1] = 0;
            j++;
        }
    }
```

```
            else k = next[k];
        }
    }
    int KMPIndexCount(DString S, int start, DString T, int next[]){
    //统计 KMP 算法比较次数并返回
        int i = start, j = 0, v=0;
        while(i < S.length && j < T.length){
            if(S.str[i] == T.str[j]){
                i++;
                j++;
            }
            else if(j == 0) i++;
            else j = next[j];
            v++;
        }
        return v;
    }
    void main(void){
        DString  myString1, myString2;
        int max1 = 6, max2 = 5;
        int next[6];
        int count;
        Initiate(&myString1, max1, "cddcdc");
        Initiate(&myString2, max2, "abcde");
        printf("测试例子 1:\n");
        count = BFIndexCount(myString1, 0, myString2);
        printf("Brute-Force 算法比较次数: %d\n", count);
        GetNext(myString2, next);
        count = KMPIndexCount(myString1, 0, myString2, next);
        printf("KMP 算法比较次数: %d\n", count);
        DString  myString3, myString4;
        int max3 = 8, max4 = 3;
        Initiate(&myString3, max3, "aaaaaaaa");
        Initiate(&myString4, max2, "aab");
        printf("测试例子 2:\n");
        count = BFIndexCount(myString3, 0, myString4);
        printf("Brute-Force 算法比较次数: %d\n", count);
        GetNext(myString2, next);
        count = KMPIndexCount(myString3, 0, myString4, next);
        printf("KMP 算法比较次数: %d\n", count);
    }
```

【程序运行结果】
测试例子 1:
Brute-Force 算法比较次数: 6
KMP 算法比较次数: 6
测试例子 2:
Brute-Force 算法比较次数: 24
KMP 算法比较次数: 11

【程序运行结果说明】

（1）在一般情况下，Brute-Force 算法和 KMP 算法的比较次数（或时间效率）非常接近。测试例子①中的主串 S="cddcdc"和子串 T="abcde"说明了这种情况。

（2）当出现类似测试例子②中的主串 S="aaaaaaaa"和子串 T="aab"的情况时，KMP 算法的比较次数要比 Brute-Force 算法的少很多。一个更极端的例子是主串 S="aaaaaaaaaaaaaa"，子串 T="aaaaaaab"。

然而，并不是在所有情况下，KMP 算法的比较次数都比 Brute-Force 算法的少，也有一些情况是 Brute-Force 算法的比较次数比 KMP 算法的少。但是，综合分析评价两个算法并通过实际测试后发现，在大多数情况下，KMP 算法的时间效率要好于 Brute-Force 算法的时间效率。

习题 4

【基本概念习题】

4-1 设 S1 ="Data Structure Course"，S2 ="Structure"，S3 ="Base"，求：

（1）Length(S1) 　　　　　　　　（2）Compare(S2, S3)

（3）Insert(S1, 5, S3) 　　　　　　（4）Delete(S1, 5, 9)

（5）SubString(S1, 5, 9, T) 　　　　（6）Search(S1, 0, S2)

（7）Replace(S1, 0, S2, S3)

4-2 什么叫串？串和字符在存储方法上有什么不同？为什么？

4-3 串是不定长的，表示串的长度有几种方法？C 语言中，串函数库采用哪种方法？

4-4 可以说串是数据类型固定为字符类型的线性表，但是串操作和线性表操作的主要不同之处在哪里？

4-5 串可以有几种存储结构？哪种存储结构最好？

4-6 空串和空格串是否相同？为什么？

4-7 串是由字符组成的，长度为 1 的串和字符是否概念相同？为什么？

4-8 令 t1="aaab"，t2="abcabaa"，t3="abcaabbabcabaacba"，试分别求出它们的 next[j]值。

4-9 简述模式匹配的 Brute-Force 算法思想。

4-10 简述模式匹配的 KMP 算法思想。简述求子串的 next[j]值的算法思想。

【复杂概念习题】

4-11 什么叫串操作的最小操作子集？串操作的最小操作子集有几组？每组各包括哪些操作？

4-12 假设有如下的 C 语言的字符数组定义：

```
char s1[30]= "Stocktom,CA", s2[30]="March 5 1999", s3[30], *p;
```

（1）在执行如下的每条语句后，p 的值分别是什么？

```
p=strchr(s1, 't');
p=strchr(s2, '9');
p=strchr(s2, '6');
```

（2）在执行下列语句后，s3 的值分别是什么？

```
strcpy(s3,s1);
strcat(s3, ",");
strcat(s3,s2);
```

（3）调用函数 strcmp(s1,s2)的返回值是什么？

（4）调用函数 strcmp(&s1[5], "ton")的返回值是什么？

（5）调用函数 strlen(strcat(s1,s2))的返回值是什么？

4-13　给出一个 Brute-Force 算法的比较次数比 KMP 算法少的例子。

提示：KMP 算法比较次数多的情况，主要在模式串多次右滑，最后仍然比较不相等时发生。

【算法设计习题】

4-14　编写函数实现串 S 和串 T 的比较操作，要求比较结果包括相等和不相等两种情况。

4-15　编写函数实现串 S 和串 T 的比较操作，要求比较结果包括大于、小于和等于三种情况。

4-16　利用 C 语言的库函数 strlen()、strcpy()和 strcat()，编写函数 void StrInsert(char *S, char *T, int i)，其功能是将串 T 插入到串 S 的第 i 个位置上。若 i 大于 S 的长度，则插入操作不执行。

4-17　利用 C 的库函数 strlen ()和 strcpy()，编写函数 void StrDelete(char *S,int i, int m)，其功能是删除串 S 中从位置 i 开始的连续 m 个字符。若 i>=strlen(S)，则没有字符被删除；若 i+m>=strlen(S)，则删除 S 中从位置 i 开始直至末尾的字符。

【上机实习习题】

4-18　可变长顺序表设计。要求：

（1）使用动态数组结构。

（2）顺序表的操作包括：初始化，求元素个数，插入、删除、取元素，编写每个操作的函数。

（3）设计一个测试主函数。

提示：仿照本章讨论的动态数组结构的串。

4-19　串的操作。要求：

（1）串采用数组存储，建立两个串 String1 和 String2，输出两个串。

（2）将串 String2 的头 n 个字符添加到 String1 的尾部，输出结果。

（3）查找串 String3 在串 String1 中的位置，若 String3 在 String1 中不存在，则将 String3 插入 String1 中的 m 位置上，输出结果。

测试数据：

（1）String1："typedefstructArcBox"
　　　String2："VertexTypedata"
　　　String3："data"

（2）String1："structArcBox"
　　　String2："VertexType"
　　　String3："Box"

4-20　文本串加密。

问题描述：一个文本串可用事先给定的字母映射表进行加密。

例如，设字母映射表如下：

a b c d e f g h i j k l m n o p q r s t u v w x y z

n g z q t c o b m u h e l k p d a w x f y i v r s j

则文本串"encrypt"被加密为"tkzwsdf"。

要求：（1）编写一个算法将输入的文本串加密后输出。（2）编写一个算法，将输入的已加密的文本串解密后输出。（3）编写一个主函数进行测试。

测试数据：（1）需加密文本串为"encrypt"，加密后应为"tkzwsdf"。（2）需解密文本串为"tkzwsdf"，解密后应为"encrypt"。

第5章 数　　组

数组是一种常用的数据结构。高级程序设计语言都提供了支持数组的基本方法。数组分为静态数组和动态数组。通常，用动态数组方法设计的软件的性能比用静态数组方法设计的软件的性能好。矩阵一般采用二维数组存储。大的矩阵需要的内存单元数量很大。对特殊矩阵和稀疏矩阵可采用一些特殊方法以减少使用的内存单元数量，称为特殊矩阵和稀疏矩阵的压缩存储。

本章内容主要包括：数组的实现机制、动态数组的设计方法、特殊矩阵和稀疏矩阵的压缩存储。

5.1　数组概述

5.1.1　数组的定义

数组是 n（$n>1$）个相同数据类型的元素 $a_0, a_1, a_2, \cdots, a_{n-1}$ 构成的占用一块地址连续的内存空间的有限序列。

数组中，任意一个元素可以用该元素在数组中的位置来表示，数组元素的位置通常称为数组的下标。有些高级程序设计语言的数组下标从 0 开始（如 C 语言），有些高级程序设计语言的数组下标从 1 开始。

显然，数组符合线性结构的定义。数组和线性表相比，相同之处是：它们都是由若干个相同数据类型的元素 $a_0, a_1, a_2, \cdots, a_{n-1}$ 构成的有限序列。不同之处是：① 数组要求其元素占用一块地址连续的内存空间，而线性表无此要求；② 数组的操作主要是向某个下标的元素中存数据和取某个下标的元素，这和线性表的插入、删除操作不同；③ 线性表的元素是逻辑意义上不可再分的元素，而数组中的每个元素还可以是一个数组，例如，在 Java 语言中，一个二维数组可以被看作每个数组元素都是一个一维数组的一维数组。

以 C 语言为例，假设有如下变量定义：

```
int x = 5, y, a[10];
```

语句 a[2]=x;用到了存数组元素操作，该语句实现了把变量 x 中的数值存入数组 a 中下标为 2 的元素中；语句 y=a[2];用到了取数组元素操作，该语句实现了把 a[2]取出后赋给变量 y。

从前几章的讨论可知，线性结构（包括线性表、栈、队列、串）的顺序存储结构实际就是使用数组来存储的。可见，数组是其他数据结构实现顺序存储结构的基础，数组抽象数据类型是软件设计中最基础的抽象数据类型。正因为如此，一般高级程序设计语言都支持数组。

5.1.2　数组的实现机制

数组通常以字节为内部计数单位。对一个有 n 个元素的一维数组，设 a_0 是下标为 0 的数组元素，$\text{Loc}(a_0)$ 是 a_0 的存储地址，k 是每个数组元素所需的字节个数，则数组中任一元素 a_i 的存储地址 $\text{Loc}(a_i)$ 可由下面公式求出：

$$\text{Loc}(a_i)=\text{Loc}(a_0)+i\times k, \qquad 0\leqslant i<n \tag{5-1}$$

对一个 m 行 n 列的二维数组，由于计算机的内存单元都是一维的，因此有二维向一维的映射问题。二维向一维的映射有两种方法，分别称为行主序方法和列主序方法。行主序方法是，一行存完后再存放下一行；列主序方法是，一列存完后再存放下一列。C 语言中，数组采用行主序方法。

对于行主序方法来说，设 a_{00} 是行下标和列下标均为 0 的数组元素，$\mathrm{Loc}(a_{00})$ 是 a_{00} 的存储地址，k 是每个数组元素所需的字节个数，则数组中任一元素 a_{ij} 的存储地址 $\mathrm{Loc}(a_{ij})$ 可由下面公式求出：

$$\mathrm{Loc}(a_{ij})=\mathrm{Loc}(a_{00})+(i\times n+j)\times k, \qquad 0\leqslant i<m,\ 0\leqslant j<n \qquad (5\text{-}2)$$

式中，m 是二维数组的行数，n 是二维数组的列数。

式（5-2）可按如下思路理解：数组是从基地址 $\mathrm{Loc}(a_{00})$ 开始存放的；a_{ij} 前已存放了 i 行，即已存放了 $i\times n$ 个数组元素，占用了 $i\times n\times k$ 个字节；a_{ij} 前已存放了 j 列，即已存放了 j 个数组元素，占用了 $j\times k$ 个字节，所以 a_{ij} 的内存单元地址 $\mathrm{Loc}(a_{ij})$ 为上述三部分之和。

三维或更高维数组中，任一数组元素存储地址的推导公式方法同上。

式（5-1）和式（5-2）分别称为一维数组和二维数组的映射函数。

用高级程序设计语言定义数组时，数组的首地址由系统分配并保存。高级程序设计语言通常用数组名保存数组的首地址。对于一个高级程序设计语言中的数组来说，编译软件可以方便地计算出该数组中任一元素的存储地址。因为计算数组中各个元素存储地址的时间相等，所以存取数组中任一元素的时间也相等，通常称具有这种特性的存储结构为**随机存储结构**。数组是一种随机存储结构。

5.1.3　数组的抽象数据类型

1．数据集合

数组的数据集合可以表示为 $a_0, a_1, a_2, \cdots, a_{n-1}$，每个数组元素的数据类型均为抽象元素类型 DataType。

限定数组元素必须存储在地址连续的内存单元中。

2．操作集合

（1）求数组元素个数 ArrayLength(D)：返回数组 D 的元素个数。

（2）存数组元素 Storage(D,i,x)：把 x 存入数组 D 中下标为 i 的元素中。其约束条件为 $i\geqslant 0$ 且 $i\leqslant \mathrm{ArrayLength(D)}-1$。

（3）取数组元素 Get(D,i,x)：取出数组 D 中下标为 i 的元素赋给 x。其约束条件为 $i\geqslant 0$ 且 $i\leqslant \mathrm{ArrayLength(D)}-1$。

5.2　动态数组

5.2.1　动态数组的设计方法

数组有静态数组和动态数组两种设计方法。静态数组在编译时向系统申请数组的内存空间，这要求在定义静态数组时就必须给出数组元素个数，因为编译系统要在软件编译时为静态数组分配内存空间；动态数组在程序运行中需要数组时才向系统申请数组的内存空间。高级程序设计语言一般都提供支持用户定义动态数组的函数或运算符。

假设有如下变量定义：

```
int a[10];
```

则数组 a 就是静态数组。此时要求定义数组 a 时必须给出数组元素的具体个数，因为编译系统要在软件编译时就为数组 a 分配确定字节个数的内存空间。

1．C 语言的动态数组内存申请和释放函数

C 语言为用户提供了可以动态申请数组内存空间和释放动态申请的数组内存空间的函数：calloc()和 free()。

calloc()的原型是：(void *)calloc(unsigned n, unsigned size)

calloc()用于向系统动态申请 n 个内存单元，每个内存单元占 size 个字节，函数返回值为所申请的内存单元首地址。

显然，第 2 章介绍过的 malloc()也可用于动态数组内存空间的申请，其实现的功能也基本一样。这两个函数的差别是：当系统的内存空间只剩下一些非常小的碎片时，用 calloc()设计的动态数组的时间效率优于用 malloc()设计的动态数组的时间效率。

2．一维和二维动态数组

下面的例 5-1 和例 5-2 具体说明了 C 语言中一维和二维动态数组的定义和使用方法。

【例 5-1】 定义有 10 个元素的 int 类型一维数组 a，先分别给数组元素赋予数据 1, 2, …, 10，然后显示数组中的数值。

程序设计如下：

```
#include <malloc.h>
#include <stdio.h>
void main(void){
    int *a, n = 10, i;
    //动态申请 n 个 int 类型的内存单元，由指针 a 指示首地址
    a = (int *)calloc(n, sizeof(int));
    for(i = 0; i < n; i++)
        a[i] = i + 1;              //数组元素赋值
    for(i = 0; i < n; i++)
        printf("%d   ", a[i]); //显示数组元素
    free(a);                       //动态释放指针 a 所指向的 n 个内存单元
}
```

【程序运行结果】

　　1　2　3　4　5　6　7　8　9　10

从本例可以看出，使用一维动态数组时，除申请和释放内存空间的方法与静态数组的方法不同外，其他使用方法与一维静态数组的使用方法完全一样。

【例 5-2】 定义有 3 行、4 列的 int 类型二维数组 a，先逐行分别给数组元素赋予数据 1, 2, …, 12，然后显示数组中的数值。要求：分别把申请二维动态数组的过程和释放二维动态数组的过程编写成函数。

函数和测试主函数设计如下：

```
#include <malloc.h>
#include <stdio.h>
int **Make2DArray(int row, int col){
//创建 row 行 col 列的二维动态数组，函数返回其首地址
    int **a, i;
    //动态申请 row 个 int 指针类型的内存单元，由 a 指示
    a = (int **)calloc(row, sizeof(int *));
    //循环 row 次，动态申请 col 个 int 类型的内存单元，由 a[i]指示
    for (i = 0; i < row; i++)
        a[i] = (int *)calloc(col, sizeof(int));
```

```
            return a;
        }
        void Deliver2DArray(int **a, int row){
        //释放二维动态数组 a 的内存空间，row 为数组的行数
            int i;
            for(i = 0; i < row; i++)
                free(a[i]);              //先逐个释放 a[i]所指内存单元
            free(a);                     //再释放 a 所指内存单元
        }
        void main(void){
            int i, j, c;
            int row = 3, col = 4, **a;
            a = Make2DArray(row, col);
            c = 1;
            for(i = 0; i < row; i++){
                for(j = 0; j < col; j++){
                    a[i][j] = c;          //数组元素赋值
                    c++;
                }
            }
            for(i = 0; i < row; i++){
                for(j = 0; j < col; j++)
                    printf("%5d", a[i][j]); //显示数组元素
                printf("\n");
            }
            Deliver2DArray(a, row);
        }
```

【程序运行结果】

```
1    2    3    4
5    6    7    8
9   10   11   12
```

例 5-2 中定义的 3 行 4 列二维动态数组的存储结构如图 5-1 所示。

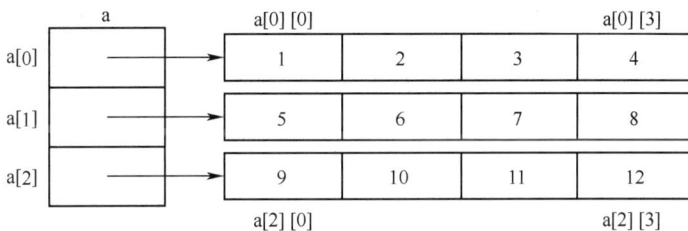

图 5-1　二维动态数组的存储结构

　　二维动态数组的存储方式也称为间接地址方式。间接地址是指存储的数组元素为某个数组元素的地址（或称指针）。数组的间接地址通常称为指针数组，即每个数组元素中存放的是指针类型的数据。指针数组在存储结构中较为常用。指针数组中的地址（或称指针）可以是一个数组的首地址，也可以是一个链表的头指针。二维动态数组的指针数组中存放的是一个一维动态数组的首地址。

　　注意：图 5-1 中，由于二维动态数组的全部内存单元不是一次申请的，因此二维动态数组

的每个一维数组在物理上是连续的，而全部二维动态数组在物理上不一定是连续的，二维动态数组逻辑上的次序关系由图 5-1 左边所示的指针数组实现。另外，实现 *m* 行 *n* 列二维动态数组实际需要的内存单元超过 *m*×*n* 个，额外的 *m* 个内存单元用于存储指针数组，例如，图 5-1 左边所示的 3 个内存单元用于存储 3 个指针类型的数组元素。

5.2.2 动态数组和静态数组的对比

因为很多初学程序设计的学生不能充分理解静态数组和动态数组在使用方法和性能上的差别，所以下面给出动态数组和静态数组在这两方面的对比。

（1）从使用方法上来说，动态数组和静态数组除向系统申请内存空间的方法不同外，数组的使用方法完全相同。

下面分别给出使用静态数组和动态数组的程序片段来进行说明：

```
//静态数组
int a[6];                       //数组定义
int i, n = 6;
for(i = 0; i < n; i++)
    a[i] = i + 1;
//动态数组
int *v;                         //指针定义
int i, n = 6;
v = (int *)calloc(n, sizeof(int));   //动态申请内存空间
for(i = 0; i < n; i++)
    v[i] = i + 1;
```

静态数组是通过数组定义语句向系统申请内存空间的，编译系统在软件编译时就为数组 a 分配了 6 个 int 类型的地址连续的内存单元，数组名 a 指向该内存单元的首地址；动态数组是通过使用函数 calloc()（也可以是其他功能类似的函数）来向系统申请内存空间的，当程序运行到调用函数 calloc()时，系统才分配 6 个 int 类型的地址连续的内存单元，指针 v 指向该内存单元的首地址。

（2）从性能上来说，静态数组在定义时必须确切指定元素最大个数，这样的指定在程序运行后不能改变。动态数组虽然也要确切指定元素最大个数，但这样的指定是在程序运行时通过调用函数实现的。一方面，可以利用 calloc()根据实际问题的需要申请动态数组的元素最大个数；另一方面，当所申请的动态数组空间不足时，还可以通过 realloc()来重新指定动态数组的元素最大个数。这为软件设计提供了很大便利。对于一个已交付用户使用的软件来说，由于静态数组元素最大个数定义不足而造成软件不能正常运行将不仅会增加软件维护的工作量，而且会降低用户对该软件的信任度。而动态数组只有在计算机内存空间全部耗尽时才会出现出错返回情况，用户对这样的软件无疑会更喜欢。

可以得出这样的结论：在大多数情况下，用动态数组方法设计的软件的性能，比用静态数组方法设计的软件的性能好。

realloc()的原型是：(void *)realloc(void *p, unsigned size)

realloc()的功能是，将指针 p 所指向的已分配内存空间的大小改为 size，函数返回新分配内存空间的首地址。size 既可以比原来分配的内存空间大，也可以比原来分配的内存空间小。新分配内存空间中将原样保存原内存空间中的数据。当新分配的内存空间（设为 size2）小于原分配的内存空间（设为 size1）时，新分配内存空间中将原样保存原分配的内存空间中前 size2 个数据。

5.3 特殊矩阵的压缩存储

矩阵运算在许多科学和工程计算问题中经常遇到。通常，编写求解矩阵问题的应用程序都用二维数组来存储矩阵元素。但是，经常会遇到这样一些矩阵，其中有许多值相同的元素或许多零元素，并且值相同的元素或零元素的分布有一定的规律。

我们称有许多值相同的元素或许多零元素，并且值相同的元素或零元素的分布有一定规律的矩阵为**特殊矩阵**。当矩阵的阶数比较大时，矩阵占据的内存空间相当多，这时，利用特殊矩阵元素的分布规律压缩矩阵的内存空间，对许多应用问题来说有重要的意义。

特殊矩阵压缩存储的方法是，只存储特殊矩阵中数值不相同的元素。读取被压缩矩阵元素的方法是，利用特殊矩阵压缩存储的数学映射公式找到相应的矩阵元素。

若一个对称矩阵的行数和列数相等且等于 n，则称该矩阵为 **n 阶对称矩阵**，即 n 阶对称矩阵 A 中的元素满足：

$$a_{ij}=a_{ji}, \qquad 1 \leqslant i, j \leqslant n \tag{5-3}$$

由于 n 阶对称矩阵中的元素以主对角线为中线对称，因此在存储时，可以把对称的两个相同数值的元素存储在一个内存单元中。这样可将 n^2 个元素压缩存储在 $n(n+1)/2$ 个内存单元中。假设以一维数组 va 作为 n 阶对称矩阵 A 的压缩内存单元，则一维数组 va 要求的元素最大个数为 $n(n+1)/2$。设 a_{ij} 为 n 阶对称矩阵 A 中 i 行 j 列的元素，k 为一维数组 va 的下标序号，则其数学映射公式如下：

$$k = \begin{cases} \dfrac{i(i-1)}{2}+j-1, & \text{当 } i \geqslant j \text{ 时} \\[2mm] \dfrac{j(j-1)}{2}+i-1, & \text{当 } i < j \text{ 时} \end{cases} \tag{5-4}$$

注意：数学中，n 阶对称矩阵中的元素 a_{ij} 的下标满足条件：$1 \leqslant i \leqslant n$ 和 $1 \leqslant j \leqslant n$，式（5-4）是基于此前提推出的。在有些教材中，$n$ 阶对称矩阵中的元素 a_{ij} 的下标取值范围是 $0 \sim n-1$，则相应的数学映射公式也不同。

n 阶对称矩阵中的元素在一维数组 va 中的对应位置关系见表 5-1。

表 5-1 n 阶对称矩阵的压缩存储对应位置关系

k	0	1	2	3	⋯	$n(n-1)/2$	⋯	$n(n+1)/2-1$
va 中的元素	a_{11}	a_{21}	a_{22}	a_{31}	⋯	a_{n1}	⋯	a_{nn}
隐含元素		a_{12}		a_{13}		a_{1n}		

例如，对一个 3 阶对称矩阵，压缩存储的一维数组 va 中存储的矩阵元素依次为：a_{11}，a_{21}（隐含 a_{12}），a_{22}，a_{31}（隐含 a_{13}），a_{32}（隐含 a_{23}），a_{33}，⋯。

完成上述压缩映射后，n 阶对称矩阵中的元素 a_{ij} 被压缩存储到了一维数组 va 中，因此，一维数组 va 实现了对 n 阶对称矩阵的压缩存储，此方法压缩掉了几乎一半的内存空间。

有些非对称的矩阵也可借用此方法实现压缩存储，如 n 阶下三角矩阵就可用此方法实现压缩存储。所谓 n 阶下三角矩阵，就是行、列数均为 n 的矩阵的上三角（不包括对角线）中的元素均为 0，此时，可以只存储 n 阶下三角矩阵的下三角（包括对角线）中的元素。设 a_{ij} 为 n 阶下三角矩阵中第 i 行第 j 列的元素，k 为一维数组 va 的下标序号，其数学映射公式如下：

$$k = \begin{cases} \dfrac{i(i-1)}{2}+j-1, & \text{当 } i \geqslant j \text{ 时} \\[2mm] \text{空}, & \text{当 } i < j \text{ 时} \end{cases} \tag{5-5}$$

当 n 阶下三角矩阵的上三角（不包括对角线）中的元素为不为 0 的常数时，式（5-5）也可更改为下式：

$$k=\begin{cases} \dfrac{i(i-1)}{2}+j-1, & \text{当 } i \geqslant j \text{ 时} \\ n(n+1)/2, & \text{当 } i < j \text{ 时} \end{cases} \quad (5\text{-}6)$$

此时，一维数组 va 中的元素个数为 $(n(n+1)/2)+1$ 个，其中，数组 va 中的最后一个存储位置 va$[n(n+1)/2]$ 中存储了上三角矩阵中数值不为 0 的元素。

若矩阵中的元素以主对角线为中线对称，则称该矩阵为**对称矩阵**，即对称矩阵 A 中的元素满足：

$$a_{ij}=a_{ji}, \qquad 1 \leqslant i \leqslant n, \ 1 \leqslant j \leqslant m \quad (5\text{-}7)$$

对称矩阵的压缩存储映射公式和 n 阶对称矩阵的压缩存储映射公式类同。其他特殊矩阵的压缩存储方法和 n 阶对称矩阵的压缩存储方法类同。

【例 5-3】 编写实现 $C=A+B$ 操作的函数。其中，矩阵 A、矩阵 B 和矩阵 C 均采用压缩存储方式，矩阵元素均为 int 类型。设计一个测试主函数，要求按矩阵方式输出矩阵 C 中的数值。设矩阵 A 和矩阵 B 为如下所示的矩阵：

$$A=\begin{bmatrix} 1 & 2 & 3 \\ 2 & 4 & 5 \\ 3 & 5 & 6 \end{bmatrix}, \qquad B=\begin{bmatrix} 10 & 20 & 30 \\ 20 & 40 & 50 \\ 30 & 50 & 60 \end{bmatrix}$$

【设计分析】 根据题目要求，应该设计一个完成矩阵加操作的函数和一个完成按矩阵方式输出矩阵元素的函数。矩阵加函数设计较为简单，因为对于两个采用压缩存储方式的 n 阶对称矩阵 A 和 B 来说，只要逐位相加即可得到仍然采用压缩存储的 n 阶对称矩阵 C。

对于按矩阵方式输出矩阵元素函数，设计时要考虑把压缩存储的隐含元素展现出来，这实际上是式（5-4）的反向使用。

程序设计如下：

```c
#include <stdio.h>
void Add(int a[], int b[], int c[], int n){
//n 阶对称矩阵 C = A + B，其中矩阵采用压缩存储方式
    int i;
    for(i = 0; i <= n*(n+1)/2-1; i++)
        c[i] = a[i] + b[i];              //逐位相加
}
void Print(int a[], int n){
//n 阶对称矩阵按矩阵方式输出，其中矩阵采用压缩存储方式
    int i, j, k;
    for(i = 1; i <= n; i++){
        for(j = 1; j <=    n; j++){
            if(i >= j)    k = i * (i - 1) / 2 + j - 1;//计算矩阵元素下标
            else      k = j * (j - 1) / 2 + i - 1;    //计算隐含元素下标
            printf("%d   ", a[k]);
        }
        printf("\n");
    }
}
void main(void){
```

```
int a[] = {1, 2, 4, 3, 5, 6}, b[] = {10, 20, 40, 30, 50, 60}, c[6];
int n = 3;
Add(a, b, c, n);
Print(c, n);
}
```
【程序运行结果】
```
11    22    33
22    44    55
33    55    66
```

5.4　稀疏矩阵的压缩存储

有一个 $m×n$ 阶矩阵，设 s 为矩阵元素个数的总和，即 $s=m×n$，设 t 为矩阵中非零元素个数的总和，满足 $t≪s$ 的矩阵称为**稀疏矩阵**。符号"$≪$"读作"远小于"。数学上，$t≪s$ 表示 t 的数值至少小于 s 的数值两个数量级，即 $t×10^2$ 小于或等于 s。相对于稀疏矩阵来说，一个不稀疏的矩阵也称为**稠密矩阵**。通常，编写求解矩阵问题的应用程序用二维数组来存储矩阵元素。但是，当稀疏矩阵的 $m×n$ 值非常大时，由于 $t≪s$，因此，存储矩阵元素的数组中有非常多的零元素。去掉零元素占用的内存空间是稀疏矩阵的压缩存储期望解决的问题。

由于稀疏矩阵中的零元素非常多，且分布无规律，因此稀疏矩阵的压缩存储方法是只存储矩阵中的非零元素。稀疏矩阵中每个非零元素及其对应的行下标和列下标构成一个**三元组**，稀疏矩阵中所有这样的三元组构成一个**三元组线性表**。稀疏矩阵压缩存储的方法是只存储稀疏矩阵的三元组线性表。

图 5-2（a）是一个稀疏矩阵，图 5-2（b）是其对应的三元组线性表。

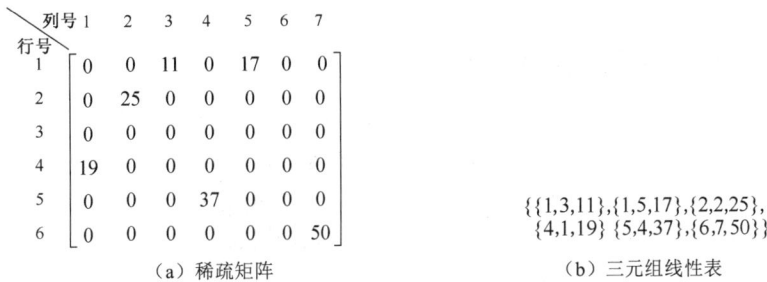

（a）稀疏矩阵　　　　　　　　　　（b）三元组线性表

图 5-2　稀疏矩阵及其对应的三元组线性表

稀疏矩阵的压缩存储结构主要有三元组顺序表和三元组链表两大类，其中，三元组链表又包括一般链表、行指针数组的链表和行列指针的十字链表存储结构等。稀疏矩阵的压缩存储结构可看作顺序表和链表的直接应用或组合应用。

5.4.1　稀疏矩阵的三元组顺序表

用顺序表存储的三元组线性表称为**三元组顺序表**。三元组顺序表就是把三元组定义成顺序表的元素。因此，可把三元组定义成顺序表的元素如下：

```
typedef struct{
    int i;                    //行号
    int j;                    //列号
    elemtype d;               //元素
} DataType;
```

另外，把稀疏矩阵的行数、列数和非零元素个数定义成三元组顺序表的控制数据结构体：

```
typedef struct{
    int md;                    //行数
    int nd;                    //列数
    int td;                    //非零元素个数
}TriType;
```

这样，图 5-2（b）的稀疏矩阵三元组线性表的存储结构就对应为如图 5-3 所示的稀疏矩阵的三元组顺序表。

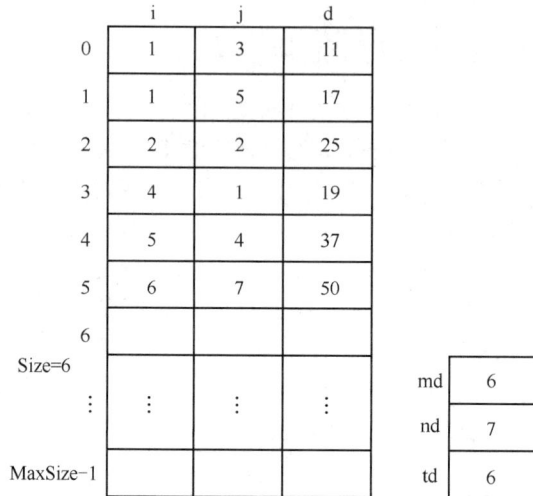

图 5-3　稀疏矩阵的三元组顺序表

5.4.2　稀疏矩阵的三元组链表

稀疏矩阵的三元组线性表也可采用链表结构存储。用链表存储的三元组线性表称为**三元组链表**。在三元组链表中，每个结点的数据域由稀疏矩阵中非零元素的行号、列号和元素组成。图 5-2（b）的稀疏矩阵三元组线性表的带头结点的三元组链表结构如图 5-4 所示，其中，头结点的行号域存储了稀疏矩阵的行数，列号域存储了稀疏矩阵的列数。

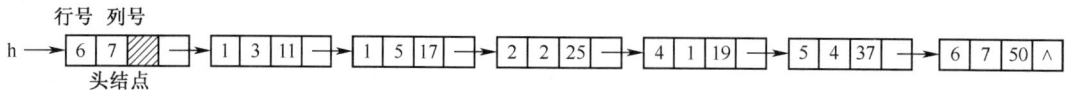

图 5-4　带头结点的三元组链表结构

这种三元组链表的缺点是，实现矩阵运算操作算法的时间复杂度高，因为要访问某行某列中的一个矩阵元素时，必须从头指针进入后逐个结点查找。为降低矩阵运算操作算法的时间复杂度，可以给三元组链表的每行设计一个头指针，这些头指针构成一个指针数组，指针数组中每行的头指针指向该行三元组链表的第一个元素结点。换句话说，每行的单链表是仅由该行三元组元素结点构成的单链表，该单链表由指针数组中对应该行的头指针指示。我们称这种结构的三元组链表为行指针数组结构的三元组链表。图 5-2（b）的稀疏矩阵三元组线性表的行指针数组结构的三元组链表如图 5-5 所示，其中，各单链表均不带头结点。因为每个单链表中的行号域数值均相同，所以单链表中省略了三元组的行号域，而把行号统一放在指针数组的行号域中。

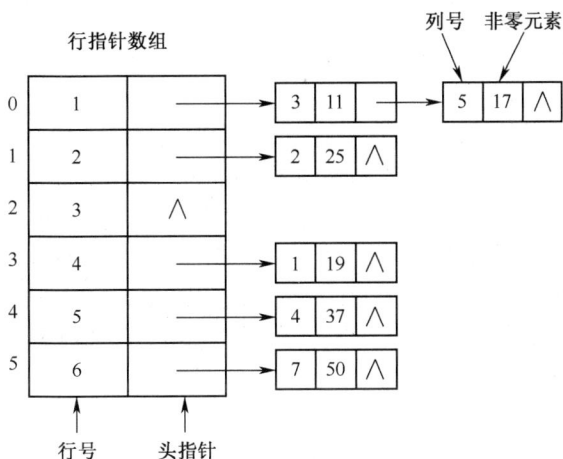

图 5-5　行指针数组结构的三元组链表

行指针数组结构的三元组链表对于从某行进入后找某列矩阵元素的操作比较容易实现，但对于从某列进入后找某行矩阵元素的操作就不容易实现，为此可再仿造行指针数组构造相同结构的列指针数组。因为此时每个结点不仅有横向勾链（表示各行），而且还有纵向勾链（表示各列），所以这样的链表称为三元组十字链表结构。图 5-2（b）的稀疏矩阵三元组线性表的三元组十字链表如图 5-6 所示。

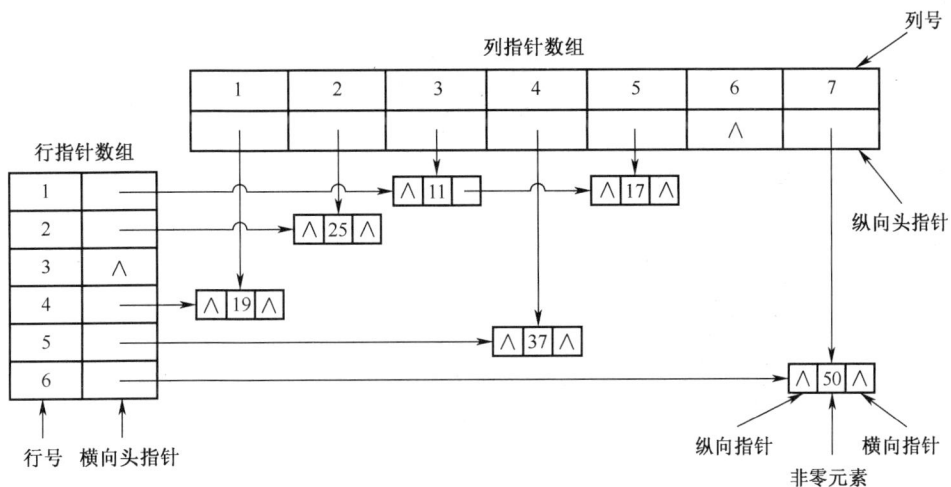

图 5-6　三元组十字链表

其中，各单链表均不带头结点。此时每个结点中要增加一个纵向勾链的指针域。另外，由于对纵向勾链的单链表来说，每个单链表中的列号域数值均相同，因此单链表中省略了三元组的列号域，而把列号统一放在列指针数组的列号域中。

习题 5

【基本概念习题】

5-1　填空题

（1）假设有 6 行 8 列的二维数组 a，每个数组元素占用相邻的 6 个字节，存储器按字节编址。已知数组 a 的起始地址为 1000，则数组 a 占用的字节个数为（　　　）；若数组按行主序方法存储，则 a_{14} 的字节地址为（　　）。（说明：数组从 0 行 0 列开始。）

（2）非零元素三元表是表示（　　）的一种方法。三元表中的每个三元组项分别表示该非零元素的（　　）、（　　）和（　　）。

5-2　设一个计算机系统中二维数组采用以行序为主序的方法存储。已知二维数组 a[n][m]中每个元素占 k 个内存单元，且第一个数组元素的存储地址是 Loc(a[0][0])，求数组元素 a[i][j]（$0 \leqslant i \leqslant n-1$，$0 \leqslant j \leqslant m-1$）的存储地址。

5-3　设一个系统中二维数组采用以行序为主序的存储方式存储，已知二维数组 a[10][8]中每个元素占 4 个内存单元，且第一个数组元素的存储地址是 1000，求数组元素 a[4][5]的存储地址。

5-4　用三元组线性表表示下面的稀疏矩阵 A。说明：矩阵的行下标和列下标均从 1 开始。

$$A = \begin{bmatrix} 0 & 0 & 0 & 0 & 0 & 0 & 0 & 0 \\ 0 & 0 & 0 & 0 & 0 & 0 & 0 & 0 \\ 0 & 3 & 0 & 0 & 0 & 8 & 0 & 0 \\ 0 & 0 & 0 & 0 & 0 & 0 & 0 & 0 \\ 0 & 0 & 0 & 6 & 0 & 0 & 0 & 0 \\ 0 & 0 & 0 & 0 & 0 & 0 & 0 & 0 \\ 0 & 0 & 0 & 0 & 0 & 0 & 0 & 5 \\ 2 & 0 & 0 & 0 & 0 & 0 & 0 & 0 \end{bmatrix}$$

5-5　下面是一个 6×4 稀疏矩阵的三元组线性表，写出它对应的稀疏矩阵。说明：矩阵的行下标和列下标均从 1 开始。

$$\begin{bmatrix} 1 & 2 & 2 \\ 2 & 1 & 12 \\ 3 & 1 & 3 \\ 4 & 4 & 4 \\ 5 & 3 & 6 \\ 6 & 1 & 16 \end{bmatrix}$$

5-6　什么叫二维数组的行序优先存储？什么叫二维数组的列序优先存储？C语言采用的是行序优先存储还是列序优先存储？

5-7　什么叫随机存储结构？为什么说数组是一种随机存储结构？

5-8　什么样的矩阵称为特殊矩阵？特殊矩阵压缩存储的基本思想是什么？

5-9　什么样的矩阵称为稀疏矩阵？稀疏矩阵压缩存储的基本思想是什么？

5-10　什么叫稀疏矩阵的三元组？什么叫稀疏矩阵的三元组线性表？

5-11　稀疏矩阵主要有哪些压缩存储结构？

【复杂概念习题】

5-12　动态数组和静态数组在设计方法上有什么不同？

5-13　对于如下所示的稀疏矩阵：

$$A = \begin{bmatrix} 0 & 0 & 0 & 0 & 0 & 5 & 0 \\ 0 & 0 & 0 & 9 & 0 & 0 & 0 \\ 0 & 0 & 0 & 0 & 0 & 0 & 0 \\ 0 & 0 & 19 & 0 & 0 & 0 & 0 \\ 0 & 0 & 0 & 0 & 0 & 0 & 0 \\ 0 & 22 & 0 & 0 & 0 & 33 & 0 \\ 0 & 0 & 0 & 0 & 0 & 0 & 0 \end{bmatrix}$$

（1）写出该稀疏矩阵的三元组线性表。

（2）画出稀疏矩阵 A 的三元组顺序表结构。

（3）画出稀疏矩阵 A 的带头结点单链表结构。

（4）画出稀疏矩阵 A 的行指针数组链表结构。

（5）画出稀疏矩阵 A 的三元组十字链表结构。

【算法设计习题】

5-14 试编写实现矩阵 $C = A + B$ 操作的函数，其中，矩阵 A、B 和 C 的行/列数均为 n。编写一个测试主函数，要求：存储矩阵元素的二维数组采用二维动态数组。

提示：调用二维动态数组创建函数 Make2DArray()和二维动态数组释放函数 Deliver2DArray()。

5-15 试编写实现矩阵 $C = A \times B$ 操作的函数。设矩阵 A、矩阵 B 和矩阵 C 的行/列数均为 n，并均采用压缩存储方式，矩阵元素均为 int 类型。

5-16 试编写实现矩阵 $C = A \times B$ 操作的函数。设矩阵 A 和矩阵 B 采用压缩存储方式，矩阵 C 采用常规二维数组存储，矩阵元素均为 int 类型。

5-17 设稀疏矩阵采用三元组顺序表存储结构，编写函数实现稀疏矩阵的转置运算 $B = A^{T}$。已知稀疏矩阵 A 中的非零元素三元组的排列次序是，先按行下标排列，在行下标相同时再按列下标排列。要求：稀疏矩阵 B 中的非零元素三元组的排列次序也先按行下标排列，在行下标相同时再按列下标排列。

5-18 设稀疏矩阵采用三元组顺序表存储结构，编写函数实现稀疏矩阵的相加运算 $C = A + B$。已知稀疏矩阵 A 和 B 中的非零元素三元组的排列次序是，先按行下标排列，在行下标相同时再按列下标排列。要求：稀疏矩阵 C 中的非零元素三元组的排列次序也先按行下标排列，在行下标相同时再按列下标排列。

【上机实习习题】

5-19 压缩存储矩阵的设计。要求：

（1）设矩阵 A、矩阵 B 和矩阵 C 均为采用压缩存储方式的 n 阶上三角矩阵，矩阵元素均为 int 类型。

（2）编写实现矩阵加 $C = A + B$ 的函数。

（3）编写实现矩阵乘 $C = A \times B$ 的函数。

（4）编写矩阵元素显示函数。

（5）以下面的数据为测试例子，编写一个主函数进行测试。

$$A = \begin{bmatrix} 1 & 2 & 3 \\ 0 & 4 & 5 \\ 0 & 0 & 6 \end{bmatrix}, \qquad B = \begin{bmatrix} 10 & 20 & 30 \\ 0 & 40 & 50 \\ 0 & 0 & 60 \end{bmatrix}$$

5-20 稀疏矩阵设计。要求：

（1）稀疏矩阵要求采用某种压缩存储方式。

（2）求两个具有相同行列数的稀疏矩阵 A 和 B 的相加矩阵 C，并输出 C。

（3）求出 A 的转置矩阵 D，并输出 D。

（4）以下面的数据为测试例子，编写一个主函数进行测试。

$$A = \begin{bmatrix} 0 & 1 & 0 & 5 \\ 4 & 0 & 0 & 0 \\ 0 & 0 & 7 & 0 \\ 8 & 0 & 9 & 0 \end{bmatrix}, \qquad B = \begin{bmatrix} 2 & 0 & 0 & 7 \\ 0 & 0 & 6 & 0 \\ 9 & 0 & 1 & 0 \\ 0 & 0 & 0 & 0 \end{bmatrix}$$

第6章 递归算法

和前几章讨论的内容不同，递归算法不是一种数据结构，而是一种有效的算法设计方法。递归算法是指该算法直接或者间接调用了自己本身。递归算法是解决许多复杂应用问题的重要方法。递归算法设计比较复杂，初学者不易掌握。

本章内容主要包括：递归的概念、递归算法的执行过程、递归算法的设计方法以及递归算法的效率。

6.1 递归的概念

通常的算法中不存在算法调用自己本身的情况，但是，存在以下两种算法调用自己本身的情况。

（1）问题的定义是递推的

许多数学概念是递推定义的。阶乘的常见定义是：

$$n! = \begin{cases} 1, & \text{当 } n=0 \text{ 时} \\ n \times (n-1) \times \cdots \times 1, & \text{当 } n>0 \text{ 时} \end{cases} \tag{6-1}$$

显然，这是一个循环过程定义，一旦 n 给定，就可由这个循环过程定义得出 $n!$。例如，$n=4$，则有 $4!=4 \times 3 \times 2 \times 1$。

但是，阶乘也可定义为：

$$n! = \begin{cases} 1, & \text{当 } n=0 \text{ 时} \\ n \times (n-1)!, & \text{当 } n>0 \text{ 时} \end{cases} \tag{6-2}$$

把阶乘的定义写成函数形式则为：

$$f(n) = \begin{cases} 1, & \text{当 } n=0 \text{ 时} \\ n \times f(n-1), & \text{当 } n>0 \text{ 时} \end{cases} \tag{6-3}$$

这种函数定义方法是，用阶乘函数自己本身定义阶乘函数，称式（6-3）是阶乘函数的递推定义式。

（2）问题的解法存在自调用

有些问题的解法存在自调用。一个典型的例子是在有序数组中查找一个元素是否存在的折半查找算法。

设有序数组 a 中的元素按从小到大的次序排列，有序数组 a 的下界下标为 low，上界下标为 high，则在有序数组 a 中查找一个元素 x 是否存在的折半查找算法思想是：首先计算出数组 a 的中间位置下标 mid，有 mid=(low+high)/2（注：整数除以整数时，商只取整数部分，如 7/2=3）；然后比较 x 和 a[mid]，若 x=a[mid]，则查找成功；若 x＜a[mid]，则随后调用算法自身在下界下标为 low、上界下标为 mid−1 的区间继续查找；若 x＞a[mid]，则随后调用算法自身在下界下标为 mid+1、上界下标为 high 的区间继续查找。当查找区间小于或等于 0 时，查找过程结束。

图 6-1 是折半查找过程的示例。其中，有序数组 a 中的元素为{1, 3, 4, 5, 17, 18, 31, 33}，初始下界下标 low=0，初始上界下标 high=7，要查找的元素 x=17。

定义：若一个算法直接地或间接地调用自己本身，则称这个算法是递归算法。

递归算法用把问题分解为形式更加简单的子问题的方法来求解问题。

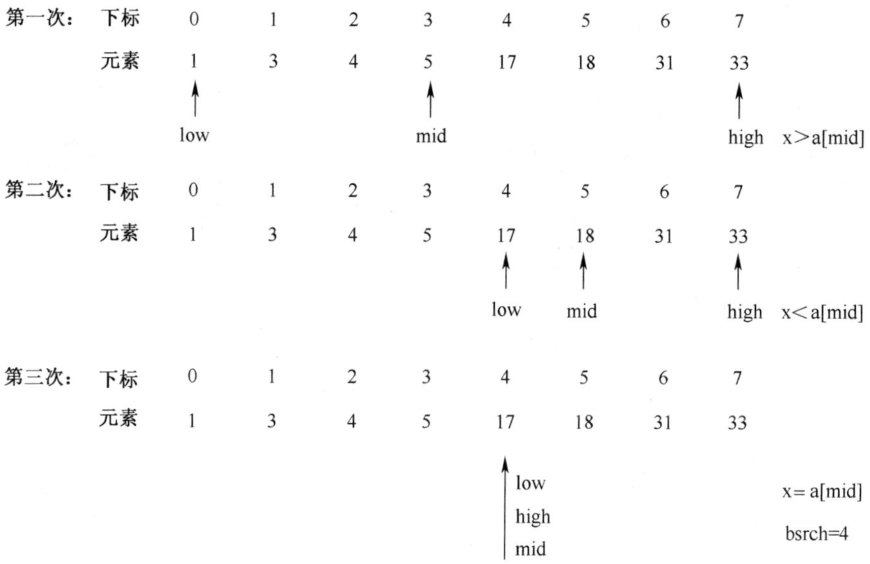

第一次： 下标　0　　1　　2　　3　　4　　5　　6　　7

　　　　 元素　1　　3　　4　　5　　17　 18　 31　 33

　　　　　　　↑　　　　　　　　↑　　　　　　　　　　　↑
　　　　　　　low　　　　　　　mid　　　　　　　　　　high　x＞a[mid]

第二次： 下标　0　　1　　2　　3　　4　　5　　6　　7

　　　　 元素　1　　3　　4　　5　　17　 18　 31　 33

　　　　　　　　　　　　　　　　　↑　　↑　　　　　　　↑
　　　　　　　　　　　　　　　　　low　mid　　　　　　high　x＜a[mid]

第三次： 下标　0　　1　　2　　3　　4　　5　　6　　7

　　　　 元素　1　　3　　4　　5　　17　 18　 31　 33

　　　　　　　　　　　　　　　　　↑
　　　　　　　　　　　　　　　　　low　　　　　　　　　　x＝a[mid]
　　　　　　　　　　　　　　　　　high　　　　　　　　　 bsrch=4
　　　　　　　　　　　　　　　　　mid

图 6-1　折半查找过程

6.2　递归算法的执行过程

【例 6-1】　给出按照式（6-3）计算阶乘函数的递归算法，并给出 *n*=3 时递归算法的执行过程。

按照式（6-3）计算阶乘函数的递归算法如下：

```
long Fact(int n){
    int x;
    long y;
    if(n < 0){                          //n<0 时，阶乘无定义
        printf("参数错!");
        return -1;
    }
    if(n == 0) return 1;
    else {
        x = n - 1;
        y = Fact(x);                    //递归调用
        return n * y;
    }
}
```

为说明该递归算法的执行过程，设计主函数如下：

```
void main(void){
    long fn;
    fn = Fact(3);
    printf("%d", fn);
}
```

主函数用实参 3 调用了递归函数，而 Fact(3) 要先调用 Fact(2)，Fact(2) 要先调用 Fact(1)，Fact(1) 要先调用 Fact(0)，到 Fact(0) 时得到返回值 1，Fact(1) 计算出 1 返回，Fact(2) 计算出 2 返回，Fact(3) 计算出 6 返回。Fact(3) 的递归调用过程如图 6-2 所示，其中，实线箭头表示函数调用，虚线箭头表示函数的返回值。

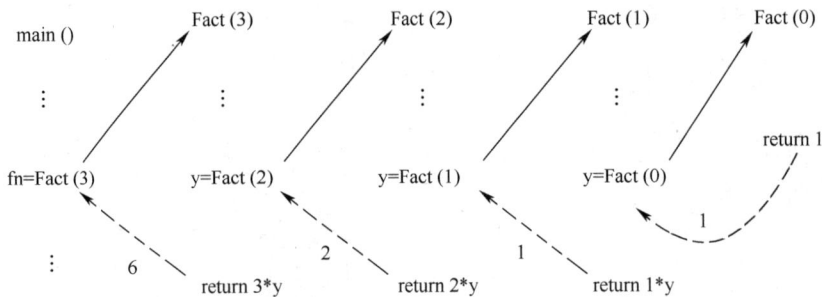

图 6-2　Fact(3)的递归调用执行过程

【例 6-2】　给出在有序数组 a 中查找元素 x 是否存在的递归算法，并说明递归算法的执行过程。

【算法设计】　算法的参数包括：有序数组 a，要查找的数组元素 x，数组下界下标 low，数组上界下标 high。当在数组 a 中找到 x 时，函数返回 x 的下标；当在数组 a 中找不到 x 时，函数返回−1。

递归算法设计如下：

```
int BSearch(int a[], int x, int low, int high){
    int mid;
    if(low > high) return -1;                  //查找不成功
    mid = (low + high) / 2;
    if(x == a[mid])    return mid;             //查找成功
    else if(x < a[mid])
        return BSearch(a, x, low, mid-1);      //在前半区递归查找
    else
        return BSearch(a, x, mid+1, high);     //在后半区递归查找
}
```

测试主函数设计如下：

```
# include <stdio.h>
void main(void){
    int a[] = {1, 3, 4, 5, 17, 18, 31, 33};
    int x = 17;
    int bn;
    bn = BSearch(a, x, 0, 7);
    if(bn == -1) printf("x 不在数组 a 中");
    else printf("x 在数组 a 中，下标为%d", bn);
}
```

BSearch(a,x,0,7)的递归调用过程如图 6-3 所示，其中，实线箭头表示函数调用，虚线箭头表示函数的返回值。算法的执行过程是：主函数调用 BSearch(a,x,0,7)，计算出 mid=3，比较结果有 x>a[mid]，递归调用 BSearch(a,x,4,7)；BSearch(a,x,4,7)计算出 mid=5，比较结果有 x<a[mid]，递归调用 BSearch(a,x,4,4)；BSearch(a,x,4,4)计算出 mid=4，比较结果有 x=a[mid]，返回 mid=4 给 BSearch(a,x,4,7)；BSearch(a,x,4,7)返回 4 给 BSearch(a,x,0,7)；BSearch(a,x,0,7)返回 4 给主函数，并把数值 4 赋给变量 bn。

图 6-3 给出的是查找成功的例子。对于查找不成功的例子，例如，要查找的数组元素 x=16，其查找过程和 x=17 的查找过程类同，只是最后一次 x（=16）和 a[4]（=17）比较后，因为 x<a[4]，

所以要再进行一次递归调用 BSearch(a,x,low,mid−1)，此次调用因为实参 low=4，high=3，low>high 而查找不成功返回。因此，算法在查找成功和查找不成功两种情况下都能正确执行。

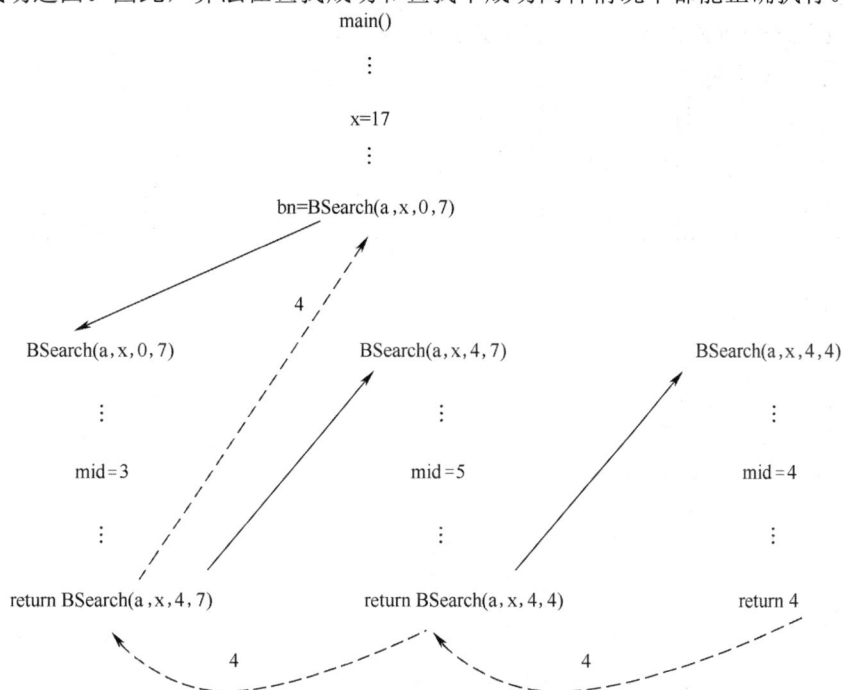

图 6-3 递归调用过程

6.3 递归算法的设计方法

递归算法既是一种有效的算法设计方法，也是一种有效的分析问题的方法。递归算法求解问题的基本思想是：对于一个较为复杂的问题，把原问题分解成若干个相对简单且类同的子问题，这样较为复杂的原问题就变成了相对简单的子问题；而简单到一定程度的子问题可以直接求解；这样，原问题就可递推得到解。

并不是每个问题都适合用递归算法求解。适合用递归算法求解的问题的充分必要条件是：

① 问题具有某种可借用的类同自身的子问题描述的性质；

② 某一有限步的子问题（也称为本原问题）有直接的解存在。

当一个问题存在上述两个基本要素时，设计该问题的递归算法的方法是：

① 把对原问题的求解设计成包含对子问题求解的形式；

② 设计递归出口。

下面的例子具体示范了递归算法设计方法。

【例 6-3】 设计模拟汉诺塔问题求解过程的算法。汉诺塔问题的描述是：设有 3 根标号为 A，B，C 的柱子，在 A 柱上放着 n 个盘子，每个上面的盘子都比下面的盘子略小一点，要求把 A 柱上的盘子全部移到 C 柱上。移动的规则是：① 一次只能移动一个盘子；② 在移动过程中，大盘子不能放在小盘子上面；③ 在移动过程中，盘子可以放在标号为 A，B，C 的任意一根柱子上。

【问题分析】 对 1 个盘子的汉诺塔问题，可直接移动解决；对 2 个盘子的汉诺塔问题，先把上面 2−1=1 个盘子直接移动到 B 柱上，然后把下面 1 个盘子直接移动到 C 柱上，最后把 B 柱上的 2−1=1 个盘子直接移动到 C 柱上；n 个盘子的汉诺塔问题可递推表示为，先把上面的 $n-1$

个盘子从 A 柱移到 B 柱上，然后把最下面的一个盘子从 A 柱直接移到 C 柱上，最后把 B 柱上的 n−1 个盘子再移到 C 柱上。

4 个盘子汉诺塔问题的递归求解示意图如图 6-4 所示。

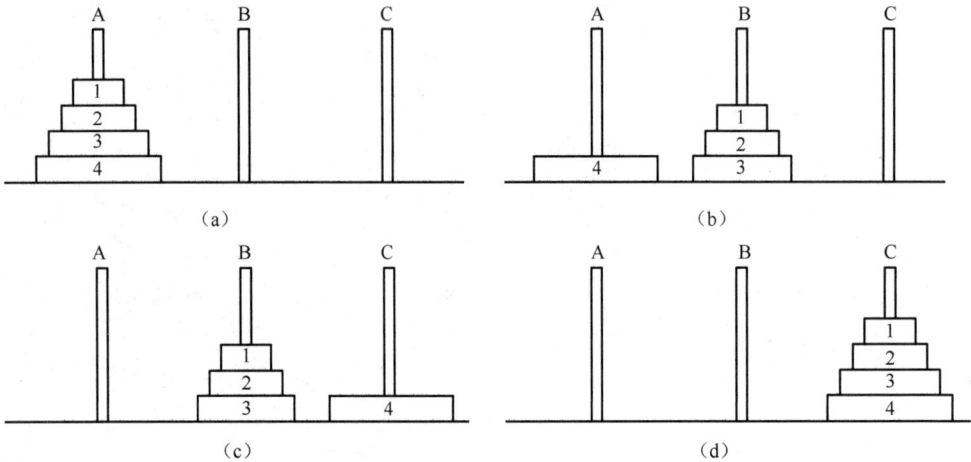

图 6-4　汉诺塔问题的递归求解示意图

【算法设计】　首先，盘子的个数 n 是必需的一个输入参数，对 n 个盘子，可从上至下依次编号为 1, 2, ⋯, n；其次，输入参数还需有 3 根柱子的代号，我们令 3 根柱子的参数名分别为 fromPeg、auxPeg 和 toPeg；最后，汉诺塔问题的求解是一个处理过程，因此，算法的输出是 n 个盘子从柱子 fromPeg 借助柱子 auxPeg 移动到柱子 toPeg 的移动步骤。设计每步的移动时，屏幕显示如下形式的信息：

```
Move Disk i from Peg X to Peg Y
```

这样，汉诺塔问题的递归算法可设计如下：

```
void Towers(int n, char fromPeg, char toPeg, char auxPeg){
    if(n==1){                                 //递归出口
        printf("%s%c%s%c\n", "move disk 1 from peg ",
            fromPeg, "to peg ", toPeg);
        return;
    }
    // 把n-1 个盘子从 fromPeg 借助 toPeg 移至 auxPeg
    Towers(n-1, fromPeg, auxPeg, toPeg);
    //把盘子n 由 fromPeg 直接移至 toPeg
    printf("%s%d%s%c%s%c\n","move disk", n, " from peg ", fromPeg,
        "to peg", toPeg);
    //把n-1 个盘子从 auxPeg 借助 fromPeg 移至 toPeg
    Towers(n-1, auxPeg, toPeg, fromPeg);
}
```

设计一个测试主函数如下：

```
#include <stdio.h>
void main(void){
    Towers(4, 'A', 'C', 'B');
}
```

【程序运行结果】

```
Move Disk 1 from Peg A to Peg B
```

```
Move Disk 2 from Peg A to Peg C
Move Disk 1 from Peg B to Peg C
Move Disk 3 from Peg A to Peg B
Move Disk 1 from Peg C to Peg A
Move Disk 2 from Peg C to Peg B
Move Disk 1 from Peg A to Peg B
Move Disk 4 from Peg A to Peg C
Move Disk 1 from Peg B to Peg C
Move Disk 2 from Peg B to Peg A
Move Disk 1 from Peg C to Peg A
Move Disk 3 from Peg B to Peg C
Move Disk 1 from Peg A to Peg B
Move Disk 2 from Peg A to Peg C
Move Disk 1 from Peg B to Peg C
```

从程序的运行输出信息可知，递归函数 Towers(n, fromPeg, toPeg, auxPeg)实现了递归求解汉诺塔问题。递归算法把移动 n 个盘子的汉诺塔问题分解为移动 $n-1$ 个盘子的汉诺塔问题，把移动 $n-1$ 个盘子的汉诺塔问题分解为移动 $n-2$ 个盘子的汉诺塔问题，……，把移动 2 个盘子的汉诺塔问题分解为移动 1 个盘子的汉诺塔问题；对于 1 个盘子的汉诺塔问题，直接求解；在 1 个盘子的汉诺塔问题解决后，可以解决 2 个盘子的汉诺塔问题，……，在 $n-1$ 个盘子的汉诺塔问题解决后，可以解决 n 个盘子的汉诺塔问题。这样 n 个盘子的汉诺塔问题最终得以解决。

根据上面的讨论可总结如下：递归算法的执行过程是不断自调用的过程，直至到达递归出口才结束自调用；到达递归出口后，递归算法开始按"最后调用的过程最先返回的顺序"返回；返回到最外层的调用语句时，递归算法执行过程结束。

6.4 递归过程和运行时栈

我们知道，对于非递归函数，调用函数在调用被调用函数前，系统要保存以下两类信息：
● 调用函数的返回地址；
● 调用函数的局部变量值。

当执行完被调用函数，返回调用函数前，系统首先要恢复调用函数的局部变量值，然后返回调用函数的返回地址。

递归函数被调用时系统要做的工作与非递归函数被调用时系统要做的工作在形式上类同，但保存信息的方法不同。递归函数被调用时，系统在运行递归函数前也要保存上述两类信息，但因为递归函数的运行特点是，反复调用同一个函数，并且要求后被调用的函数先返回，若按非递归函数那样保存信息，显然要出错。由于栈的后进先出特性刚好与递归函数调用和返回的过程吻合，因此，高级程序设计语言利用栈保存递归函数调用时的信息。系统用于保存递归函数调用信息的栈称为**运行时栈**。

递归函数被调用时，系统的运行时栈也要保存上述两类信息。每层递归调用所需保存的信息构成运行时栈的一个**工作记录**，每进入一层递归调用，系统就建立一个新的工作记录，并把这个工作记录入栈成为运行时栈新的栈顶；每返回一层递归调用，就出栈一个工作记录。因为栈顶的工作记录必定是当前正在运行的递归函数的工作记录，所以栈顶的工作记录也称为**活动记录**。

下面重新给出计算阶乘的递归函数，并以此为例说明递归函数调用时运行时栈中工作记录的变化过程。

计算阶乘的递归函数如下：

```
long Fact(int n){
    int x;
    long y;
    if(n == 0) return 1;
    else{
        x = n - 1;
        y = Fact(x);                    //递归调用
        return n * y;
    }
}
```

当某个函数调用上述递归函数时，根据前面的分析可知，系统的运行时栈除要保存调用函数的返回地址外，还要保存本次调用函数的实参值、局部变量值和函数返回值（函数各变量的值）。当一个函数（如主函数 main）调用递归函数 Fact()时，系统的运行时栈需要保存实参 n、局部变量 x 和 y 及函数 Fact()的值。图 6-5 给出了用实参 n=3 调用阶乘递归函数时运行时栈的变化过程。需要说明的是，系统的运行时栈中还要保存调用函数的返回地址，由于函数的地址是系统动态分配的，因此调用函数的返回地址也是动态变化的，不好给出具体数值，所以图 6-5 中没有给出调用函数的返回地址值。

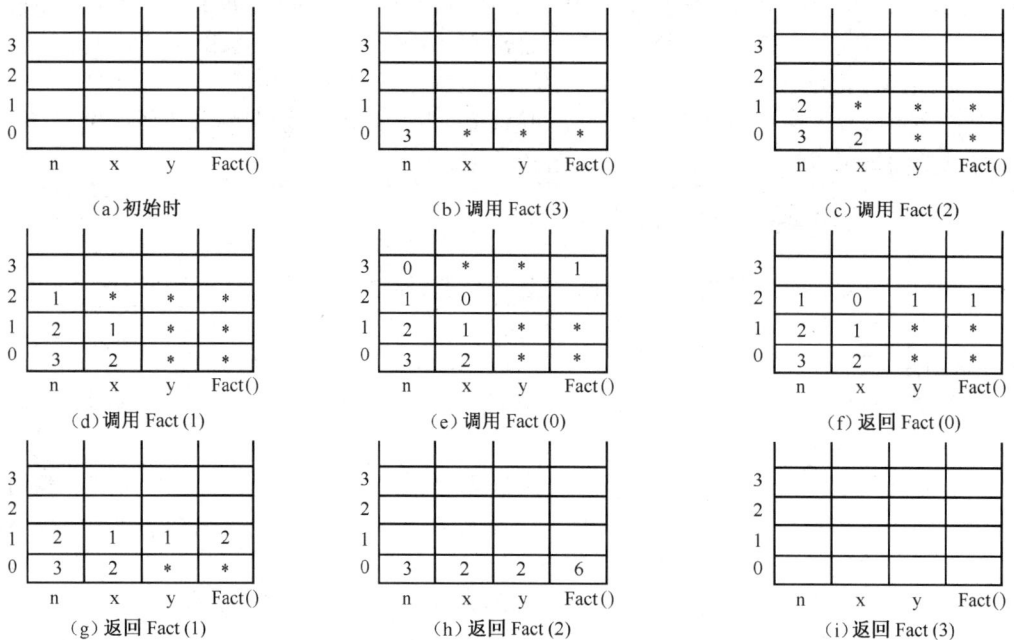

(a) 初始时 (n, x, y, Fact() 均为空)

(b) 调用 Fact(3)
	n	x	y	Fact()
0	3	*	*	*

(c) 调用 Fact(2)
	n	x	y	Fact()
1	2	*	*	*
0	3	2	*	*

(d) 调用 Fact(1)
	n	x	y	Fact()
2	1	*	*	*
1	2	1	*	*
0	3	2	*	*

(e) 调用 Fact(0)
	n	x	y	Fact()
3	0	*	*	1
2	1	0	*	*
1	2	1	*	*
0	3	2	*	*

(f) 返回 Fact(0)
	n	x	y	Fact()
2	1	0	1	1
1	2	1	*	*
0	3	2	*	*

(g) 返回 Fact(1)
	n	x	y	Fact()
1	2	1	1	2
0	3	2	*	*

(h) 返回 Fact(2)
	n	x	y	Fact()
0	3	2	2	6

(i) 返回 Fact(3) (n, x, y, Fact() 均为空)

图 6-5　运行时栈的变化过程

6.5　递归算法的时间效率分析

一般来说，递归算法的语句都比较简捷，但是，决不能据此断定递归算法的时间效率高。在递归算法中没有循环语句，是否就表示递归算法的时间复杂度是 $O(1)$ 呢？答案是否定的。

那么，如何分析递归算法的时间复杂度呢？由于递归算法主要是反复的自调用，而根据 6.4 节的分析可知，递归算法的自调用需要通过系统内部的入栈和出栈来实现，因此，递归算法的时间效率分析主要分析递归算法运行时系统内部的入栈、出栈操作和元素个数 n 的函数关系。

【例 6-4】 阶乘函数的时间复杂度分析。要求：

（1）编写求阶乘问题的递归函数，并分析其时间复杂度；

（2）编写求阶乘问题的循环结构的函数，并分析其时间复杂度；

（3）对比两种方法时间复杂度的优劣。

【解】 （1）求阶乘问题的递归函数如下：

```
long Fact1(int n){
    int x;
    long y;
    if(n == 0) return 1;
    else {
        x = n - 1;
        y = Fact1(x);
        return n * y;
    }
}
```

从图 6-5 可知，当 $n=3$ 时，函数 Fact1() 共需入栈 3+1 次，出栈 3+1 次；当元素个数为 n 时，函数 Fact1() 共需入栈 $n+1$ 次，出栈 $n+1$ 次。根据第 3 章的讨论可知，无论是顺序栈还是链式栈，其入栈和出栈操作的时间复杂度均为 $O(1)$。所以，函数 Fact1() 的时间复杂度为 $O(2n)$。

（2）求阶乘问题的循环结构函数如下：

```
long Fact2(int n){
    int i;
    long y = 1;

    for(i = 1; i <= n; i++)
        y = y * i;
    return y;
}
```

函数 Fact2() 中，基本操作 "y=y*i;" 共执行了 n 次。所以，函数 Fact2() 的时间复杂度为 $O(n)$。

（3）递归函数 Fact1() 的时间复杂度为 $O(2n)$，比循环结构函数 Fact2() 的 $O(n)$ 时间复杂度差。而且，在递归函数 Fact1() 中，每次的基本操作都是入栈或出栈操作，这比循环结构函数 Fact2() 中的基本操作 "y=y*i;" 要费时很多。所以，Fact1() 的时间复杂度比 Fact2() 的时间复杂度差一个数值大于 2 的系数，即，若 Fact2() 的时间复杂度为 $O(n)$，则 Fact1() 的时间复杂度为 $O(cn)$，且 $c>2$。

有很多问题，既可以找到递归算法，也可以找到循环结构算法。在通常情况下，循环结构算法的时间效率远比递归算法的时间效率高。

【例 6-5】 求第 n 项斐波那契数列 Fib(n) 的递推定义如下：

$$\text{Fib}(n)=\begin{cases}0, & \text{当 } n=0 \text{ 时}\\1, & \text{当 } n=1 \text{ 时}\\\text{Fib}(n-1)+\text{Fib}(n-2), & \text{当 } n>1 \text{ 时}\end{cases} \tag{6-4}$$

要求：

（1）编写求第 n 项斐波那契数列的递归函数，并分析其时间复杂度；

（2）编写求第 n 项斐波那契数列的循环结构函数，并分析其时间复杂度；

（3）对比分析两个函数时间复杂度的优劣及原因。

【解】 （1）求第 n 项斐波那契数列的递归函数设计如下：

```
long Fib(int n)
{
    if(n == 0 || n == 1) return n;        //递归出口
    else return Fib(n-1) + Fib(n-2);      //递归调用
}
```

求 Fib(5) 的递归调用树如图 6-6 所示。由图可见,若要求 Fib(5),则需要先求出 Fib(4) 和 Fib(3); 而求 Fib(4) 需要先求出 Fib(3) 和 Fib(2),求 Fib(3) 需要先求出 Fib(2) 和 Fib(1);其余类推,总共需要计算 Fib(4) 一次,计算 Fib(3) 两次,计算 Fib(2) 三次,计算 Fib(1) 五次,计算 Fib(0) 三次,累计递归调用函数的次数为 $2^4-1=15$ 次。

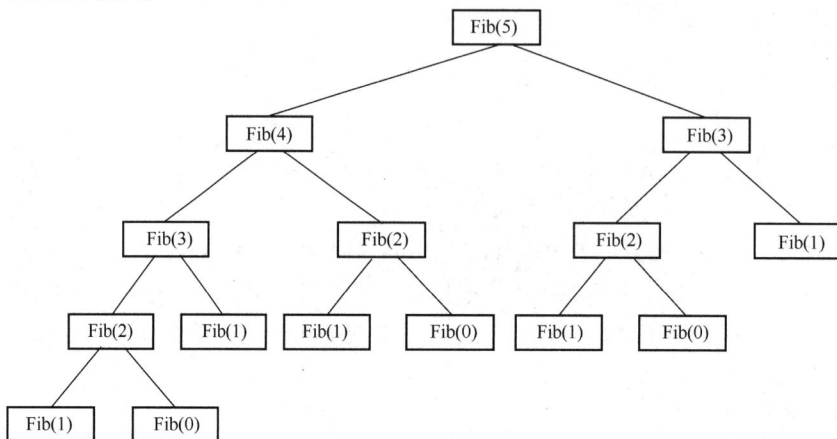

图 6-6 Fib(5) 的递归调用树

用归纳法可以证明求 Fib(n) 的递归调用次数为 2^n-1。若把图 6-6 左下角的两个子树 Fib(1) 和 Fib(0) 放到右下角的结点 Fib(1) 下,则图 6-6 是一棵完全二叉树,由完全二叉树的性质,也可得出求 Fib(n) 的递归调用次数为 2^n-1(完全二叉树和完全二叉树的性质将在第 8 章中讨论)。因此,求第 n 项斐波那契数列递归函数 Fib(n) 的时间复杂度为 $O(2^n)$。

(2) 求第 n 项斐波那契数列的循环结构函数设计如下:

```
long Fib2(int n){
    long oneBack, twoBack, current;
    int i;
    if(n == 0 || n == 1) return n;
    else {
        oneBack = 1;
        twoBack = 0;
        for(i = 2; i <= n; i++){
            current = oneBack + twoBack;
            twoBack = oneBack;
            oneBack = current;
        }
        return current;
    }
}
```

函数 Fib2() 中,和元素个数 n 相关的基本语句包含在一个单重循环中,循环执行次数为 $n-1$,所以,Fib2() 的时间复杂度为 $O(n)$。

(3) 对比循环结构函数 Fib2() 和递归函数 Fib() 可发现,循环结构函数 Fib2() 在计算斐波那契

数列的第 n 项时，保存了当前已经计算得到的斐波那契数列的第 $n-1$ 项和第 $n-2$ 项，由这两个值可以直接计算出斐波那契数列的第 n 项，因此其时间复杂度为 $O(n)$；而递归函数 Fib(n) 在计算斐波那契数列的第 n 项时，必须首先计算斐波那契数列的第 $n-1$ 项和第 $n-2$ 项，而某次递归计算得出的斐波那契数列，如 Fib($n-1$)、Fib($n-2$) 等无法保存，下一次要用到时还需要重新递归计算，因此其时间复杂度为 $O(2^n)$。

对于同一个问题，递归算法的时间复杂度是 $O(2^n)$，而循环结构算法的时间复杂度是 $O(n)$，可见，求解斐波那契数列问题的循环结构算法的效率要比递归算法的效率高很多。

6.6 算法设计举例

6.6.1 一般递归算法设计举例

【例 6-6】 设计一个输出如下形式数值的递归函数。

```
n   n   n  ···  n
···
3   3   3
2   2
1
```

【问题分析】 该问题可以看成由两部分组成：一部分是输出一行值为 n 的数值；另一部分是原问题的子问题，其参数为 $n-1$。当参数减到 0 时，不再输出任何数值，因此递归出口是：当参数 $n \leq 0$ 时，空语句返回。

递归函数设计如下：

```
void Display(int n){
    int i;
    for(i = 1; i <= n; i++)
        printf("%d   ", n);
    printf("%\n");
    if(n > 0) Display(n - 1);            //递归
    //n<=0 为递归出口，递归出口为空语句
}
```

【例 6-7】 设计求解委员会问题的函数。委员会问题是：从一个有 n 个人的团体中抽出 k（$k \leq n$）个人构成一个委员会，计算共有多少种构成方法。

【问题分析】 从 n 个人中抽出 k（$k \leq n$）个人的问题是一个组合问题。把 n 个人固定位置后，从 n 个人中抽出 k 个人的问题可分解为两部分之和：第一部分是第一个人包括在 k 个人中，第二部分是第一个人不包括在 k 个人中。对于第一部分，问题简化为从 $n-1$ 个人中抽出 $k-1$ 个人的问题；对于第二部分，问题简化为从 $n-1$ 个人中抽出 k 个人的问题。图 6-7 给出了 $n=5$，$k=2$ 时委员会问题的分解示意图。显然，当 $n=5$，$k=2$ 时，委员会共有 10 种构成方法。

当 $n=k$ 或 $k=0$ 时，该问题可直接求解，数值均为 1，这是算法的递归出口。因此，委员会问题的递推定义式如下：

$$\text{Comm}(n,k) = \begin{cases} 1, & \text{当 } k=0 \text{ 时} \\ 1, & \text{当 } n=k \text{ 时} \\ \text{Comm}(n-1,k-1) + \text{Comm}(n-1,k), & \text{其他} \end{cases}$$

递归函数设计如下：

```
int Comm(int n, int k){
    if(n < 1 || k < 0 || k > n) return 0;     //参数出错
```

```
    if(k == 0) return 1;                        //递归出口
    if(n == k) return 1;                        //递归出口
    return Comm(n-1, k-1) + Comm(n-1, k);       //递归
}
```

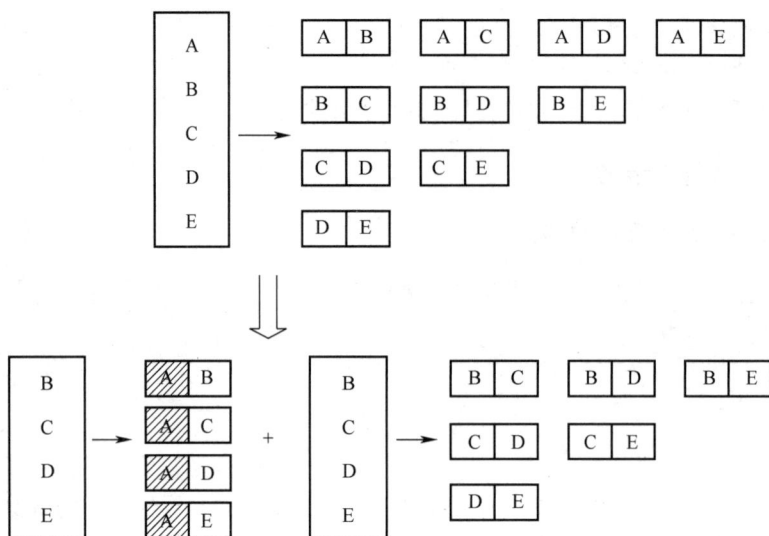

图 6-7　$n=5$，$k=2$ 时委员会问题的分解示意图

【例 6-8】　求两个正整数 n 和 m 最大公约数的递推定义式如下：

$$Gcd(n,m) = \begin{cases} Gcd(m,n), & \text{当 } n<m \text{ 时} \\ n, & \text{当 } m=0 \text{ 时} \\ Gcd(m,n\%m), & \text{当 } m>0 \text{ 时} \end{cases}$$

要求：（1）编写求解该问题的递归函数；

（2）编写求解该问题的循环结构函数。

【解】　（1）递归函数设计如下：

```
int Gcd(int n, int m){
    if(n < 0 || m < 0) return -1;
    if(m == 0) return n;
    else if(m > n) return Gcd(m, n);
    else return Gcd(m, n % m);
}
```

（2）分析上述递归函数可以发现，该递归函数前一次的递归调用只是为了交换两个参数的位置，可以用常规的方法替代，最后一行的递归调用可以转换为循环结构实现。因此，循环结构函数可设计如下：

```
int Gcd2(int n, int m){
    int tn, tm, temp;
    if(n < 0 || m < 0) return -1;
    if(m > n) {                     //交换参数位置
        tn = m;
        tm = n;
    }
    else {                          //不交换参数位置
```

```
        tn = n;
        tm = m;
    }
    while(tm != 0){              //用循环结构替代递归
        temp = tn;
        tn = tm;
        tm = temp % tm;
    }
    return tn;                   //返回最大公约数
}
```

6.6.2 回溯算法及设计举例

回溯算法是递归算法的一种特殊形式。回溯算法的基本思想是：对一个包括很多个结点，每个结点又有若干个搜索分支的问题，把原问题分解为对若干个子问题求解的算法；当搜索到某个结点，发现无法再继续搜索下去时，就让搜索过程回溯（退回）到该结点的前一个结点，继续搜索这个结点的其他尚未搜索过的分支；如果发现这个结点也无法再继续搜索下去时，就让搜索过程回溯到这个结点的前一个结点，继续这样的搜索过程；这样的搜索过程一直进行到搜索到问题的解或搜索完全部可搜索分支且没有解存在为止。

由于回溯算法每前进一步，在新的结点上进行的搜索过程和前一个结点的搜索过程类同，且使整个问题的搜索范围缩小了一步，因此回溯算法也属于递归算法。下面以迷宫问题为例讨论回溯算法的设计方法。

【例6-9】 设计求解迷宫问题的算法并用实际例子测试。

迷宫问题描述：一个迷宫是一些互相连通的交叉路口的集合，给定一个迷宫入口、一个迷宫出口，当从入口到出口存在通路时，输出其中的一条通路；当从入口到出口不存在通路时，输出无通路存在。每个交叉路口，除进来的路外还有三个路口，分别是向左、向前和向右。为简化设计，假设迷宫中不存在环路。如图6-8所示是一个没有环路的迷宫问题示意图。

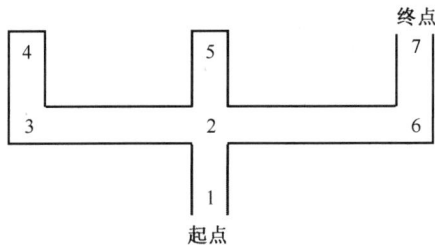

图6-8 迷宫问题示意图

【问题分析】 迷宫问题中包括很多路口，每个路口最多有三个搜索分支，把算法设计为如下的搜索过程：把整个搜索分解为向左、向前和向右三个方向上子问题的搜索。当搜索到某个路口（设该路口为 C）发现该路口没有可搜索方向时，就让搜索过程回溯退到该路口的前一个路口（设该路口为B），然后搜索这个路口（路口 B）的其他尚未搜索过的搜索方向；如果发现这个路口（路口 B）也没有可搜索方向，就让搜索过程继续回溯退到这个路口的前一个路口（设该路口为 A），继续这样的搜索过程。这样的搜索过程一直进行到找到出口或搜索完全部可连通的路口的可能搜索方向且没有找到出口为止。

【数据结构设计】 要用计算机模仿迷宫问题，首先要把迷宫问题数值化。把每个路口定义成一个包括 left、forward 和 right 三个域的结构体，分别表示向左、向前和向右的搜索方向。如果某个域的值 x 为非 0，则表示该方向上可到路口 x；如果某个域的值 x 为 0，则表示该方向上是死路。路口的结构体定义如下：

```
typedef struct{                    //路口的结构体定义
    int left;                      //向左方向
    int forward;                   //向前方向
    int right;                     //向右方向
} InterSection;
```

描述一个迷宫问题的数据应包括全部路口数据的集合和迷宫的出口数据。另外，为算法设计方便，迷宫问题的数据还应包括路口个数。因此，可定义迷宫问题的结构体如下：

```
typedef struct{                    //迷宫的结构体定义
    int mazeSize;                  //路口个数
    InterSection *intSec;          //路口集合
    int Exit;                      //出口
} Maze;
```

用上述数据结构的数值模拟图 6-8，并把这些数值保存在文件 Maze1.dat 中，则文件 Maze1.dat 中的数据形式为：

```
6
0 2 0
3 5 6
0 0 4
0 0 0
0 0 0
7 0 0
7
```

【说明】 文件的第 1 行是迷宫的路口个数，这里路口共有 6 个；第 2～7 行是编号 1～6 的 6 个路口的状态，例如，第 2 行的"0 2 0"表示路口 1 的状态是向左不通，向前通到路口 2，向右不通；最后一行表示迷宫的出口为路口 7。

迷宫问题的回溯算法设计如下：

```
int TravMaze(Maze *m, int currSetValue){
    //用回溯算法搜索迷宫 m 的所有分支，输入参数 currSetValue 为当前所处的路口
    //currSetValue>0 表示有路径存在，可以继续探索发现一条路径
    if(currSetValue > 0){
        if(currSetValue == m->Exit){                               //递归出口
            printf("%d <== ", currSetValue);                        //输出路口号
            return 1;
        }
        else if(TravMaze(m, m->intSec[currSetValue].left) == 1){    //向左
            //只有探索成功，即返回值为 1，才执行以下语句
            printf("%d <== ", currSetValue);                        //输出路口号
            return 1;
        }
        else if(TravMaze(m, m->intSec[currSetValue].forward) == 1){ //向前
            printf("%d <== ", currSetValue);                        //输出路口号
            return 1;
        }
        else if(TravMaze(m, m->intSec[currSetValue].right) == 1){    //向右
            printf("%d <== ", currSetValue);                        //输出路口号
```

```
                return 1;
            }
        }
        return 0;                    //currSetValue=0 表示无路径存在, 返回 0
    }
```

要设计测试主函数, 需要设计一个函数完成迷宫问题的创建。创建函数设计如下:

```
void CreatMaze(char *filename, Maze *m){
//按文件 Filename 中存放的数据创建迷宫 m
    FILE *fp;
    int i;
    fp = fopen(filename, "r");                  //打开文件
    if(!fp){
        printf("数据文件无法打开!");
        return;
    }
    fscanf(fp, "%d", &m->mazeSize);             //读入路口个数
    //建立 mazeSize+1 个元素的数组
    m->intSec = (InterSection *)
    malloc(sizeof(InterSection)*(m->mazeSize+1));
    for(i = 1; i <= m->mazeSize; i++)           //读入全部路口的结构体数值
        fscanf(fp, "%d%d%d", &m->intSec[i].left, &m->intSec[i].forward,
            &m->intSec[i].right);
    fscanf(fp, "%d%d%d", &m->Exit);             //读入出口号
    fclose(fp);                                 //关闭文件
}
```

如图 6-8 所示迷宫问题的测试主函数设计如下:

```
#include <stdlib.h>
#include <stdio.h>

void main(void){
    Maze m;
    int start = 1;
    CreatMaze("Maze1.dat", &m);
    if(TravMaze(&m, start))
        printf("\n 此迷宫的一条通路如上所示!");
    else
        printf("\n 此迷宫无通路!");
}
```

【程序运行结果】

7 <== 6 <== 2 <== 1 <==
此迷宫的一条通路如上所示!

TravMaze()的运行过程说明: TravMaze()一直递归调用,
当递归调用到某个路口等于出口, 表明已探索到一条路径
时, 才结束递归调用。算法在递归调用返回时显示当前调用
的路口号。这样, 显示的路径序列就是从出口到入口的反序。
图 6-8 所示迷宫问题的搜索过程如图 6-9 所示。

路口	动作	结果
1	向前	进入 2
2	向左	进入 3
3	向右	进入 4
4 (死路)	回溯	进入 3
3 (死路)	回溯	进入 2
2	向前	进入 5
5 (死路)	回溯	进入 2
2	向右	进入 6
6	向左	进入 7

图 6-9 迷宫问题的搜索过程

习题 6

【基本概念习题】

6-1 什么叫递归？

6-2 适合用递归算法求解的问题的充分必要条件是什么？什么叫递归出口？

6-3 非递归函数调用时，系统要保存哪些信息？递归函数调用时，系统要保存哪些信息？系统怎样保存递归函数调用时的信息？

6-4 什么叫运行时栈？什么叫运行时栈中的活动记录？

6-5 叙述递归算法的执行过程。

【复杂概念习题】

6-6 推导求解 n 阶汉诺塔问题要执行的移动操作次数（算法中 printf() 的调用次数）。

6-7 前面讨论过的折半查找函数设计如下：

```
int BSearch(elemtype a[], elemtype x, int low, int high){
    int mid;
    if(low>high) return -1;
    mid =(low+high)/2;
    if(x == a[mid]) return mid;
    if(x < a[mid])  return (BSearch(a, x, low, mid-1));
    else            return (BSearch(a, x, mid+1, high));
}
```

试讨论：如果把上述折半查找函数最后两条语句改为如下形式，能否实现算法的设计要求？为什么？

```
if(x < a[mid])  BSearch(a, x, low, mid-1);
else            BSearch(a, x, mid+1, high);
```

6-8 给出下列递归函数当 n=0,1,2,3,4,5 时的输出值。

```
long Cfib(int n){
    if(n < 0)  exit(0);                    //参数出错退出
    if(n == 0 ||n == 1)  return n;
    else return 4*Cfib(n-2)+5*Cfib(n-1);
}
```

6-9 有如下一个程序：

```
long F(int a, int n){
    if(n < 0)  exit(0);
    if(n == 0)  return 1;
    else  return a*F(a, n/2);
}
void main(void){
    long x;
    x = F(4, 6);
    printf("%d", x);
}
```

要求：

（1）给出该程序运行的输出值。

（2）给出该程序运行时在运行时栈中保存的 a、n 和 F 的动态状态。

【算法设计习题】

6-10 要求：

（1）写出求 1, 2, 3, ⋯, n 这 n 个数累加的递推定义式。

（2）编写求 1, 2, 3, ⋯, n 这 n 个数累加的递归函数，假设 n 个数存放在数组 a 中。

6-11 要求：

（1）写出求 1, 2, 3, ⋯, n 这 n 个数连乘的递推定义式。

（2）编写求 1, 2, 3, ⋯, n 这 n 个数连乘的递归算法，假设 n 个数存放在数组 a 中。

6-12 设 a 是有 n 个 int 类型元素的数组，试编写求 a 中最大值的递归函数。

6-13 设计函数，输出如下形式数值：

$$1$$
$$2 \quad 2$$
$$3 \quad 3 \quad 3$$
$$\cdots$$
$$n \quad n \quad n \quad \cdots \quad n$$

要求：

（1）设计成递归函数。

（2）设计成循环结构函数。

6-14 重新编写折半查找函数 int BSearch(int a[], int x, int low, int high)，要求把函数设计成循环结构。

6-15 背包问题。设有一个背包可以放入物品的重量为 s，现有 n 件物品，重量分别为 w[0], w[1], ⋯, w[n–1]。问：能否从这 n 件物品中选择若干件放入此背包中使得放入的重量之和正好等于 s。如果存在一种符合上述要求的选择，则称此背包问题有解；否则，称此背包问题无解。要求：

（1）给出此问题的递推定义式。

（2）给出求解此问题的递归函数。

（3）分析递归函数的时间复杂度。

【上机实习习题】

6-16 折半查找问题。要求：

（1）随机生成 10000 个 int 类型的元素存放在数组 a 中，并排序。

（2）设计折半查找问题的递归函数。

（3）设计折半查找问题的循环结构函数。

（4）设计测试主函数，测试例子至少包括一个查找成功的例子和一个查找不成功的例子。

（5）分析递归函数和循环结构函数的时间复杂度。

6-17 八皇后问题。

问题描述：设在初始状态下在国际象棋棋盘上没有任何棋子（这里的棋子指皇后棋子），然后顺序在第 1 行，第 2 行，……，第 8 行上布放棋子。在每行中共有 8 个可选择位置，但在任一时刻，棋盘的合法布局都必须满足三个限制条件：① 任意两个棋子不得放在同一行上；② 任意两个棋子不得放在同一列上；③ 任意两个棋子不得放在同一条正斜线和反斜线上。

基本要求：

（1）编写一个函数，求解并输出此问题的一个合法布局。

（2）编写一个函数，求解并输出此问题的所有合法布局。

提示：在第 i 行上布放棋子时，从第 1 列到第 8 列逐列检查。当在第 i 行第 j 列上布放棋子时，需要检查布放棋子后在行方向、列方向、正斜线方向和反斜线方向上的布局状态是否合法。若该棋子布放合法，再递归求解在第 i+1 行上布放棋子问题；若该棋子布放不合法，则移去这个棋子，恢复布放该棋子前的状态，然后再试探在第 i 行第 j+1 列上布放棋子。

第7章 广 义 表

广义表可以看作线性表的推广，但广义表本质上是非线性结构。对广义表的操作一般需要采用递归方法实现。

本章内容主要包括：广义表的概念、广义表的存储结构和广义表的操作实现。

7.1 广义表概述

7.1.1 广义表的概念

广义表是由 n（$n \geq 0$）个元素组成的序列，其中每个元素或者是单个元素（简称**原子**），或者仍然是一个广义表。

对比广义表和线性表的定义可以发现，广义表的定义被扩充了。每个元素既可以是通常的元素，又可以是一个广义表。显然，这是一个递归定义。

广义表可以看作线性表的推广，但如果从原子的角度看，一个元素有多个后继原子，就属于第 8 章要讨论的树结构。所以，广义表本质上是非线性结构。

一个广义表通常用一对圆括号括起来，当这个广义表中的某个元素又是一个广义表时，就可以再用一对圆括号括起来。广义表中的原子通常用小写字母表示，而广义表通常用大写字母表示。从结构上看，一个广义表对应一棵树。例如，设有如下广义表：

A = ()
B = (a, b, c)
C = (d)
D = (B, C) = ((a, b, c), (d))
E = (D, e) = (((a, b, c), (d)), e)

则广义表 E 对应了如图 7-1 所示的一棵树。其中，圆形结点表示广义表，矩形结点表示原子。

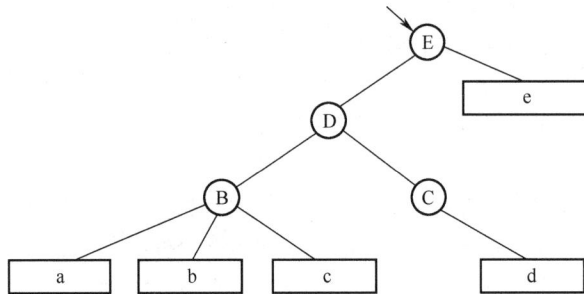

图 7-1　广义表 E 的图形表示

广义表的长度是指广义表中元素（原子或广义表）的个数。例如，上述广义表 A 的长度为 0，广义表 B 的长度为 3，广义表 C 的长度为 1，广义表 D 的长度为 2（注意，D 中只有两个元素 B 和 C），广义表 E 的长度为 2。

广义表的原子个数是指广义表中原子的个数。例如，上述广义表 A 的原子个数为 0，广义表 B 的原子个数为 3，广义表 C 的原子个数为 1，广义表 D 的原子个数为 4，广义表 E 的原子个数为 5。

广义表的深度是指广义表中所有原子到达根结点的最大值。从图 7-1 可以看出，一个广义表对应了一棵树，广义表的深度是指广义表所对应的树的深度。或者说，广义表的深度是指广义表中所包含括号的重数。例如，广义表 A、B 和 C 的深度均为 1（注意，空表 A 和广义表 B 及广义表 C 的深度相同，因为它们均只有一重括号），广义表 D 的深度为 2，广义表 E 的深度为 3。

广义表深度的递归定义如下：

$$\text{广义表的深度} = \begin{cases} 0, & \text{当广义表为原子时} \\ 1, & \text{当广义表为空表时} \\ \text{子表的最大深度}+1, & \text{其他情况} \end{cases}$$

一个广义表无论简单或复杂，都可以分成**表头**和**表尾**两部分。任何一个非空广义表的表头，既可能是原子也可能是广义表，但非空广义表的表尾一定是一个广义表。例如，广义表(a,b)，其表头为原子 a，其表尾为广义表(b)；又如，广义表(b)，其表头为原子 b，其表尾为空广义表()；再如，广义表(((a,b,c),(d)),e)，其表头为广义表((a,b,c),(d))，其表尾为广义表(e)。

对任何一个广义表的处理都可以由对表头的处理部分和对表尾的处理部分两部分组成。

在软件设计中，广义表有许多应用，其中最典型的是，在表处理语言 LISP 中，把广义表作为基本的数据结构，连程序一起表示为一系列的广义表。另外，广义表还可以用来表示 m 元多项式。所谓 m 元多项式，就是其每项最多允许有 m 个变元。一个三元多项式 $P(x,y,z)$ 的例子如下：

$$P(x,y,z)=x^{11}y^4z^2+3x^8y^5z^2+8x^7z^4+6y^9z^2+7xyz$$

7.1.2　广义表的抽象数据类型

广义表的操作主要有创建、求长度、求深度、判断非空否、取表头、取表尾、查找、删除、撤销等。由于广义表具有递归定义的特点，因此广义表操作的算法实现特征是递归。

1．数据集合

广义表的数据集合可以表示为 $a_0, a_1, a_2, \cdots, a_{n-1}$，每个元素或者是原子，或者是广义表。

2．操作集合

（1）创建广义表 CreatGList(S)：创建初值为字符串 S 的广义表。函数返回所创建的广义表的头指针 L，称该广义表为广义表 L。

（2）求长度 GListLength(L)：求广义表 L 的长度。函数返回广义表 L 的长度。

（3）求原子个数 GListAtomNum(L)：求广义表 L 的原子个数。函数返回广义表 L 的原子个数。

（4）求深度 GListDepth(L)：求广义表 L 的深度。函数返回广义表 L 的深度。

（5）判断非空否 GListNotEmpty(L)：判断广义表 L 是否非空。若广义表 L 非空，则返回 1；否则返回 0。

（6）取表头 GetHead(L)：取广义表 L 的表头。函数返回广义表 L 的表头。

（7）取表尾 GetTail(L)：取广义表 L 的表尾。函数返回广义表 L 的表尾。

（8）插入 GListInsert(L, e)：把原子 e 插入广义表 L 中成为第一个元素。

（9）删除 GListDelete(L, e)：删除广义表 L 的第一个元素，并由参数 e 带回。

（10）查找原子 GListSearch(L, e)：在广义表 L 中查找原子 e。若查找到，则返回指向原子的结点指针；否则返回空指针。

（11）撤销 DestroyGList(L)：撤销广义表 L 占用的所有动态内存空间。

7.2　广义表的存储结构

广义表通常采用链式存储结构。像单链表一样，链式存储结构的广义表也有带头结点和不带头结点两种。本章讨论的链式存储结构的广义表都不带头结点。

在广义表中，由于每个结点可以是原子或者子表，因此需要一个标志域来区分元素的类型。常用的广义表的链式存储结构有头链和尾链存储结构及原子和子表存储结构两种。

7.2.1 头链和尾链存储结构

当广义表包含子表时，由于广义表可以由表头和表尾两部分组成，因此可以用一个头指针和一个尾指针表示一个广义表。这样，头链和尾链结构中一个结点的结构由一个标志域 tag 决定：当 tag 值为 1 时，该结点除标志域外还有一个头指针域和一个尾指针域；当 tag 值为 0 时，该结点除标志域外还有一个原子域。这样，一个结点结构体可定义如下：

```
typedef struct GListNode{
    int tag;
    union{
        DataType atom;                          //原子域
        struct{
            struct GListNode *head;             //头指针域
            struct GListNode *tail;             //尾指针域
        }subList;                               //子表域
    } val;
} GLNode;
```

图 7-1 中广义表 E 的头链和尾链存储结构如图 7-2 所示。

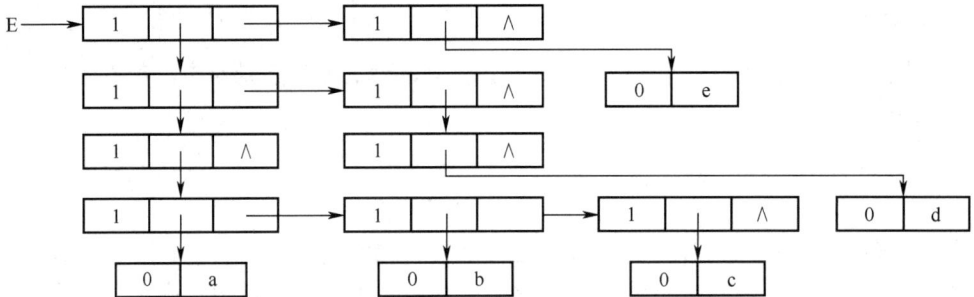

图 7-2　广义表 E 的头链和尾链存储结构

7.2.2 原子和子表存储结构

观察图 7-2 中的结点可以发现，在头链和尾链存储结构中，当结点为原子时，需要由头指针所指的结点存储该原子。若此时在该结点中直接存储该原子，则构成了原子和子表存储结构。其中，标志域 tag 含义同上，即当 tag 值为 1 时，该结点除标志域外还有一个头指针域和一个尾指针域；当 tag 值为 0 时，该结点除标志域外还有一个原子域。这样，一个结点结构体可定义如下：

```
typedef struct GListNode{
    int tag;
    struct GListNode *tail;
    union{
        DataType atom;                          //原子域
        struct GListNode *head;                 //头指针域
    } val;
} GLNode2;
```

图 7-1 中广义表 E 的原子和子表存储结构如图 7-3 所示。

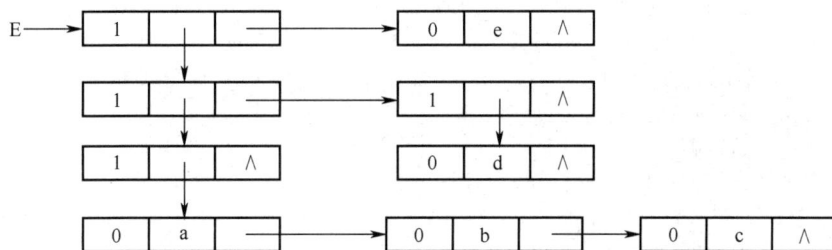

图 7-3　广义表 E 的原子和子表存储结构

注意：用如图 7-2 所示存储结构（头链和尾链存储结构）表示的广义表比用如图 7-3 所示存储结构（原子和子表存储结构）表示的广义表多一层用于表示原子的结点，但无论使用哪种存储结构，所表示的广义表深度均相同，因为原子结点的深度定义为 0。

7.3　广义表操作的实现

下面分别讨论头链和尾链存储结构下及原子和子表存储结构下一些典型操作的算法实现。因为广义表具有递归定义的特点，所以广义表操作的算法特征是递归。

7.3.1　头链和尾链存储结构下操作的实现

本节讨论在头链和尾链存储结构下，广义表的创建、求广义表深度、求广义表长度、求广义表中原子个数、查找原子和撤销广义表操作的算法设计。

1. 结点结构体

在头链和尾链存储结构下，结点的结构体定义见 7.2.1 节。

2. 创建广义表

创建广义表算法按照所给的表示具体广义表的字符串 str 创建一个广义表 h。如图 7-1 所示的广义表 E 的字符串表示形式为 "(((a,b,c),(d)),e)"。前面说过，对一个广义表的任何操作都可以分解为对表头的操作和对表尾的操作。同样，创建广义表操作也可以分解为创建表头广义表的操作和创建表尾广义表的操作。

因此，创建广义表函数 CreatGList(str) 只要递归完成对表头广义表的创建和对表尾广义表的创建即可。这样，还需要设计一个把表示广义表的字符串 str 分解成表头字符串 hstr 和表尾字符串 str 的函数 DecomposeStr(str, hstr)。

```
void DecomposeStr(char str[], char hstr[]){
//把表示广义表的字符串 str 分解成表头字符串 hstr 和表尾字符串 str
    int i, j, tag, n = strlen(str);
    char ch;
    ch = str[0];  tag = 0;
    for(i = 0; i <= n-1; i++){
        if(str[i] == ',' && tag == 1 )       //搜索最外层的第一个逗号
            break;
        ch = str[i];
        if(ch == '(') tag++;
        if(ch == ')') tag--;
    }
```

```
        if(i <= n-1 && str[i] == ',') {                    //广义表表尾部分非空
            for(j = 0; j < i-1; j++)                        //取表头字符串
                hstr[j] = str[j+1];
            hstr[j] = '\0';                                 //添加结束符
            if(str[i] == ',') i++;
            str[0] = ' (';                                  //添加'('
            for(j = 1; i <= n-2; i++, j++)                  //取表尾字符串
                str[j] = str[i];
            str[j] = ') ';                                  //添加')'
            str[++j] = '\0';                                //添加结束符
        }
        else {                                              //广义表表尾部分空
            str++;                                          //跳过最左边的'('
            strcpy(hstr, str, n-2);                         //不复制最右边的')'
            hstr[n-2] = '\0';                               //添加结束符
            str--;                                          //恢复字符串指针位置
            strcpy(str, "()");                              //表尾部分为空
        }
    }
    GLNode* CreatGList(char str[]) {
    //按照广义表字符串 str 创建广义表 h，返回所创建广义表的头指针 h
    //str 为表示广义表的字符串
        GLNode *h;
        char hstr[200];
        int len = strlen(str);
        if(strcmp(str, "()") == 0) h = NULL;
        else if(len == 1) {                                 //建立原子结点
            h = (GLNode *)malloc(sizeof(GLNode));
            h->tag = 0;
            h->val.atom = str[0];
        }
        else {                                              //建立子表
            h = (GLNode *)malloc(sizeof(GLNode));
            h->tag = 1;
            //把字符串 str 分解为表头 hstr 和表尾 str
            DecomposeStr(str, hstr);
            h->val.subList.head = CreatGList(hstr);         //创建表头的广义表
            if(strcmp(str, "()") != 0)                      //表尾非空
                h->val.subList.tail = CreatGList(str);      //创建表尾的广义表
            else                                            //表尾为空
                h->val.subList.tail = NULL;                 //赋值空指针
        }
        return h;                                           //返回所创建广义表的头指针
    }
```

下面给出主函数调用此函数的示例语句：

```
    char str[] = "(((a, b, c), (d)), e)";
    GLNode *h;
    h = CreatGList(str);
```

此时，指针 h 即为指向所创建广义表头结点的头指针。

3. 求广义表的深度

广义表的深度是指广义表中所有原子到达根结点的最大值。

```
int GListDepth(GLNode *h){
//返回所求广义表 h 的深度，h 为广义表的头指针
    int max, dep;
    GLNode *pre;

    if(h == NULL) return 1;                      //递归出口，空表深度为 1
    if(h->tag == 0) return 0;                    //递归出口，原子深度为 0

    //递归求广义表的深度
    pre = h;
    //广义表可分成表头和表尾，对表尾链循环
    for(max = 0; pre != NULL; pre = pre->val.subList.tail){
        dep = GListDepth(pre->val.subList.head); //递归求表头的深度
        if(dep > max) max = dep;                 //在广义表的一层中寻找深度最大值
    }
    return max + 1;                              //当前层深度为上一层深度加 1
}
```

4. 求广义表长度

在头链和尾链存储结构中，广义表的长度就是表尾指针构成的单链表的长度。

```
int GListLength(GLNode *h){
//返回所求广义表 h 的长度，h 为广义表的头指针
    int number = 0;
    GLNode *p;
    for(p = h; p != NULL; p = p->val.subList.tail)
        number++;
    return number;
}
```

5. 求广义表中原子个数

在头链和尾链存储结构中，广义表的原子个数 f(h) 可递归定义如下：

$$f(h)=\begin{cases} 0, & \text{当 h==NULL 时} \\ 1, & \text{当 h->tag==0 时} \\ f(h\text{->}val.subList.head) + f(h\text{->}val.subList.tail), & \text{当 h->tag==1 时} \end{cases}$$

算法设计如下：

```
int GListAtomNum(GLNode *h){
//返回所求广义表 h 的原子个数，h 为广义表的头指针
    if(h == NULL) return 0;
    else {
        if(h->tag == 0) return 1;               //h->tag == 0 时
        else                                    //h->tag == 1 时
            return GListAtomNum(h->val.subList.head) +
                   GListAtomNum(h->val.subList.tail);
```

        }
    }

6. 查找原子

在广义表 h 中查找原子 x 是一个递归问题，可分成在头链中递归查找和在尾链中递归查找。当查找当前结点失败时，就回溯到上一层结点继续查找。若查找成功，则返回指向该原子的结点指针；否则返回空指针。

```
GLNode *GListSearch(GLNode *h, DataType x){
//在广义表 h 中查找原子 x，找到则返回相应的原子结点指针，找不到则返回空指针
    GLNode *p;
    if(h == NULL) return NULL;                              //查找失败递归出口
    if(h->tag == 0 && h->val.atom == x) return h;           //查找成功递归出口
    if(h->tag == 1 && h->val.subList.head != NULL){
        p = GListSearch(h->val.subList.head, x);            //在头链中查找
        if(p != NULL) return p;
    }
    if(h->tag == 1 && h->val.subList.tail != NULL){
        p = GListSearch(h->val.subList.tail, x);            //在尾链中查找
        if(p != NULL) return p;
    }
    return NULL;                                            //回溯至上一层
}
```

7. 撤销广义表

广义表中所有结点空间都是动态申请的，在系统退出前，要释放动态申请的所有结点的内存空间。

撤销广义表算法是一个递归算法。要撤销广义表中的某一个结点，首先要撤销该结点的 head 指针所指子表和 tail 指针所指子表，然后删除该结点；要撤销广义表，就要先撤销广义表的所有结点。

```
void DestroyGList(GLNode *h){
//撤销广义表 h
    if(h == NULL) return;
    if(h->tag == 1 && h->val.subList.head != NULL)
        DestroyGList(h->val.subList.head);                 //撤销 head 指针所指子表
    if(h->tag == 1 && h->val.subList.tail != NULL)
        DestroyGList(h->val.subList.tail);                 //撤销 tail 指针所指子表
    free(h);                                               //删除当前结点
}
```

设上述结点结构体定义和操作函数存放在头文件 GList.h 中。

7.3.2　头链和尾链存储结构应用举例

【例 7-1】　设有广义表 E=(((a,b,c),(d)),e)，要求：
（1）创建初值等于 E 的广义表。
（2）给出广义表 E 的表头和表尾。
（3）分别求出广义表 E 的深度、长度和原子个数。
（4）查找原子 d 是否在广义表 E 中。

程序设计如下：

```c
#include <stdio.h>
#include <string.h>
#include <malloc.h>
typedef char DataType;
#include "GList.h"
void main(void){
    char str1[] = "(((a,b,c),(d)),e)";
    char str2[] = "(((a,b,c),(d)),e)";
    char hstr[100];
    GLNode *h, *p;
    int depth, number, length;
    h = CreatGList(str1);
    printf("广义表 str1 = %s", str2);
    DecomposeStr(str2, hstr);
    printf("\n 表头 = %s", hstr);
    printf("      表尾 = %s", str2);
    depth = GListDepth(h);
    printf("\n 深度 depth = %d", depth);
    length = GListLength(h);
    printf("\n 长度 length = %d", length);
    number = GListAtomNum(h);
    printf("\n 原子个数 number = %d", number);
    p = GListSearch(h, 'd');
    if(p != NULL)  printf("\n 元素%c 在广义表中\n", p->val.atom);
    else printf("\n 广义表中不存在要查找的元素\n");
    DestroyGList(h);
}
```

【程序运行结果】

　　广义表 str1 = (((a,b,c),(d)),e)
　　表头 = ((a,b,c),(d))　　　表尾 = (e)
　　深度 depth = 3
　　长度 length = 2
　　原子个数 number = 5
　　元素 d 在广义表中

【例 7-2】　设广义表采用头链和尾链存储结构，要求：

（1）编写按广义表中原子所在层次输出所有原子的广义表输出函数。

（2）设广义表 L=(((a,b,c),d),e,(f))，编写一个主函数测试输出函数。

【解】　（1）算法思想：对于头链和尾链存储结构的广义表，相同层的子表由尾链构成，下一层的原子或子表由头链构成，因此遍历输出所有原子算法的主体结构是对尾链的循环，每次循环时对头链进行递归调用。另外，要按层次输出所有原子，就要设置一个当前层次编号参数，每次对头链进行递归调用时当前层次编号的值加 1。

函数设计如下：

```c
void GListPrint(GLNode *h, int n){
//按层次输出广义表 h 的原子，n 为当前层次编号
    int i;
```

```
        GLNode *p;
        if(h == NULL) return;                       //空表递归出口
        if(h->tag == 0){                            //原子递归出口
            for(i = 0; i < n; i++) printf("  ");
            printf("%c\n", h->val.atom);
            return;
        }
        for(p = h; p != NULL; p = p->val.subList.tail)   //对尾链的循环
            GListPrint(p->val.subList.head, n+1);        //对头链的递归调用
    }
```

（2）测试主函数设计如下：

```
#include <stdio.h>
#include <string.h>
#include <malloc.h>
typedef char DataType;
#include "GList.h"
void GListPrint(GLNode *h, int n){
    //函数体部分省略
}
void main(void){
    char str[] = "(((a,b,c),d),e,(f))";
    GLNode *p;
    int n = 0;
    p = CreatGList(str);
    GListPrint(p,n);
    DestroyGList(p);
}
```

【程序运行结果】

```
        a
        b
        c
    d
e
    f
```

7.3.3 原子和子表存储结构下操作的实现

本节讨论在原子和子表存储结构下，创建广义表操作和在广义表中查找原子操作的设计实现。

1. 结点结构体

在原子和子表存储结构下，结点的结构体定义见 7.2.2 节。

2. 创建广义表

创建广义表算法按照所给的表示具体广义表的字符串 str 创建一个广义表 h。与头链和尾链存储结构广义表的创建算法类同，原子和子表存储结构的创建广义表操作同样可以分解为创建表头广义表的操作和创建表尾广义表的操作。

把表示广义表的字符串 str 分解成表头字符串 hstr 和表尾字符串 str 的函数 DecomposeStr(str, hstr)设计见 7.3.1 节，这里不再详述。

创建广义表函数设计如下：

```
GLNode2* CreatGList(char str[]){
//按照广义表字符串 str 创建广义表，返回所创建广义表的头指针
//str 为表示广义表的字符串
    GLNode2 *h;
    char hstr[200];
    int len = strlen(str);
    if(strcmp(str, "()") == 0) h = NULL;
    else h = (GLNode2 *)malloc(sizeof(GLNode2));
    if(len == 1){                              //建立原子结点
        h->tag = 0;                            //标记为 0
        h->val.atom = str[0];
        h->tail == NULL;
    }
    else {                                     //建立子表
        DecomposeStr(str, hstr);//把字符串 str 分解为表头 hstr 和表尾 str
        if(strlen(hstr) == 1){
            h->tag = 0;                        //标记为 1
            h->val.atom = hstr[0];
        }
        else {
            h->tag = 1;                        //标记为 1
            h->val.head = CreatGList(hstr);    //创建表头的广义表
        }
        if(strcmp(str, "()") != 0)             //表尾非空时
            h->tail = CreatGList(str);         //创建表尾的广义表
        else                                   //表尾为空时
            h->tail = NULL;                    //置为空指针
    }
    return h;
}
```

3．查找原子

原子和子表存储结构的查找原子算法，与头链和尾链存储结构的查找原子算法类同，都是把在广义表中查找原子，分解成在头链中递归查找和在尾链中递归查找。当查找当前结点失败时，就回溯到上一层结点继续查找；当查找到原子时，结束递归过程返回。

```
GLNode2 *GListSearch(GLNode2 *h, DataType x){
//在广义表 h 中查找原子 x
//找到则返回相应原子结点指针，找不到则返回空指针
    GLNode2 *p;
    if(h == NULL) return NULL;                 //查找失败出口
    if(h->tag == 0 && h->val.atom == x) return h; //查找成功出口
    else
        if(h->tail != NULL){
            p = GListSearch(h->tail, x);
            if(p != NULL) return p;
        }
    if(h->tag == 1 && h->val.head != NULL){
```

```
            p = GListSearch(h->val.head, x);              //在头链中查找
            if(p != NULL) return p;
        }
        if(h->tag == 1 && h->tail != NULL){
            p = GListSearch(h->tail, x);                  //在尾链中查找
            if(p != NULL) return p;
        }
        return NULL;                                       //回溯至上一层
    }
```
设上述结点结构体定义和操作函数存放在头文件 GList2.h 中。

7.3.4 原子和子表存储结构应用举例

【例 7-3】 设有广义表 E=(((a,b,c),(d)),e)，要求：

（1）创建初值等于 E 的广义表。

（2）给出广义表 E 的表头和表尾。

（3）查找原子 d 是否在广义表 E 中。

程序设计如下：

```
#include <stdio.h>
#include <string.h>
#include <malloc.h>
typedef char DataType;
#include "GList2.h"
void main(void){
    char str[] = "(((a,b,c),(d)),e)";
    char str2[] = "(((a,b,c),(d)),e)";
    char hstr[100];
    GLNode2 *h, *p;
    printf("广义表 str = %s", str);
    DecomposeStr(str2, hstr);
    printf("\n 表头 = %s", hstr);
    printf("      表尾 = %s", str2);
    h = CreatGList(str);
    p = GListSearch(h, 'e');
    if(p != NULL)  printf("\n 原子%c 在广义表中\n", p->val.atom);
    else                    printf("\n 广义表中不存在该原子\n");
}
```

【程序运行结果】

```
    广义表 str = (((a,b,c),(d)),e)
    表头 = ((a,b,c),(d))        表尾 = (e)
    原子 e 在广义表中
```

习题 7

【基本概念习题】

7-1　写出下列广义表的表头和表尾：

（1）（）　　　　　　　　（2）(a)　　　　　　　　（3）((a))　　　　　　　（4）((a,b))

（5）(a,b,c)　　　　（6）(a,(b,c,d))　　　　（7）(( ))　　　　（8）(( ),( ))

7-2　设 GetHead(L)实现取广义表 L 的表头操作，GetTail(L)实现取广义表 L 的表尾操作，写出下列广义表操作后的结果：

（1）GetHead(((a,b),c))　　　　　　　　（2）GetTail(((a,b),(c,d)))

（3）GetTail(GetHead(((a,b),(c,d))))　　　　（4）GetHead(GetTail(((a,b),(c,d))))

（5）GetHead(GetTail(GetHead(((a,b),(c,d)))))

7-3　分别画出广义表(((a,b,c),d),e,(f))的不带头结点的头链和尾链存储结构及不带头结点的原子和子表存储结构。

【算法设计习题】

7-4　设广义表采用头链和尾链存储结构，编写把广义表 la 复制到另一个广义表中的函数。

7-5　设广义表采用头链和尾链存储结构，编写把广义表 la 复制到广义表 lb 中的函数。

提示：本题与习题 7-4 的不同是，要把复制建立的广义表 lb 作为函数中的参数，此时函数原型应为 void GListCopy2(GLNode *la, GLNode **lb);

7-6　设广义表采用原子和子表存储结构，编写求广义表长度的函数 GListLength(L)。

7-7　设广义表采用原子和子表存储结构，编写求广义表原子个数的函数 GListAtomNum(L)。

7-8　设广义表采用原子和子表存储结构，编写求广义表深度的函数 GListDepth(L)。

【上机实习习题】

7-9　广义表设计。要求：

（1）采用原子和子表存储结构。

（2）分别编写广义表的创建、求广义表深度、求广义表长度、求广义表中原子个数、查找原子和撤销广义表操作的函数。

（3）编写测试主函数，设 E=(((a,b,c),(d)),e)，创建初值等于 E 的广义表。

（4）主函数分别求出广义表 E 的深度、长度和原子个数。

提示：参考 7.3.1 节讨论的头链和尾链存储结构下操作的实现方法，以及例 7-1 的主函数设计方法。

第 8 章　树和二叉树

数据结构可分为线性结构和非线性结构两大类。树结构包括树和二叉树。树和二叉树属于非线性结构。在树结构中，每个结点只允许有一个直接前驱结点，但允许有一个以上直接后继结点。树的存储结构和操作实现都比较复杂，但树可以转换为二叉树进行处理。大多数二叉树的操作实现需要用递归方法。

本章内容主要包括：树的基本概念和存储结构、二叉树的基本概念、二叉树的性质、二叉树的操作实现、二叉树的遍历、线索二叉树的概念和设计方法、哈夫曼树的概念和设计方法、树和二叉树的转换方法等。

8.1　树

8.1.1　树的定义

树是由 n（$n \geqslant 0$）个结点构成的集合。$n=0$ 的树称为空树。$n=1$ 的树只有一个结点。对 $n>1$ 的树 T 有：

① 有一个特殊的结点称为根结点，根结点没有前驱结点；

② 除根结点外，其余结点被分成 m（$m>0$）个互不相交的集合 $T_1, T_2, \cdots, T_m$，其中每个集合 T_i（$1 \leqslant i \leqslant m$）本身又是一棵结构与树类同的子树。

显然，树是递归定义的。因此，在树（以及二叉树）的算法中将会频繁出现递归算法。

树结构表示了元素之间的层次关系。如图 8-1 所示是树的例子，其中，图 8-1（a）是一棵只有根结点的树，图 8-1（b）是一棵有 12 个结点的一般的树。

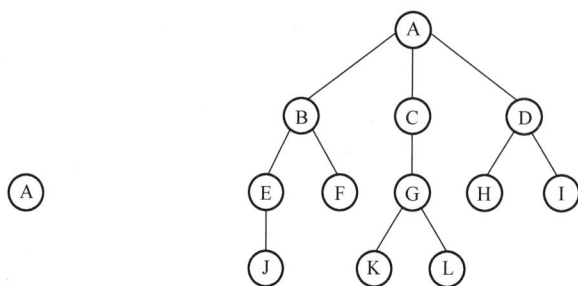

(a) 只有根结点的树　　　　　　(b) 一般的树

图 8-1　树的例子

下面介绍树的一些常用术语。

结点：结点包括一个元素及若干指向其子树的分支。例如，图 8-1（a）中有一个结点，图 8-1（b）中有 12 个结点。

结点的度：结点所拥有的子树的个数称为该结点的度。例如，图 8-1（b）中，结点 A 的度为 3，结点 B 的度为 2，结点 J 的度为 0。

叶结点：度为 0 的结点称为叶结点，叶结点也称为终端结点。例如，图 8-1（b）中，结点 J, F, K, L, H, I 均为叶结点。

分支结点：度不为 0 的结点称为分支结点，分支结点也称为非终端结点。显然，一棵树中除叶结点外的所有结点都是分支结点。

孩子结点：树中一个结点的子树的根结点称为这个结点的孩子结点。例如，图 8-1（b）中，结点 B，C，D 是结点 A 的孩子结点。孩子结点也称为后继结点。

双亲结点：若树中某结点有孩子结点，则这个结点称为它的孩子结点的双亲结点。例如，图 8-1（b）中，结点 A 是结点 B，C，D 的双亲结点。双亲结点也称为直接前驱结点。

兄弟结点：具有相同的双亲结点的结点称为兄弟结点。例如，图 8-1（b）中，结点 B，C，D 具有相同的双亲结点 A，所以称结点 B，C，D 为兄弟结点。

树的度：树中所有结点的度的最大值称为该树的度。例如，图 8-1（b）中，结点 A 的度等于 3 是该树中所有结点的度的最大值，所以该树的度为 3。

结点的层次：从根结点到树中某结点所经路径上的分支数称为该结点的层次。根结点的层次规定为 0，这样其他结点的层次就是它的双亲结点的层次加 1。

树的深度：树中所有结点的层次的最大值称为该树的深度。图 8-1（a）中，树的深度等于 0，即只有一个根结点的树的深度等于 0，图 8-1（b）中树的深度等于 3。

无序树：树中任意一个结点的各孩子结点之间的次序构成无关紧要的树称为无序树。通常，树指的是无序树。

有序树：树中任意一个结点的各孩子结点有严格排列次序的树称为有序树。

森林：m（$m \geqslant 0$）棵树的集合称为森林。在自然界中，树和森林的概念差别很大；但在数据结构中，树和森林的概念差别很小。从定义可知，一棵树由根结点和 m 个子树组成，若把树中的根结点删除，树就变成了包含 m 棵树的森林。当然，根据定义，一棵树也可以称为森林。

8.1.2　树的表示方法

树的表示方法主要有三种，分别有不同的用途。

1．直观表示法

如图 8-1（b）所示就是一棵以直观表示法表示的树。树的直观表示法主要用于直观地描述树的逻辑结构。

2．形式化表示法

树的形式化表示法主要用于树结构问题的理论讨论。用树的形式化表示法定义树 T 如下：
$$T=(D, R)$$
式中，D 为树 T 中结点的集合，R 为树 T 中结点之间关系的集合。当树 T 为空树时，$D=\varnothing$；当树 T 不为空树时，有 $D=\{Root\} \cup D_F$，其中 Root 为树 T 的根结点，D_F 为树 T 的根结点 Root 的子树集合，D_F 可由下式表示：
$$D_F=D_1 \cup D_2 \cup \cdots \cup D_m（1 \leqslant i, j \leqslant m, D_i \cap D_j=\varnothing）$$
当树 T 中结点个数 $n=0$ 或 $n=1$ 时，$R=\varnothing$；当树 T 中结点个数 $n>1$ 时，有
$$R=\{<Root, r_i>, i=1, 2, \cdots, m, m<n\}$$
式中，Root 是树 T 的非终端结点，r_i 是结点 Root 的子树 T_i 的根结点，$<Root, r_i>$ 表示了结点 Root 和结点 r_i 的父子关系。

3．凹入表示法

树的凹入表示法（或称缩进表示法）是一种结点逐层缩进的表示方法。树的凹入表示法还可分为横向凹入表示法和竖向凹入表示法两种。图 8-1（b）中树的横向凹入表示法如图 8-2 所示。树的凹入表示法主要用于树的屏幕显示和打印机输出。

```
A
        B
                E
                        J
                F
    C
                G
                        K
                        L
    D
            H
                I
```

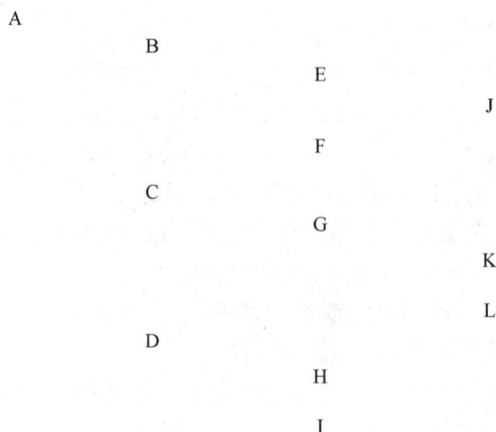

图 8-2　树的横向凹入表示法举例

8.1.3　树的抽象数据类型

1．数据集合

树的结点集合，每个结点由元素和构造元素之间关系的指针组成。

2．操作集合

（1）初始化 Initiate(T)：初始化树 T。

（2）双亲结点 Parent(T, curr)：若树 T 存在，则寻找树 T 中当前结点 curr 的双亲结点。若成功，则返回 curr 的双亲结点；否则返回空指针。

（3）第一个孩子结点 LeftChild(T, curr)：若树 T 存在且当前结点 curr 存在，则寻找 curr 的第一个孩子结点（或称为最左孩子结点）。若成功，则返回 curr 的第一个孩子结点；否则返回空指针。

（4）下一个兄弟结点 RightSibling(T, curr)：若树 T 存在且当前结点 curr 存在，则寻找 curr 的右兄弟结点指针（或称为右兄弟结点）。若成功，则返回 curr 的右兄弟结点；否则返回空指针。

（5）遍历树 Traverse(T, Visit())：若树 T 存在，则按某种遍历方法访问树 T 的每个结点，且每个结点只访问一次。访问结点时，要实现的具体操作由函数 Visit()完成。树的遍历方法主要有先根遍历方法、后根遍历方法和层序遍历方法三种。

（6）撤销树 DestroyTree(T)：撤销树 T 占用的所有动态内存空间。

上边操作集合中给出的只是树的一些基本操作，在实际使用中，树的操作集合中通常还包括其他一些操作。

8.1.4　树的存储结构

在计算机中存储树的信息，要求既要存储结点的元素信息，又要存储结点之间的逻辑关系信息。树的结点之间的逻辑关系主要有双亲—孩子关系、兄弟关系等，因此，从结点之间的逻辑关系分，树的存储结构主要有：双亲表示法、孩子表示法、双亲孩子表示法和孩子兄弟表示法 4 种组合。

构造结点之间逻辑关系的方法是使用指针。指针有指向内存单元地址的指针（为区别起见，称为常规指针）和静态链表形式的指针（称为仿真指针）。树的每种存储结构既可以用常规指针方法构造，也可以用仿真指针方法构造。

1．双亲表示法

双亲表示法就是用指针表示出每个结点的双亲结点。

对于使用仿真指针的双亲表示法，每个结点应有两个域，一个是数据域（元素域），另一个是指示其双亲结点在数组中的下标的仿真指针域。

如图 8-3（a）所示是一棵树的逻辑结构，如图 8-3（b）所示为使用仿真指针的双亲表示法存储结构。其中，data 域存储的是结点中的元素，parent 域存储的是指示其双亲结点在数组中的下标的仿真指针。结点 A 是根结点，无双亲结点，所以其 parent 域的值为-1；结点 B 的双亲结点是结点 A，结点 A 在数组中的下标是 0，所以其 parent 域的值为 0；其余类推。

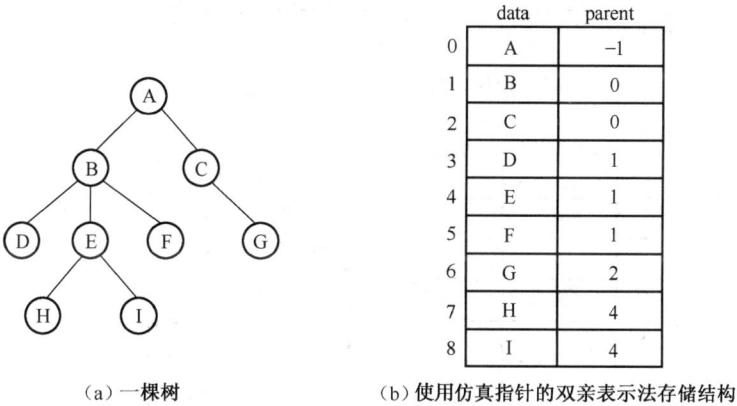

	data	parent
0	A	−1
1	B	0
2	C	0
3	D	1
4	E	1
5	F	1
6	G	2
7	H	4
8	I	4

（a）一棵树　　　　　　　（b）使用仿真指针的双亲表示法存储结构

图 8-3　一棵树及其使用仿真指针的双亲表示法存储结构

双亲表示法对于树的操作集合中寻找一个结点的双亲结点操作实现很方便，但对于寻找一个结点的孩子结点操作实现很不方便。

2．孩子表示法

孩子表示法就是用指针表示出每个结点的孩子结点。

树中每个结点的子树个数（结点的度）不一定相同，如果按每个结点的度设计长度不等的每个结点的孩子指针域，则算法实现非常麻烦。孩子表示法可按树的度（树中所有结点度的最大值）设计结点的孩子指针域个数。

对于图 8-3（a）所示的树，按树的度设计孩子指针域个数的使用常规指针的孩子表示法存储结构如图 8-4 所示。该树的度为 3，所以每个结点的孩子指针域个数为 3。

孩子表示法与双亲表示法的特点刚好相反。孩子表示法对于树的操作集合中寻找一个结点的孩子结点操作实现很方便，但对于寻找一个结点的双亲结点操作实现很不方便。

3．双亲孩子表示法

双亲孩子表示法就是用指针既表示出每个结点的双亲结点，也表示出每个结点的孩子结点。

一种双亲孩子表示法是在使用仿真指针的双亲表示法基础上，给每个结点增加一个指向该结点所有孩子结点单链表的常规头指针域。对于图 8-3（a）所示的树，图 8-5 为其双亲孩子表示法存储结构。其中，data 域存储的是结点中的元素，parent 域存储的是该结点的双亲结点在数组中的下标（仿真指针），−1 表示无双亲结点，head 域存储的是孩子单链表的头指针，child 域存储的是相应孩子结点在数组中的下标（仿真指针），next 域存储的是指向下一个孩子结点的指针。

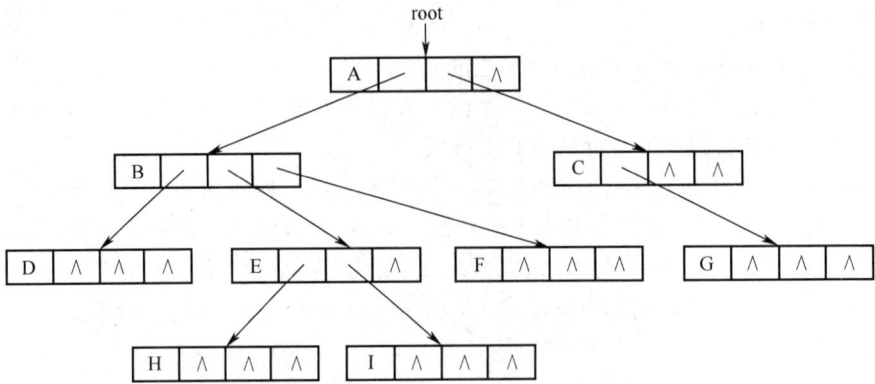

图 8-4　使用常规指针的孩子表示法存储结构

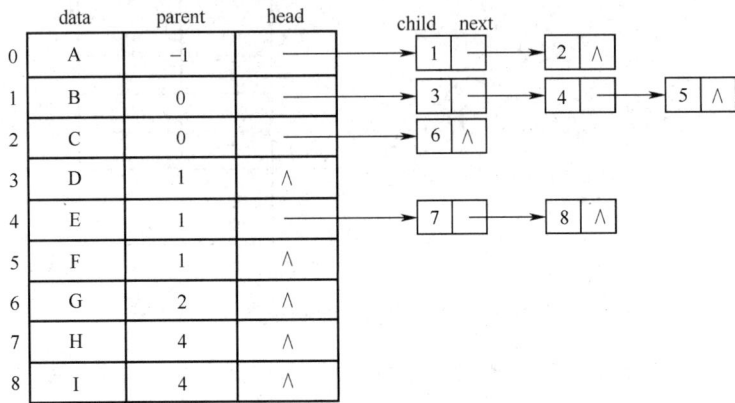

图 8-5　双亲孩子表示法存储结构

双亲孩子表示法存储结构具有双亲表示法和孩子表示法两种存储结构的优点，但操作实现比较麻烦。

4．孩子兄弟表示法

孩子兄弟表示法就是既表示出每个结点的第一个孩子结点，也表示出每个结点的下一个兄弟结点。

孩子兄弟表示法需要为每个结点设计三个域：元素域，该结点的第一个孩子指针域，该结点的下一个兄弟指针域。

在实际使用中，孩子兄弟表示法中的指针通常使用常规指针。对于图 8-3（a）所示的树，使用常规指针的孩子兄弟表示法存储结构如图 8-6 所示。

在使用孩子兄弟表示法的存储结构中，每个结点最多只有两个指针域，并且这两个指针域含义不同，左边指针指向该结点的第一个孩子结点，右边指针指向该结点的下一个兄弟结点。所以，孩子兄弟表示法实际是把树存储为一种二叉树结构。

在本章后面将会讨论，树和二叉树可以相互转换，把树转换为二叉树所对应的结构恰好就是这种孩子兄弟表示法结构。所以，孩子兄弟表示法的最大优点是可以按照二叉树的处理方法来处理树。

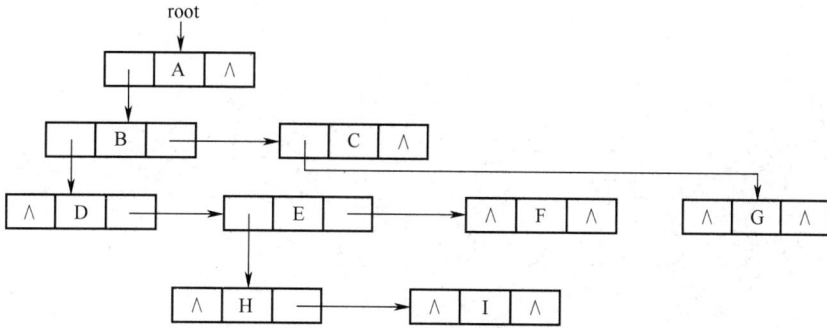

图 8-6　常规指针的孩子兄弟表示法存储结构

孩子兄弟表示法存储结构是使用最多的树的存储结构。

由于树的操作实现比较复杂，树又可以转换为二叉树，而二叉树的操作实现相对简单，因此在实际软件设计中，通常把树问题转换为二叉树问题来处理。

8.2　二叉树

8.2.1　二叉树的定义

二叉树是 n（$n \geq 0$）个有限结点构成的集合。$n=0$ 的树称为空二叉树。$n=1$ 的树只有一个根结点。$n>1$ 的二叉树由一个根结点和至多两个互不相交、分别称为左子树和右子树的子二叉树构成。

显然，二叉树不是有序树。这是因为，二叉树中某个结点即使只有一个子树也要区分是左子树还是右子树，例如，图 8-7（a）和图 8-7（b）就是两棵不同的二叉树；而对于有序树来说，如果某个结点只有一个子树就必定是第一个子树。

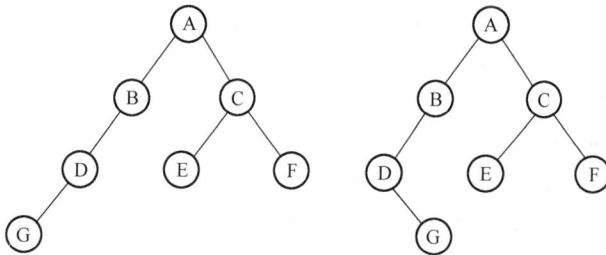

（a）二叉树 1　　　　　（b）二叉树 2

图 8-7　两棵不同的二叉树

本章的名称为"树和二叉树"，就是因为二叉树不是树的一种特例，树和二叉树是同属于树结构的两种不同类型。

虽然树和二叉树是同属于树结构的两种不同类型，但是，根据树和二叉树的定义可知，当 $n=0$ 结点为空时，以及当 $n=1$ 只有根结点时，既可以认为是树，也可以认为是二叉树，即树和二叉树的定义虽然互不包含，但是树和二叉树的定义有两个相交点。

二叉树中所有结点的形态共有 5 种：空结点、无左右子树的结点、只有左子树的结点、只有右子树的结点和左右子树均存在的结点。

满二叉树：在一棵二叉树中，如果所有分支结点都存在左子树和右子树，并且所有叶结点都在同一层上，则这样的二叉树称为满二叉树。

如图 8-8（a）所示的二叉树是一棵满二叉树。

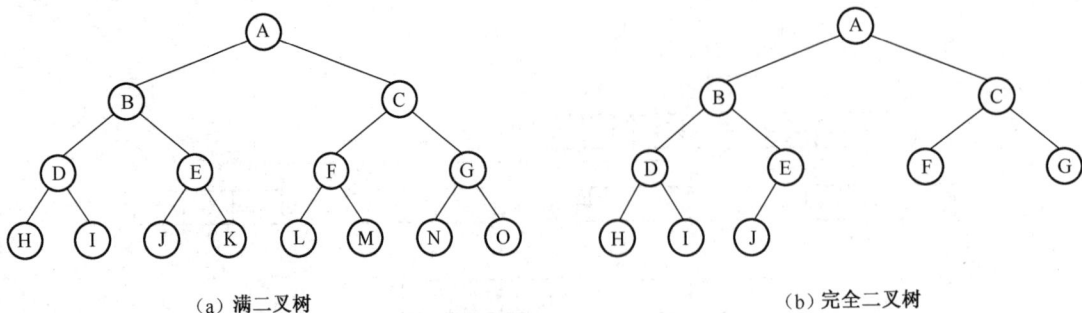

(a) 满二叉树　　　　　　　　　　　　　　　　(b) 完全二叉树

图 8-8　满二叉树和完全二叉树

完全二叉树：如果一棵具有 n 个结点的二叉树的结构与满二叉树的前 n 个结点的结构相同，这样的二叉树称为完全二叉树。

如图 8-8（b）所示的二叉树是一棵完全二叉树，经比较可知，如图 8-8（b）所示二叉树的 10 个结点与如图 8-8（a）所示满二叉树的前 10 个结点的结构相同，因此如图 8-8（b）所示的二叉树是完全二叉树。显然，满二叉树一定是完全二叉树。

8.2.2　二叉树的抽象数据类型

1．数据集合

二叉树的结点集合，每个结点由元素和构造元素之间关系的指针组成。

2．操作集合

（1）初始化 Initiate(T)：初始化二叉树 T。

（2）左插入结点 InsertLeftNode(curr, x)：若当前结点 curr 非空，在 curr 的左子树中插入元素为 x 的新结点，则原 curr 的左子树成为新插入结点的左子树。

（3）右插入结点 InsertRightNode(curr, x)：若当前结点 curr 非空，在 curr 的右子树中插入元素为 x 的新结点，则原 curr 的右子树成为新插入结点的右子树。

（4）左删除子树 DeleteLeftTree(curr)：若当前结点 curr 非空，则删除 curr 的左子树。

（5）右删除子树 DeleteRightTree(curr)：若当前结点 curr 非空，则删除 curr 的右子树。

（6）遍历二叉树 Traverse(T, Visit())：若二叉树 T 存在，则按某种次序访问二叉树 T 的每个结点，且每个结点只访问一次。访问结点时，要实现的具体操作由函数 Visit() 完成。二叉树的遍历次序主要有先序遍历次序、中序遍历次序、后序遍历次序和层序遍历次序 4 种。

（7）撤销 DestroyTree(T)：撤销二叉树 T。

上面给出的操作集合只是二叉树操作集合的主要部分，实际使用的二叉树操作集合中还包括左插入子树、右插入子树、左删除结点、右删除结点等，为简单起见，这里未做介绍。

8.2.3　二叉树的性质

性质 1：若规定根结点的层数为 0，则一棵非空二叉树的第 i 层上最多有 2^i（$i \geq 0$）个结点。

归纳法证明：当层数 $i=0$ 时，二叉树在根结点只有一个结点，$2^0=1$，结论成立；假设层数 $i=k$ 时，结论成立，即第 k 层上最多有 2^k 个结点；当层数 $i=k+1$ 时，根据二叉树的定义，第 k 层上的每个结点最多有 2 个子结点，所以第 $k+1$ 层上最多有 $2^k \times 2 = 2^{k+1}$ 个结点。

性质 2：若规定只有根结点的二叉树的深度为 0，则深度为 k 的二叉树的最大结点个数是 $2^{k+1}-1$（$k \geq -1$）。

证明：当深度 $k=0$ 时，只有一个根结点，有 $2^{0+1}-1=2^1-1=1$，结论成立；当深度 $k\geq 0$ 时，是非空二叉树，具有层次 $i=0,1,2,\cdots,k$，由性质 1 知，第 i 层上最多有 2^i（$i\geq 0$）个结点，所以整个二叉树中所具有的最大结点个数为

$$\sum_{i=0}^{k}2^i=2^{k+1}-1$$

性质 3：对于一棵非空二叉树，如果叶结点个数为 n_0，度为 2 的结点个数为 n_2，则有 $n_0=n_2+1$。

证明：设 n 为二叉树的总结点个数，n_1 为二叉树中度为 1 的结点个数，则有

$$n=n_0+n_1+n_2$$

另外，在二叉树中，除根结点外的所有结点都有一个唯一的进入分支，设 M 为二叉树中的分支数，则有

$$M=n-1$$

从二叉树的结构可知，二叉树的所有进入分支是由度为 1 的结点和度为 2 的结点发出的，每个度为 1 的结点发出一个分支，每个度为 2 的结点发出两个分支，所以又有

$$M=n_1+2n_2$$

综合以上 3 式即得到 $n_0=n_2+1$。

性质 4：具有 n 个结点的完全二叉树的深度 k 为大于或等于 lb$(n+1)-1$ 的最小整数。

证明：由性质 2 和完全二叉树的定义可知，对于有 n 个结点的深度为 k 的完全二叉树有：

$$2^k-1<n\leq 2^{k+1}-1$$

移项得

$$2^k<n+1\leq 2^{k+1}$$

对不等式求对数，得

$$k<\text{lb}(n+1)\leq k+1$$

因为 lb$(n+1)$ 介于 k 和 $k+1$ 之间且大于 k，而二叉树的深度又只能是整数，所以必有 n 个结点的完全二叉树的深度 k 为大于或等于 lb$(n+1)-1$ 的最小整数。

为简捷起见，k 为大于或等于 lb$(n+1)-1$ 的最小整数，可简写为 $k=\lceil \text{lb}(n+1)-1 \rceil$。例如，$\lceil 2.0 \rceil=2$，$\lceil 2.1 \rceil=3$。

性质 4 举例如下。

若结点个数 $n=0$，则有深度 $k=-1$，满足 $k=\lceil \text{lb}(0+1)-1 \rceil=-1$；

若结点个数 $n=1$，则有深度 $k=0$，满足 $k=\lceil \text{lb}(1+1)-1 \rceil=0$；

若结点个数 $n=2$，则有深度 $k=1$，满足 $k=\lceil \text{lb}(2+1)-1 \rceil=\lceil 0.xx \rceil=1$；

若结点个数 $n=3$，则有深度 $k=1$，满足 $k=\lceil \text{lb}(3+1)-1 \rceil=1$。

性质 5：对于具有 n 个结点的完全二叉树，如果按照从上至下和从左至右的顺序对所有结点从 0 开始顺序编号，则对于序号为 i（$0\leq i<n$）的结点，有：

（1）如果 $i>0$，则序号为 i 的结点的双亲结点的序号为 $(i-1)/2$（"/"表示整除）；如果 $i=0$，则序号为 i 的结点为根结点，无双亲结点。

（2）如果 $2i+1<n$，则序号为 i 的结点的左孩子结点的序号为 $2i+1$；如果 $2i+1\geq n$，则序号为 i 的结点无左孩子。

（3）如果 $2i+2<n$，则序号为 i 的结点的右孩子结点的序号为 $2i+2$；如果 $2i+2\geq n$，则序号为 i 的结点无右孩子。

性质 5 的证明比较复杂，故省略。下面用实际例子来检验性质 5 的正确性。对于图 8-8（b）所示的完全二叉树，如果按照从上至下和从左至右的顺序对所有结点从 0 开始顺序编号，则结点和结点序号的对应关系如下：

A	B	C	D	E	F	G	H	I	J

0　1　2　3　4　5　6　7　8　9

该完全二叉树共有 10 个结点，所以 $n=10$。例如，对于结点 B，相应的序号为 1，则结点 B 的双亲结点 A 的序号为 $(i-1)/2=(1-1)/2=0$，结点 B 左孩子结点 D 的序号为 $2i+1=2×1+1=3$，结点 B 右孩子结点 E 的序号为 $2i+2=2×1+2=4$。又如，对于结点 E，相应的序号为 4，则结点 E 双亲结点 B 的序号为 $(i-1)/2=(4-1)/2=1$，结点 E 左孩子结点 J 的序号为 $2i+1=2×4+1=9$，因为 $2i+2=2×4+2=10=n$，所以结点 E 无右孩子结点。

性质 5 告诉我们，如果把完全二叉树按照从上至下和从左至右的顺序对所有结点顺序编号，则可以用一维数组存储完全二叉树。此时，完全二叉树中任意结点的双亲结点下标、左孩子结点下标和右孩子结点下标都可以根据该结点的序号计算得出。

注意：在有些教材中，结点从 1 开始编号，此时性质 5 的描述形式会有所不同。

8.3　二叉树的设计和实现

8.3.1　二叉树的存储结构

二叉树的存储结构主要有三种：顺序存储结构、链式存储结构和仿真指针存储结构。

1. 二叉树的顺序存储结构

由性质 5 可知，对于完全二叉树中任意结点 i 的双亲结点序号、左孩子结点序号和右孩子结点序号都可由公式计算得到，因此，完全二叉树的结点可按从上至下和从左至右的顺序存储在一维数组中，其结点之间的关系可由性质 5 得到，这就是二叉树的顺序存储结构。如图 8-8（a）所示二叉树在数组中的存储结构为

A	B	C	D	E	F	G	H	I	J	K	L	M	N	O

0　1　2　3　4　5　6　7　8　9　10　11　12　13　14

如图 8-8（b）所示二叉树在数组中的存储形式为

A	B	C	D	E	F	G	H	I	J

0　1　2　3　4　5　6　7　8　9

但是，对于一般的非完全二叉树，如果仍按从上至下和从左至右的顺序存储在一维数组中，则数组下标之间的关系不能反映出二叉树中结点之间的逻辑关系。此时，可首先在非完全二叉树中增加一些并不存在的空结点，使之变成完全二叉树的形态，然后用顺序存储结构进行存储。图 8-9（a）是一棵一般（非完全）二叉树，图 8-9（b）是图 8-9（a）的完全二叉树形态，图 8-9（c）是图 8-9（b）在数组中的存储形式，其中符号"∧"表示数据域为空。

显然，对于完全二叉树，用顺序存储结构存储时既能节省存储空间，又能简化二叉树的操作实现。但对于非完全二叉树，如果它接近于完全二叉树，即需要增加的空结点个数不多，可采用顺序存储结构存储；但如果需要增加的空结点个数太多，就不宜采用顺序存储结构存储。最坏的情况是右单支树，若采用顺序存储结构方法存储，则一棵深度为 k 的右单支树只有 $k+1$ 个结点，却需要分配 $2^{k+1}-1$ 个内存单元。另外，软件设计中还需要识别数据域为空的情况，这将会增加软件设计的复杂性。

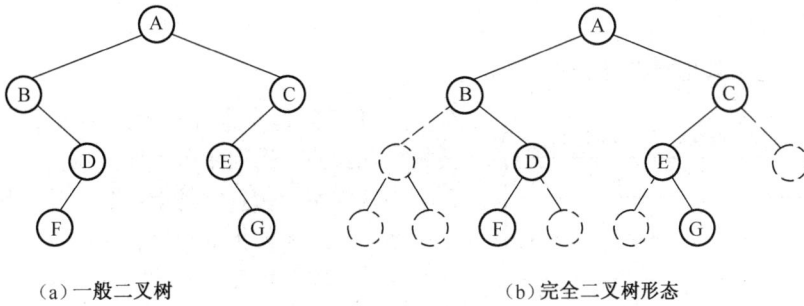

（a）一般二叉树   （b）完全二叉树形态

（c）在数组中的存储形式

图 8-9 非完全二叉树的顺序存储结构

2. 二叉树的链式存储结构

二叉树的链式存储结构就是用指针建立二叉树中结点之间的关系。二叉树最常用的链式存储结构是二叉链。二叉链存储结构的每个结点包含三个域，分别是：元素域 data、左孩子指针域 leftChild 和右孩子指针域 rightChild。二叉链存储结构中每个结点的图示结构如下：

| leftChild | data | rightChild |

与单链表有不带头结点和带头结点两种结构类似，二叉链存储结构的二叉树也有不带头结点和带头结点两种结构。对于图 8-7（b）所示的二叉树，不带头结点的二叉链存储结构的二叉树如图 8-10（a）所示，带头结点的二叉链存储结构的二叉树如图 8-10（b）所示。

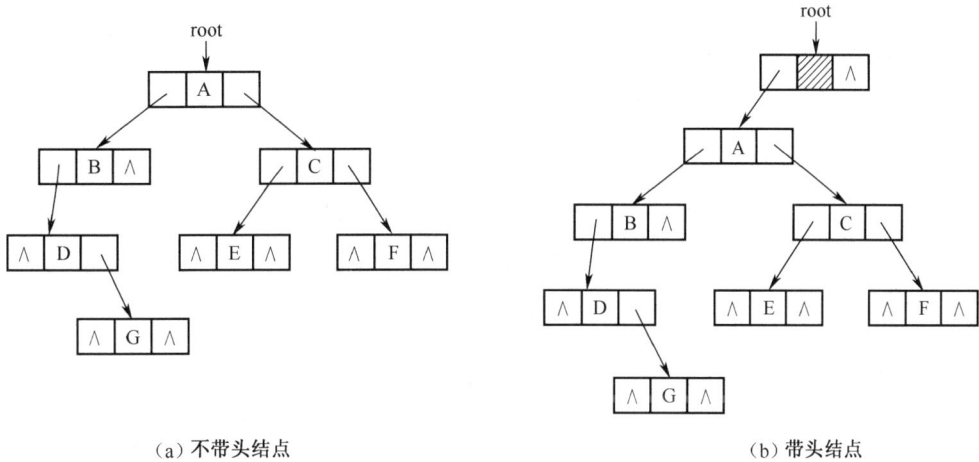

（a）不带头结点   （b）带头结点

图 8-10 二叉链存储结构的二叉树

二叉树的二叉链存储结构是一种常用的二叉树存储结构。二叉链存储结构的优点是，结构简单，可以方便地构造任何形状的二叉树，并可以方便地实现二叉树的大多数操作。二叉链存储结构的缺点是，查找当前结点的双亲结点操作实现起来比较麻烦。本章讨论的二叉树存储结构基本采用的都是二叉链存储结构。

链式存储结构二叉树的另一种形式是三叉链。三叉链就是在二叉链存储结构的基础上再增加一个双亲指针域 parent。三叉链除具有二叉链的优点外，对于查找当前结点的双亲结点操作，实现起来也很容易。相对于二叉链存储结构，三叉链存储结构的缺点是，每个结点占用的内存单元更多一些。

3. 二叉树的仿真指针存储结构

	data	leftChild	rightChild
0	A	1	2
1	B	3	−1
2	C	4	5
3	D	−1	6
4	E	−1	−1
5	F	−1	−1
6	G	−1	−1

图8-11 二叉树的仿真二叉链存储结构

二叉树的仿真指针存储结构就是用数组存储二叉树中的结点，数组中每个结点除元素域外，再增加仿真指针域用于仿真常规指针建立二叉树中结点之间的关系。二叉树的仿真指针存储结构又可分为仿真二叉链存储结构和仿真三叉链存储结构。如图8-11所示的是图8-10（a）的仿真二叉链存储结构，其中，leftChild域和rightChild域中的数值为左孩子结点和右孩子结点在数组中的下标，−1表示仿真空指针。

要注意，如图8-11所示的二叉树的仿真二叉链存储结构与如图8-9（c）所示的二叉树的顺序存储结构不同。

8.3.2 二叉树的操作实现

（1）结点结构体定义

```
typedef struct Node{
    DataType data;                          //元素
    struct Node *leftChild;                 //左孩子指针
    struct Node *rightChild;                //右孩子指针
} BiTreeNode;                               //结点的结构体定义
```

（2）初始化

```
void Initiate(BiTreeNode **root){
//初始化建立二叉树的头结点
    *root = (BiTreeNode *)malloc(sizeof(BiTreeNode));
    (*root)->leftChild = NULL;
    (*root)->rightChild = NULL;
}
```

（3）左插入结点

```
BiTreeNode *InsertLeftNode(BiTreeNode *curr, DataType x){
//若当前结点 curr 非空，则在 curr 的左子树插入元素为 x 的新结点
//原 curr 的左子树成为新插入结点的左子树
//若插入成功，则返回新插入结点的指针，否则返回空指针
    BiTreeNode *s, *t;
    if(curr == NULL) return NULL;
    t = curr->leftChild;                    //保存原 curr 的左孩子指针
    s = (BiTreeNode *)malloc(sizeof(BiTreeNode));
    s->data = x;
    s->leftChild = t;                       //新插入结点的左子树成为原curr 的左子树
    s->rightChild = NULL;
    curr->leftChild = s;                    //新结点成为 curr 的左子树
    return curr->leftChild;                 //返回新插入结点的指针
}
```

（4）右插入结点

```
BiTreeNode *InsertRightNode(BiTreeNode *curr, DataType x){
//若当前结点 curr 非空，则在 curr 的右子树插入元素为 x 的新结点
//原 curr 的右子树成为新插入结点的右子树
//若插入成功，则返回新插入结点的指针，否则返回空指针
    BiTreeNode *s, *t;
    if(curr == NULL) return NULL;
    t = curr->rightChild;          //保存原 curr 的右孩子指针
    s = (BiTreeNode *)malloc(sizeof(BiTreeNode));
    s->data = x;
    s->rightChild = t;             //新插入结点的右子树成为原 curr 的右子树
    s->leftChild = NULL;
    curr->rightChild = s;          //新结点成为 curr 的右子树
    return curr->rightChild;       //返回新插入结点的指针
}
```

（5）左删除子树

```
BiTreeNode *DeleteLeftTree(BiTreeNode *curr){
//若当前结点 curr 非空，则删除 curr 的左子树
//若删除成功，则返回删除结点的双亲结点指针，否则返回空指针
    if(curr == NULL || curr->leftChild == NULL) return NULL;
    Destroy(&curr->leftChild);
    curr->leftChild = NULL;
    return curr;
}
```

（6）右删除子树

```
BiTreeNode *DeleteRightTree(BiTreeNode *curr){
//若当前结点 curr 非空，则删除 curr 的右子树
//若删除成功，则返回删除结点的双亲结点指针，否则返回空指针
    if(curr == NULL || curr->rightChild == NULL) return NULL;
    Destroy(&curr->rightChild);
    curr->rightChild = NULL;
    return curr;
}
```

上述二叉树操作实现算法中没有讨论撤销操作的实现函数 Destroy()，这是因为撤销操作是一种遍历操作，遍历操作将在 8.4 节中讨论。

上述二叉树结点结构体定义和二叉树操作实现函数保存在头文件 BiTree.h 中。

【例 8-1】 编写程序，建立如图 8-10（b）所示的带头结点的二叉链存储结构二叉树。

程序设计如下：

```
#include <stdlib.h>
#include <stdio.h>
typedef char DataType;
#include "BiTree.h"

void main(void){
    BiTreeNode *root, *p;
    Initiate(&root);
    p = InsertLeftNode(root, 'A');
```

```
        p = InsertLeftNode(p, 'B');
        p = InsertLeftNode(p, 'D');
        p = InsertRightNode(p, 'G');
        p = InsertRightNode(root->leftChild, 'C');
        InsertLeftNode(p, 'E');
        InsertRightNode(p, 'F');
    }
```

8.4 二叉树遍历

8.4.1 二叉树遍历的方法和结构

1. 二叉树遍历的基本方法

从二叉树的定义可知，一棵二叉树由三部分组成：根结点、左子树和右子树。若规定 D、L、R 分别代表"访问根结点"、"遍历根结点的左子树"和"遍历根结点的右子树"，则共有 6 种组合：DLR、LDR、LRD、RDL、DRL 和 RLD。由于先遍历左子树和先遍历右子树在算法设计上没有本质区别，因此我们只讨论 6 种组合的前三种：DLR、LDR 和 LRD。根据遍历方法对访问根结点处理的位置不同，称这三种遍历方法分别为前序遍历（DLR）、中序遍历（LDR）和后序遍历（LRD）方法。

由于二叉树是递归定义的，显然，可以把二叉树遍历操作设计成递归算法实现。

（1）前序遍历（DLR）递归算法

若二叉树为空，则算法结束；否则：

① 访问根结点，

② 前序遍历根结点的左子树，

③ 前序遍历根结点的右子树。

对于图 8-7（b）所示的二叉树，前序遍历访问结点的次序为：

    A B D G C E F

（2）中序遍历（LDR）递归算法

若二叉树为空，则算法结束；否则：

① 中序遍历根结点的左子树，

② 访问根结点，

③ 中序遍历根结点的右子树。

对于图 8-7（b）所示的二叉树，中序遍历访问结点的次序为：

    D G B A E C F

（3）后序遍历（LRD）递归算法

若二叉树为空，则算法结束；否则：

① 后序遍历根结点的左子树，

② 后序遍历根结点的右子树，

③ 访问根结点。

对于图 8-7（b）所示的二叉树，后序遍历访问结点的次序为：

    G D B E F C A

除了前序、中序和后序遍历方法，二叉树还有层序遍历方法。层序遍历方法的要求是：按二叉树的层序次序（从根结点层至叶结点层），同一层中按先左子树再右子树的次序遍历二叉树。

由分析可知，二叉树层序遍历方法的特点是，在所有未被访问结点的集合中，排列在已访问结点集合中最前面结点的左子树的根结点将最先被访问，然后是该结点的右子树的根结点。这样，如果把已访问的结点放在一个队列中，那么，所有未被访问结点的访问次序就可以由存放在队列中的已访问结点的出队列次序决定。因此，可以借助队列实现二叉树的层序遍历。二叉树的层序遍历算法如下。

① 初始化设置一个队列。

② 把根结点指针入队列。

③ 当队列非空时，循环执行步骤（a）到步骤（c）：

（a）出队列取得一个结点指针，访问该结点；

（b）若该结点的左子树非空，则将该结点的左孩子指针入队列；

（c）若该结点的右子树非空，则将该结点的右孩子指针入队列。

④ 结束。

对于图 8-7（b）所示的二叉树，层序遍历访问结点的次序为：

  A B C D E F G

虽然二叉树是一种非线性结构，不能像单链表那样每个结点都有一个唯一的前驱结点和一个唯一的后继结点，但当对一棵二叉树用一种特定的遍历方法（如前序遍历方法、中序遍历方法等）进行遍历时，其遍历序列一定是线性的，且是唯一的。

2．二叉树的遍历方法和二叉树的结构

由于二叉树是非线性结构，每个结点会有零个、一个或两个孩子结点，因此一棵二叉树的遍历序列不能确定一棵二叉树的结构，例如，图 8-7（a）和图 8-7（b）的前序遍历序列是相同的，但它们是两棵不同的二叉树。

某些不同的遍历序列组合却可以唯一确定一棵二叉树的结构。可以证明，给定一棵二叉树的前序（或后序）遍历序列和中序遍历序列可以唯一确定一棵二叉树的结构。

8.4.2　二叉链存储结构下二叉树遍历的实现

1．二叉树遍历函数

```
void PreOrder(BiTreeNode *root, void Visit(DataType item)){
//前序遍历二叉树 root，访问操作为 Visit()
    if(root != NULL){
        Visit(root->data);
        PreOrder(root->leftChild, Visit);
        PreOrder(root->rightChild, Visit);
    }
}
```

说明：对不同应用问题，二叉树遍历时进行的操作是不同的。为了设计出通用的前序遍历二叉树函数 PreOrder()，我们把访问操作设计成前序遍历二叉树函数的一个函数虚参 Visit()。

```
void InOrder(BiTreeNode *root, void Visit(DataType item)){
//中序遍历二叉树 root，访问操作为 Visit()
    if(root != NULL){
        InOrder(root->leftChild, Visit);
        Visit(root->data);
```

```
            InOrder(root->rightChild, Visit);
        }
    }
    void PostOrder(BiTreeNode *root, void Visit(DataType item)){
    //后序遍历二叉树 root，访问操作为 Visit()
        if(root != NULL){
            PostOrder(root->leftChild, Visit);
            PostOrder(root->rightChild, Visit);
            Visit(root->data);
        }
    }
```

2. 撤销二叉树操作

撤销二叉树操作实际上是二叉树遍历操作的一个具体应用。因为二叉树中每个结点允许有左孩子结点和右孩子结点，所以在释放某个结点的存储空间前，必须先释放该结点左孩子结点的存储空间和右孩子结点的存储空间，因此，撤销二叉树操作必然是后序遍历的具体应用。撤销二叉树操作算法如下：

```
    void Destroy(BiTreeNode **root){
        if((*root) != NULL && (*root)->leftChild != NULL)
            Destroy(&(*root)->leftChild);
        if((*root) != NULL && (*root)->rightChild != NULL)
            Destroy(&(*root)->rightChild);
        free(*root);
    }
```

8.4.3 二叉树遍历应用举例

打印二叉树和在二叉树中查找元素都需要遍历二叉树，因此，打印二叉树和在二叉树中查找元素是二叉树遍历问题的两个应用。

1. 打印二叉树

把二叉树逆时针旋转 90°，按照二叉树的凹入表示法打印二叉树。显然，可把此算法设计成递归算法。由于把二叉树逆时针旋转 90° 后，在屏幕上方的首先是右子树，然后是根结点，最后是左子树，因此，打印二叉树算法是一种特殊的中序遍历算法。

```
    void PrintBiTree(BiTreeNode *root, int n){
    //逆时针旋转 90 度打印二叉树 root, n 为缩进层数，初值为 0
        int i;
        if(root == NULL) return;                    //递归出口
        PrintBiTree(root->rightChild, n+1);         //遍历打印右子树
        //访问根结点
        for(i = 0; i < n-1; i++) printf("    ");
        if(n > 0){
            printf("---");
            printf("%c\n", root->data);
        }

        PrintBiTree(root->leftChild, n+1);          //遍历打印左子树
    }
```

2. 查找元素

在二叉树中查找元素操作的要求是：在 root 为根结点的二叉树中查找元素 x，若查找到元素 x，则返回该结点的指针；若查找不到元素 x，则返回空指针。

```
BiTreeNode *Search(BiTreeNode *root, DataType x){
//查找元素 x 是否在二叉树 root 中
//查找到则返回该结点指针，未查找到则返回空指针
    BiTreeNode *find = NULL;                            //初始标记为查找失败
    if(root != NULL){
        if(root->data == x)
            find = root;                               //标记查找成功
        else {
            find = Search(root->leftChild, x);         //在左子树中找
            if(find == NULL)
                find = Search(root->rightChild, x);    //在右子树中找
        }
    }
    return find;                                        //返回查找标记
}
```

3. 应用举例

【例 8-2】 编写程序，建立如图 8-10（b）所示的带头结点的二叉链存储结构二叉树，首先打印该二叉树，然后分别输出按照前序遍历、中序遍历和后序遍历方法访问各结点的信息，最后，查找字符'E'是否在该二叉树中。

【输出显示函数设计】 按照某种遍历方法输出二叉树各结点的信息，其实就是把上述各遍历二叉树函数中的 Visit()设计成输出结点信息的函数。Visit()设计如下：

```
void Visit(DataType item){
    printf("%c   ", item);
}
```

【设计】 设二叉树的结点定义以及带头结点二叉树的初始化操作、左结点插入操作、右结点插入操作、左子树删除操作、右子树删除操作的实现函数存放在文件 BiTree.h 中，设二叉树遍历操作和撤销操作的实现函数存放在文件 BiTreeTraverse.h 中。

程序设计如下：

```
#include <stdlib.h>
#include <stdio.h>
typedef char DataType;
#include "BiTree.h"
#include "BiTreeTraverse.h"

void Visit(DataType item){
    printf("%c ", item);
}
void PrintBiTree(BiTreeNode *bt, int n){
    //函数体省略
}
BiTreeNode *Search(BiTreeNode *root, DataType x){
    //函数体省略
```

```
        }
    void main(void){
        BiTreeNode *root, *p, *find;
        char x = 'E';
        Initiate(&root);
        p = InsertLeftNode(root, 'A');
        p = InsertLeftNode(p, 'B');
        p = InsertLeftNode(p, 'D');
        p = InsertRightNode(p, 'G');
        p = InsertRightNode(root->leftChild, 'C');
        InsertLeftNode(p, 'E');
        InsertRightNode(p, 'F');
        PrintBiTree(root, 0);
        printf("前序遍历：");
        PreOrder(root->leftChild, Visit);
        printf("\n 中序遍历：");
        InOrder(root->leftChild, Visit);
        printf("\n 后序遍历：");
        PostOrder(root->leftChild, Visit);
        find = Search(root, x);
        if(find != NULL)
            printf("\n 元素%c 在二叉树中", x);
        else
            printf("\n 元素%c 不在二叉树中", x);
        Destroy(&root);
    }
```

【程序运行结果】

```
        ---F
    ---C
        ---E
--A
  ---B
        ---G
    ---D
```
前序遍历：A B D G C E F
中序遍历：D G B A E C F
后序遍历：G D B E F C A
元素 E 在二叉树中

8.4.4　非递归的二叉树遍历算法

在 6.6 节讨论递归算法到非递归算法的转换时曾提到，所有递归算法都可以借助栈转换成循环结构的非递归算法。这样的转换通常有两种方法：一种方法是形式化模拟转换，另一种方法是根据要求解问题的特点设计借助栈的循环结构算法。本节设计的非递归的二叉树遍历算法使用的就是第二种方法，即根据要求解问题的特点设计借助栈的循环结构算法。

下面以前序遍历算法为例来讨论非递归的二叉树遍历算法设计方法。

前序遍历算法要求首先访问根结点，然后前序遍历左子树和前序遍历右子树。此遍历算法的特点是，在所有未被访问的结点中，最后访问结点的左子树的根结点将最先被访问。这和栈的特点吻合，因此可以借助栈实现。非递归的二叉树前序遍历算法如下。

（1）初始化设置一个栈。

（2）把根结点指针入栈。

（3）当栈非空时，循环执行步骤①到步骤③：

① 出栈取得一个结点指针，访问该结点；

② 若该结点的右子树非空，则将该结点的右孩子指针入栈；

③ 若该结点的左子树非空，则将该结点的左孩子指针入栈。

（4）结束。

对照此算法和二叉树层序遍历算法可以发现，两个算法的结构非常类同，只是此算法利用了栈，而二叉树层序遍历算法则利用了队列；另外，此算法入栈的次序是先右孩子指针、后左孩子指针，而二叉树层序遍历算法入队列的次序是先左孩子指针，后右孩子指针。

对于图 8-7（b）所示的二叉树，非递归的二叉树前序遍历算法的执行过程见表 8-1。注意，在表 8-1 的"栈内容"列中，逗号左边表示栈顶，逗号右边表示栈底，逗号本身不是栈内容，只是作为两项栈内容的分隔；符号"&A"表示栈的元素类型为指向结点 A 的指针，其余类同。

表 8-1　非递归二叉树前序遍历算法执行过程

步骤	操作	栈内容	当前访问结点
0	入栈	&A	
1	出栈		A
2	入栈	&C	
3	入栈	&B,&C	
4	出栈	&C	B
5	入栈	&D,&C	
6	出栈	&C	D
7	入栈	&G,&C	
8	出栈	&C	G
9	出栈		C
10	入栈	&F	
11	入栈	&E,&F	
12	出栈	&F	E
13	出栈		F
14	栈空		

从表 8-1 可知，非递归的二叉树前序遍历算法访问结点的次序为：

　　A B D G C E F

这与递归的二叉树前序遍历算法访问结点的次序一样。

问题：非递归的二叉树遍历算法有什么用途？

提示：结合将在 8.5 节中讨论的线索二叉树的用途来考虑。

8.5 线索二叉树

8.5.1 线索二叉树及其用途

二叉树遍历算法提供了二叉树的一次性遍历，但二叉树遍历算法无法像分步遍历单链表那样分步遍历二叉树。线索二叉树就是专为实现分步遍历二叉树而设计的。线索二叉树可以像双向链表那样，既可以从前向后分步遍历二叉树，又可以从后向前分步遍历二叉树。

二叉树是非线性结构，但从前面的讨论可知，当以某种规则遍历二叉树时，将把二叉树中的结点按该规则排列成一个线性序列。但是，8.4 节设计的所有遍历算法中，在遍历二叉树时都没有把遍历时得到的结点的后继结点信息和前驱结点信息保存下来，因此，不能像操作双向链表那样操作二叉树。当按某种规则遍历二叉树时，保存遍历时得到的结点的后继结点信息和前驱结点信息的最常用的方法是建立线索二叉树。

1. 线索二叉树的概念和存储结构

通过对二叉链存储结构的二叉树分析可知，在有 n 个结点的二叉树中必定存在 $n+1$ 个空链域。我们希望能利用这些空链，保存相应结点的前驱结点信息和后继结点信息。

我们做如下规定：当某结点的左孩子指针为空时，令该指针指向按某种方法遍历二叉树时得到的该结点的前驱结点；当某结点的右孩子指针为空时，令该指针指向按某种方法遍历二叉树时得到的该结点的后继结点。但是，仅仅这样做，会使我们不能区分：左指针指向的结点到底是左孩子结点还是前驱结点，右指针指向的结点到底是右孩子结点还是后继结点。因此，需要在结点中再增加两个线索标记来区分这两种情况。线索标记定义如下：

$$\text{leftThread} = \begin{cases} 0 \text{ —— leftChild 指向结点的左孩子结点} \\ 1 \text{ —— leftChild 指向结点的前驱结点} \end{cases}$$

$$\text{rightThread} = \begin{cases} 0 \text{ —— rightChild 指向结点的右孩子结点} \\ 1 \text{ —— rightChild 指向结点的后继结点} \end{cases}$$

这样，每个结点的存储结构如下所示：

leftThread	leftChild	data	rightChild	rightThread

我们把结点中指向前驱结点和后继结点的指针称为**线索**，把在二叉树的结点上添加了线索的二叉树称为**线索二叉树**，把对二叉树以某种方法（如前序、中序或后序方法）遍历使其变为线索二叉树的过程称为按该方法对二叉树进行的**线索化**。

为使算法设计方便，一般在设计线索二叉树时都包含头结点。头结点的 data 为空，leftChild 指向二叉树的根结点，leftThread 为 0，rightChild 指向按某种方式遍历二叉树时的最后一个结点，rightThread 为 1。对于图 8-12（a）所示的二叉树，图 8-12（b）是相应的中序线索二叉树，图 8-12（c）是相应的前序线索二叉树，图 8-12（d）是相应的后序线索二叉树。图中，实线表示二叉树原来指针所指的结点，虚线表示线索二叉树所添加的线索。**注意**，中序、前序和后序线索二叉树中的所有实线均相同，所有结点的线索标记取值也完全相同，只是当线索标记取 1 时，不同的线索二叉树中的虚线将不同。

如何把一棵二叉树变为一棵线索二叉树呢？方法是，在遍历二叉树的过程中给每个结点添加线索。例如，要建立一棵中序线索二叉树，方法是，在中序遍历二叉树的过程中给每个结点添加中序线索；要建立一棵前序线索二叉树，方法是，在前序遍历二叉树的过程中给每个结点添加前序线索。

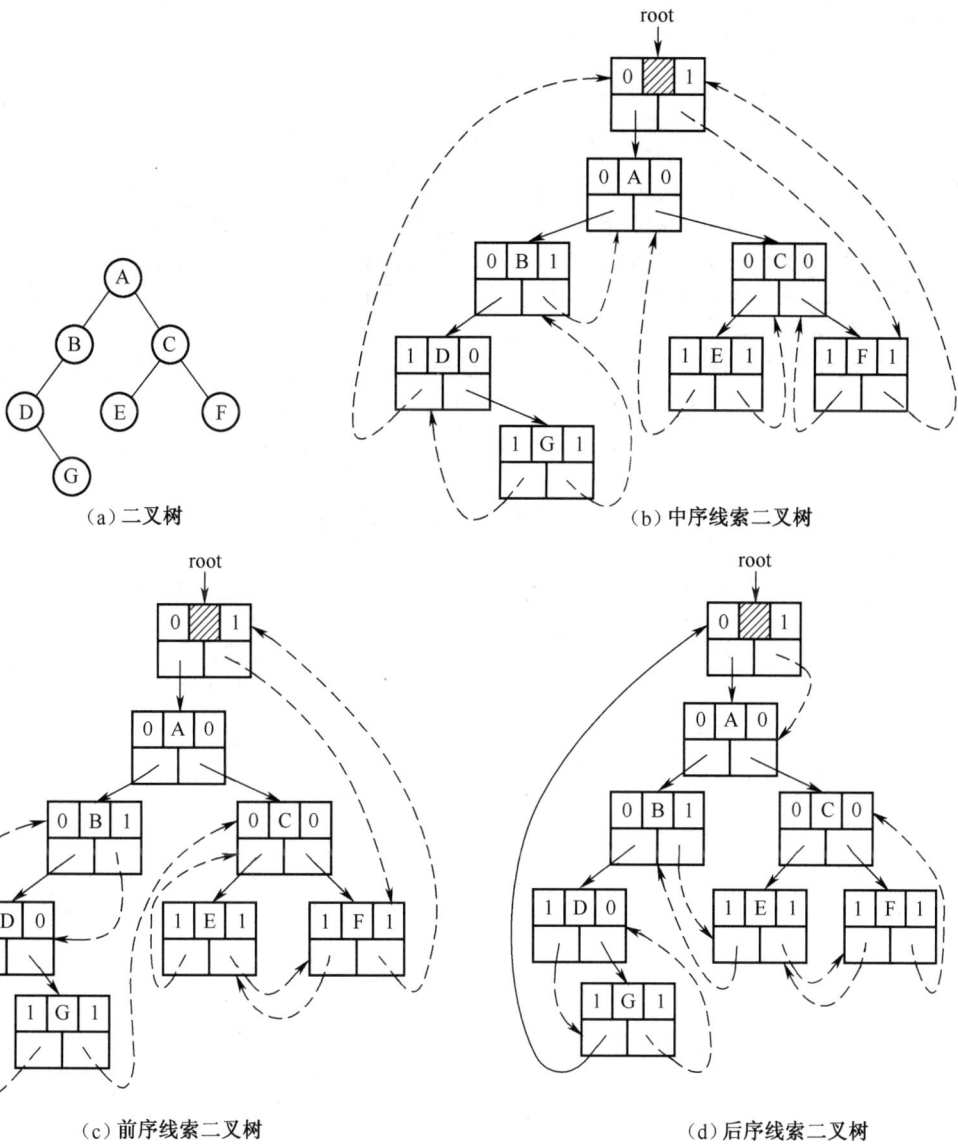

(a) 二叉树

(b) 中序线索二叉树

(c) 前序线索二叉树

(d) 后序线索二叉树

图 8-12　线索二叉树

2. 线索二叉树的用途

一旦建立了某种方式的线索二叉树，用户程序就可以像操作双向链表一样操作该线索二叉树。例如，一旦建立了中序线索二叉树，用户程序就可以设计一个正向循环结构遍历该二叉树中的所有结点，循环初始定位在中序线索二叉树的第一个结点位置，每次循环使指针指向当前结点的中序遍历的后继结点位置，当指针指向中序线索二叉树的最后一个结点位置之后时，循环过程结束。或者，用户程序可以设计一个反向循环结构遍历该二叉树中的所有结点，循环初始定位在中序线索二叉树的最后一个结点位置，每次循环使指针指向当前结点的中序遍历的前驱结点位置，当指针指向中序线索二叉树的第一个结点位置之前时，循环过程结束。

8.5.2　中序线索二叉树的设计

中序线索二叉树中每个结点的结构体定义如下：

```
typedef struct Node{
    DataType data;                  //元素
    int leftThread;                 //左线索标记
    struct Node *leftChild;         //左孩子指针
    struct Node *rightChild;        //右孩子指针
    int rightThread;                //右线索标记
} ThreadBiNode;
```

把一棵二叉树中序线索化的函数为 CreatInThread()，该函数对头结点进行了中序线索化，其余部分的中序线索化是通过调用 InThread() 实现的。InThread() 是一个递归函数。

```
void InThread(ThreadBiNode *current, ThreadBiNode **pre){
//中序线索化二叉树
//current 为当前结点指针，pre 为当前结点的中序前驱结点指针
    if(current != NULL){
        InThread(current->leftChild, pre);     //中序线索化左子树
        if(current->leftChild == NULL){
            current->leftThread = 1;            //建立左线索标记
            current->leftChild = *pre;          //建立左孩子指针
        }
        else current->leftThread = 0;
        if(current->rightChild != NULL)
            current->rightThread = 0;
        else current->rightThread = 1;
        if((*pre)->rightChild == NULL){
            (*pre)->rightThread = 1;            //建立右线索标记
            (*pre)->rightChild = current;       //建立右孩子指针
        }
        else current->rightThread = 0;
        *pre = current;                         //前序结点指针等于当前结点指针
        InThread(current->rightChild, pre);     //中序线索化右子树
    }
}


void CreatInThread(ThreadBiNode **root){
//创建中序线索二叉树 tree
    ThreadBiNode *t = *root;                    //保存原二叉树根结点指针
    ThreadBiNode *current, *pre = *root;
    //建立头结点
    *root = (ThreadBiNode *)malloc(sizeof(ThreadBiNode));
    if(t == NULL){                              //当二叉树为空时
        (*root)->leftThread = 0;
        (*root)->rightThread = 1;
        (*root)->leftChild = *root;
        (*root)->rightChild = *root;
    }
```

```
        else {                                    //当二叉树为非空时
            current = t;
            (*root)->leftChild = t;                //置头结点的左孩子指针
            (*root)->leftThread = 0;               //置头结点的左线索标记
            InThread(current, &pre);               //中序线索化二叉树
            pre->rightChild = *root;               //置最后一个结点的右孩子指针
            pre->rightThread = 1;                  //置最后一个结点的右线索标记
            (*root)->rightChild = pre;             //置头结点的右孩子指针
            (*root)->rightThread = 1;              //置头结点的右线索
        }
    }
```

8.5.3 中序线索二叉树循环操作的设计

要循环操作中序线索二叉树中的各结点，除了要有头结点指针，还要有当前结点指针以及循环是否应该结束的标记。为了算法设计方便，把这三个变量定义为一个结构体：

```
    typedef struct{
        ThreadBiNode *root;                        //头指针
        ThreadBiNode *current;                     //当前结点指针
        int nextComplete;                          //遍历结束标记
    } ThreadBiTree;
```

若要循环操作中序线索二叉树中的各结点，则必须有初始化中序线索二叉树函数、取中序线索二叉树第一个结点指针函数、取中序线索二叉树下一个结点指针函数和判断是否已到中序线索二叉树尾部函数。这些函数分别设计如下：

```
    void ThreadInitiate(ThreadBiTree *tree, ThreadBiNode *root){
    //初始化中序线索二叉树函数
        tree->root = root;
        tree->current = root;
        if(root == NULL) tree->nextComplete = 1;
        else tree->nextComplete = 0;
    }

    void First(ThreadBiTree *tree){
    //使中序线索二叉树 tree 的当前结点指针指向中序遍历的第一个结点
        tree->current = tree->root;                //定位根结点
        while(tree->current->leftThread == 0)      //找到最左子树结点
            tree->current = tree->current->leftChild;
        if(tree->current == tree->root) tree->nextComplete = 1;
        else tree->nextComplete = 0;
    }
    void Next(ThreadBiTree *tree){
    //使中序线索二叉树 tree 的当前结点指针指向中序遍历的下一个结点
        ThreadBiNode *p = tree->current->rightChild;
        if(tree->nextComplete == 1) return;
        //若有右孩子结点则找到最左子树结点
        if(tree->current->rightThread == 0)
            while(p->leftThread == 0) p = p->leftChild;
```

```
        tree->current = p;
        if(tree->current == tree->root) tree->nextComplete = 1;
    }


int EndOfNext(ThreadBiTree *tree){
//判断是否已到中序线索二叉树 tree 的尾部
//nextComplete=1 表示已到，否则未到
    return tree->nextComplete;
}
```

8.5.4 中序线索二叉树应用举例

【例 8-3】 编写程序，首先建立如图 8-10（a）所示的不带头结点的二叉树，然后中序线索化该二叉树，最后用循环结构输出该中序线索二叉树各结点的序列信息。

【设计】 设 8.5.2 节和 8.5.3 节讨论的结点定义和算法存放在文件 InThreadIterator.h 中。
程序设计如下：

```
#include <stdio.h>
#include <malloc.h>
typedef char DataType;                          //定义结点中元素的数据类型
#include "InThreadIterator.h"                    //包含头文件


ThreadBiNode *GetTreeNode(DataType item, ThreadBiNode *left, ThreadBiNode *right){
//创建二叉树结点函数
    ThreadBiNode *p;
    p = (ThreadBiNode *)malloc(sizeof(ThreadBiNode));
    p->data = item;
    p->leftChild = left;
    p->rightChild = right;
    return p;
}


void MakeCharTree(ThreadBiNode **root){
//创建如图 8-10（a）所示的二叉树函数
    ThreadBiNode *b, *c, *d, *e, *f, *g;
    g = GetTreeNode('G', NULL, NULL);
    d = GetTreeNode('D', NULL, g);
    b = GetTreeNode('B', d, NULL);
    e = GetTreeNode('E', NULL, NULL);
    f = GetTreeNode('F', NULL, NULL);
    c = GetTreeNode('C', e, f);
    *root = GetTreeNode('A', b, c);
}


void main(void){
    ThreadBiNode *root;
    ThreadBiTree tree;
    MakeCharTree(&root);                          //构造二叉树
    CreatInThread(&root);                         //创建中序线索二叉树
```

```
        printf("二叉树中序正向遍历序列为：");
        ThreadInitiate(&tree, root);                    //循环初始化
        for(First(&tree); !EndOfNext(&tree); Next(&tree))  //循环遍历访问
            printf("%c  ", tree.current->data);
    }
```

【程序运行结果】

二叉树中序正向遍历序列为：D G B A E C F

8.6 哈夫曼树

8.6.1 哈夫曼树的基本概念

在一棵二叉树中，定义从 A 结点到 B 结点所经过的分支序列为从 A 结点到 B 结点的**路径**，定义从 A 结点到 B 结点所经过的分支个数为从 A 结点到 B 结点的**路径长度**，定义从二叉树的根结点到二叉树中所有叶结点的路径长度之和为该**二叉树的路径长度**。

如果二叉树中的叶结点都带有权值，则可以把这个定义加以推广。设二叉树有 n 个带权值的叶结点，定义从二叉树的根结点到二叉树中所有叶结点的路径长度与相应叶结点权值的乘积之和为该**二叉树的带权路径长度**（WPL）：

$$WPL = \sum_{i=1}^{n} w_i l_i$$

式中，w_i 为第 i 个叶结点的权值，l_i 为从根结点到第 i 个叶结点的路径长度。对如图 8-13（a）所示的二叉树，其带权路径长度为：

WPL=1×2+3×2+5×2+7×2=32

给定一组具有确定权值的叶结点，可以构造出多个具有不同带权路径长度的二叉树。例如，给定 4 个叶结点，设其权值分别为 1, 3, 5, 7，可以构造出形状不同的 4 棵二叉树，如图 8-13 所示。这 4 棵二叉树的带权路径长度分别为：

（a）WPL=1×2+3×2+5×2+7×2=32

（b）WPL=1×2+3×3+5×3+7×1=33

（c）WPL=7×3+5×3+3×2+1×1=43

（d）WPL=1×3+3×3+5×2+7×1=29

由此可见，对于一组具有确定权值的叶结点，可以构造出多个具有不同带权路径长度的二叉树，我们把其中具有最小带权路径长度的二叉树称为**哈夫曼（Huffman）树**（或称最优二叉树）。可以证明，如图 8-13（d）所示的二叉树是一棵哈夫曼树。

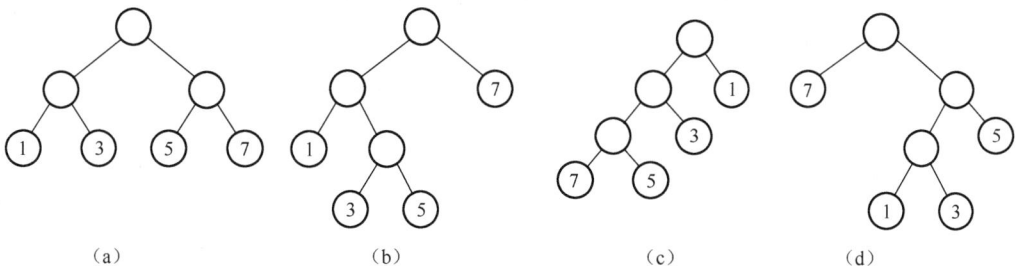

图 8-13　具有相同叶结点和不同带权路径长度的二叉树

根据哈夫曼树的定义，一棵二叉树要使其带权路径长度 WPL 值最小，必须使权值越大的叶

结点越靠近根结点。**哈夫曼树构造算法**如下。

① 由给定的 n 个权值 $\{w_1, w_2, \cdots, w_n\}$ 构造 n 棵只有根结点的二叉树，从而得到一个二叉树森林 $F=\{T_1, T_2, \cdots, T_n\}$。

② 在二叉树森林 F 中选取根结点权值最小和次小的两棵二叉树作为新的左、右子树构造新二叉树，新二叉树的根结点权值为左、右子树根结点权值之和。

③ 从二叉树森林 F 中删除作为新二叉树左、右子树的两棵二叉树，将新二叉树加入二叉树森林 F 中。

④ 重复步骤②和③，当二叉树森林 F 中只剩下一棵二叉树时，这棵二叉树就是所构造的哈夫曼树。

对于一组给定的叶结点，设它们的权值集合为 $\{7,5,3,1\}$，按哈夫曼树构造算法对此集合构造哈夫曼树的过程如图 8-14 所示。

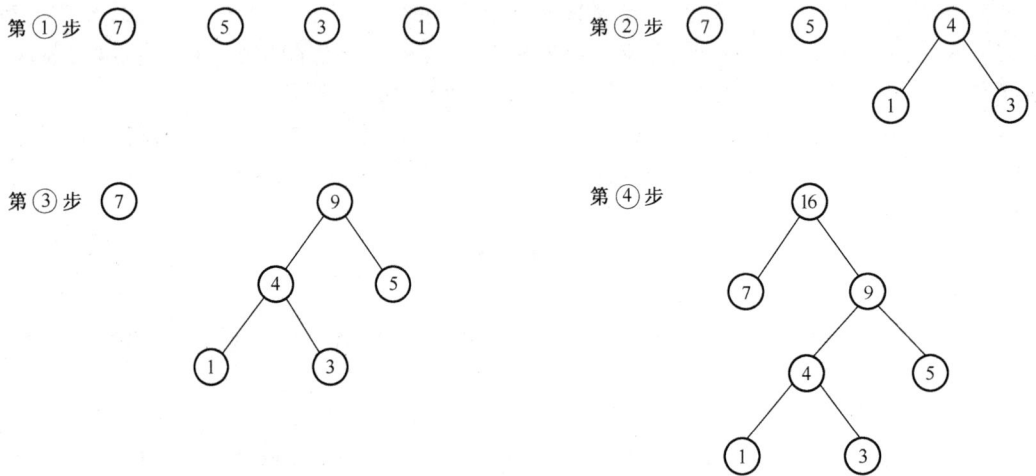

图 8-14 哈夫曼树的构造过程

哈夫曼树可用于解决最优化问题。例如，由哈夫曼树构造的哈夫曼编码可用于构造代码总长度最短的电文编码方案。

8.6.2 哈夫曼编码问题

在数据通信中，经常需要将传送的文字转换为由二进制字符 0 和 1 组成的二进制串，我们称这个过程为编码。例如，假设要传送的电文为 ABACCDA，电文中只有 A, B, C, D 这 4 种字符，若这 4 个字符采用表 8-2（a）中的编码方案，则电文的代码为 00 01 00 10 10 11 00（其中的空格是为方便阅读所加的），代码总长度为 14；若这 4 个字符采用表 8-2（b）中的编码方案，则电文的代码为 0 110 0 10 10 111 0，代码总长度为 13。

表 8-2 字符集的不同编码方案

（a）			（b）	
字符	编码		字符	编码
A	00		A	0
B	01		B	110
C	10		C	10
D	11		D	111

哈夫曼树可用于构造代码总长度最短的编码方案。具体构造方法如下：设需要编码的字符集合为$\{d_1, d_2, \cdots, d_n\}$，各个字符在电文中出现的次数集合为$\{w_1, w_2, \cdots, w_n\}$，以$d_1, d_2, \cdots, d_n$作为叶结点，以$w_1, w_2, \cdots, w_n$作为各叶结点的权值构造一棵二叉树，规定哈夫曼树中的左分支为0，右分支为1，则从根结点到每个叶结点所经过的分支对应的0和1组成的序列便为该结点对应字符的编码。这样的代码总长度最短的不等长编码称为**哈夫曼编码**。

对于图8-14所构造出的哈夫曼树，假设权值1对应字符A，权值3对应字符B，权值5对应字符C，权值7对应字符D，则字符集{A, B, C, D}的哈夫曼编码如图8-15所示。因此，权值为7的字符D的编码为0，权值为1的字符A的编码为100，权值为3的字符B的编码为101，权值为5的字符C的编码为11。

在建立不等长编码时，必须使任何一个字符的编码都不是另一个字符编码的前缀，这样才能保证译码的唯一性。例如，若字符A的编码为01，字符B的编码为010，那么字符A的编码可能是字符B编码的前缀，这时，对于代码串01010，在译码时就无法判定是将前两位码01译成字符A，还是将前3位码010译成字符B。在哈夫曼树中，由

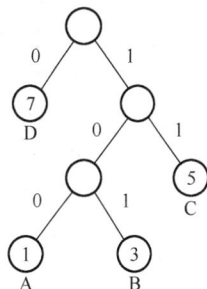

图8-15　哈夫曼编码

于每个字符结点都是叶结点，而叶结点是不可能在根结点到其他叶结点的路径上的，因此任何一个字符的哈夫曼编码都不可能是另一个字符的哈夫曼编码的前缀。

8.6.3　哈夫曼编码问题设计和实现

1．哈夫曼编码问题数据结构设计

对于哈夫曼编码问题，在构造哈夫曼树时，要求能方便地实现从双亲结点到左、右孩子结点的操作；在进行哈夫曼编码时，又要求能方便地实现从孩子结点到双亲结点的操作。因此，设计哈夫曼树的结点存储结构为双亲孩子表示法存储结构。

如8.3.1节所述，二叉树结点的双亲孩子表示法存储结构既可以用常规指针实现，也可以用仿真指针实现，这里采用仿真指针实现。另外，每个结点还要有权值域 weight。为了判断一个结点是否已加入哈夫曼树中，每个结点还要有一个标志域 flag：当 flag=0 时，表示该结点尚未加入哈夫曼树中；当 flag=1 时，表示该结点已加入哈夫曼树中。这样，每个哈夫曼树结点的结构设计为

weight	flag	parent	leftChild	rightChild

由如图8-15所示的哈夫曼编码可见，从哈夫曼树求叶结点的哈夫曼编码实际上是从叶结点到根结点路径分支的逐个遍历，每经过一个分支，就得到一位哈夫曼编码值。因此需要用一个数组 bit[MaxBit]保存每个叶结点到根结点路径所对应的哈夫曼编码。由于是不等长编码，因此还需要一个 start 域表示每个哈夫曼编码在数组中的起始下标。这样，每个叶结点的哈夫曼编码都是从数组 bit 的起始位置 start 开始到数组结束位置存放的0和1序列。另外，同样需要权值域 weight。存放哈夫曼编码的结构为

bit[0]	bit[1]	⋯	bit[MaxBit-1]	start	weight

所设计出的哈夫曼编码问题的 C 语言形式的结点结构体定义和算法在下面将一起给出。

2．哈夫曼编码问题算法设计和实现

基于上述结点的双亲孩子表示法（仿真指针）存储结构的哈夫曼树构造算法和相应的哈夫

曼编码算法如下：

```
typedef struct {
    int weight;                        //权值
    int flag;                          //标志
    int parent;                        //双亲指针
    int leftChild;                     //左孩子指针
    int rightChild;                    //右孩子指针
} HaffNode;                            //哈夫曼树的结点结构

typedef struct{
    int bit[MaxBit];                   //数组
    int start;                         //编码的起始下标
    int weight;                        //字符的权值
} Code;                                //哈夫曼编码的结构

void Haffman(int weight[], int n, HaffNode haffTree[]){
//建立叶结点个数为n，权值用数组weight存储的哈夫曼树haffTree
    int i, j, m1, m2, x1, x2;
    //哈夫曼树haffTree初始化，n个叶结点的二叉树共有2*n-1个结点
    for(i = 0; i < 2 * n - 1 ; i++){
        if(i < n) haffTree[i].weight = weight[i];
        else      haffTree[i].weight = 0;
        haffTree[i].parent = -1;
        haffTree[i].flag    = 0;
        haffTree[i].leftChild = -1;
        haffTree[i].rightChild = -1;
    }
    //构造哈夫曼树haffTree的n-1个非叶结点
    for(i = 0;i < n-1;i++) {
        m1 = m2 = MaxValue;
        x1 = x2 = 0;
        for(j = 0; j < n+i;j++){              //找出权值最小和次小的子树
            if(haffTree[j].weight < m1 && haffTree[j].flag == 0){
                m2 = m1;
                x2 = x1;
                m1 = haffTree[j].weight;
                x1 = j;
            }
            else if(haffTree[j].weight < m2 && haffTree[j].flag == 0){
                m2 = haffTree[j].weight;
                x2 = j;
            }
        }
        //将找出的两棵权值最小和次小的子树合并为一棵子树
```

```
            haffTree[x1].parent  = n+i;
            haffTree[x2].parent  = n+i;
            haffTree[x1].flag    = 1;
            haffTree[x2].flag    = 1;
            haffTree[n+i].weight = haffTree[x1].weight+haffTree[x2].weight;
            haffTree[n+i].leftChild = x1;
            haffTree[n+i].rightChild = x2;
        }
    }

    void HaffmanCode(HaffNode haffTree[], int n, Code haffCode[]){
    //由 n 个结点的哈夫曼树 haffTree 构造哈夫曼编码 haffCode
        Code *cd = (Code *)malloc(sizeof(Code));
        int i, j, child, parent;
        //求 n 个叶结点的哈夫曼编码
        for(i = 0; i < n; i++) {
            cd->start = n-1;                       //不等长编码的最后一位为n-1
            cd->weight = haffTree[i].weight;       //取得编码对应的权值
            child = i;
            parent = haffTree[child].parent;
            //由叶结点向上直到根结点
            while(parent != -1){
                if(haffTree[parent].leftChild == child)
                    cd->bit[cd->start] = 0;        //左孩子分支编码 0
                else
                    cd->bit[cd->start] = 1;        //右孩子分支编码 1
                cd->start--;
                child = parent;
                parent = haffTree[child].parent;
            }
            for(j = cd->start+1; j < n; j++)
                haffCode[i].bit[j] = cd->bit[j];   //保存每个叶结点的编码
            haffCode[i].start = cd->start + 1;     //保存叶结点编码的起始下标
            haffCode[i].weight = cd->weight;       //保存编码对应的权值
        }
    }
```

设有字符集{A, B, C, D}，各字符在电文中出现的次数集为{1, 3, 5, 7}，则上述哈夫曼树构造
函数 Haffman()的初始化过程如图 8-16（a）所示，其中 leftChild 和 rightChild 均等于-1 表示此
结点无孩子结点，flag 等于 0 表示该结点在集合中。构造权值为 4 的非叶结点过程如图 8-16（b）
所示，其中，下标为 0 的结点的 parent 域等于 4 表示该结点的双亲结点存放在下标为 4 的数组
元素中，下标为 0 和下标为 1 的结点的 flag 域等于 1 表示这些结点已不在集合中。构造权值为 9
的非叶结点过程如图 8-16（c）所示，构造权值为 16 的根结点过程如图 8-16（d）所示。显然，
该哈夫曼树的结构和手工构造得到的如图 8-14 所示的哈夫曼树结构相同。哈夫曼编码函数
HaffmanCode()得到的哈夫曼编码如图 8-16（e）所示，显然，该哈夫曼编码结果和手工方法得到
的如图 8-15 所示的哈夫曼编码结果相同。

下标	weight	leftChild	rightChild	parent	flag
0	1	−1	−1	−1	0
1	3	−1	−1	−1	0
2	5	−1	−1	−1	0
3	7	−1	−1	−1	0
4	0	−1	−1	−1	0
5	0	−1	−1	−1	0
6	0	−1	−1	−1	0

（a）初始化

下标	weight	leftChild	rightChild	parent	flag
0	1	−1	−1	4	1
1	3	−1	−1	4	1
2	5	−1	−1	−1	0
3	7	−1	−1	−1	0
4	4	0	1	−1	0
5	0	−1	−1	−1	0
6	0	−1	−1	−1	0

（b）第 1 步的结果

下标	weight	leftChild	rightChild	parent	flag
0	1	−1	−1	4	1
1	3	−1	−1	4	1
2	5	−1	−1	5	1
3	7	−1	−1	−1	0
4	4	0	1	5	1
5	9	4	2	−1	0
6	0	−1	−1	−1	0

（c）第 2 步的结果

下标	weight	leftChild	rightChild	parent	flag
0	1	−1	−1	4	1
1	3	−1	−1	4	1
2	5	−1	−1	5	1
3	7	−1	−1	6	1
4	4	0	1	5	1
5	9	4	2	6	1
6	16	3	5	−1	0

（d）第 3 步的结果

0	1	2	3	start	weight
1	0	0		1	1
1	0	1		1	3
	1	1		2	5
		0		3	7

bit　　　　　　start　　　　weight

（e）哈夫曼编码结果

图 8-16　哈夫曼树构造过程

3．测试主函数设计哈夫曼树构造

【例 8-4】　设有字符集{A, B, C, D}，各字符在电文中出现的次数集为{1, 3, 5, 7}，设计各字符的哈夫曼编码。

【设计】　设上述哈夫曼编码问题的结点结构体定义和函数存放在文件 Haffman.h 中。
测试主函数设计如下：

```c
#include <stdio.h>
#include <stdlib.h>
#define MaxValue 10000          //初始设定的最大权值
#define MaxBit 4                //初始设定的最大编码位数
#include "Haffman.h"            //包含头文件 Haffman.h
void main(void){
    int i, j, n = 4;
    int weight[] = {1,3,5,7};
    HaffNode *myHaffTree = (HaffNode *)malloc(sizeof(HaffNode)*(2*n-1));
    Code *myHaffCode = (Code *)malloc(sizeof(Code)*n);
    if(n > MaxN){
        printf("给出的 n 越界，修改 MaxN!\n");
        exit(1);
    }
    Haffman(weight, n, myHaffTree);
    HaffmanCode(myHaffTree, n, myHaffCode);
    //输出每个叶结点的哈夫曼编码
    for(i = 0; i < n; i++) {
        printf("Weight = %d   Code = ", myHaffCode[i].weight);
        for(j = myHaffCode[i].start; j < n; j++)
            printf("%d", myHaffCode[i].bit[j]);
        printf("\n");
    }
}
```

【程序运行结果】

```
Weight = 1    Code = 100
Weight = 3    Code = 101
Weight = 5    Code = 11
Weight = 7    Code = 0
```

该结果与如图 8-15 所示的该问题的人工设计的哈夫曼编码方案完全吻合。

8.7 并查集

在一些现实问题中，需要将若干个不同的元素划分成一些不相交的集合。开始时，每个元素都构成一个只含有单个元素的集合，然后按某种特定的规律，将包含同类元素的集合合并。在此过程中，要反复进行这样的操作：首先，查询一个元素是否属于某个集合；然后，将两个集合合并为一个集合。用于描述这类问题的抽象数据结构称为并查集（Union-Find Set）。在并查集中，为确保数据的一致性和独立性，规定集合之间的元素互不交叉，因此又称其为互不相交集合、分离集合（Disjoint Set）。

并查集是一种实用且设计精妙的方法，其关键在于动态维护元素之间的归属关系。它不仅提供了集合元素的合并与查询功能，即将同类元素分配到一个集合中，并且能够检验任意两个元素是否属于同一个集合，还揭示了树状结构的根本属性。在本节内容中，将采用树和森林来表示并查集。

属于同一个集合的元素形成了一个等价类，意味着这些元素之间存在等价关系。不同集合中的元素不具备等价性。下面给出等价类的相关概念。

1．等价关系和等价类

设关系 R 为定义在集合 X 上的二元关系，若关系 R 是等价关系，则具备以下性质：

① 自反性：若对每个 $x \in X$，有 $(x, x) \in R$，则称 R 具有自反性。

② 对称性：若对任意 $x, y \in X$，当 $(x, y) \in R$ 时，有 $(y, x) \in R$，则称 R 是对称的。

③ 传递性：设 $x, y, z \in X$，当 $(x, y) \in R$ 且 $(y, z) \in R$ 时，有 $(x, z) \in R$，称 R 具有传递性。

例如，在实数集上，相等关系"="既满足自反性、对称性，也满足传递性，因此它是一个等价关系，而大于关系">"是反自反的、反对称的，但满足传递性。

再如，假设集合 $X=\{a, b, c\}$，定义 X 上的关系 $R=\{(a, b), (b, c), (a, c)\}$，可以验证关系 R 是传递的。

等价关系是集合中一种特殊的二元关系，它满足自反性、对称性和传递性。其核心意义就在于将集合中的元素进行分类。若 R 是集合 X 上的一个等价关系，则可以按等价关系 R 将集合 X 划分成若干个互不相交的子集 $X_1, X_2, X_3, \cdots$，这些子集的并集即为集合 X，称子集 $X_1, X_2, X_3, \cdots$ 为集合 X 的关于等价关系 R 的等价类。

许多问题可抽象为等价类问题。例如，为检验一个软件是否存在缺陷，需要构建一个包含所有有效输入数据的集合。这个集合中的元素往往数量庞大。一般，先将包含所有有效输入数据的集合划分为若干个子集，然后从每个子集中挑选出少量具有代表性的数据作为测试用例。这样就可以有效减少不必要的重复测试，这是软件黑盒测试中常用的一种测试用例设计策略。

2．并查集的思想

并查集在实际场景中应用广泛，例如，如何判断两个人之间是否存在亲戚关系？这可以抽象为一个并查集的问题。

首先设定：a 和 b 是亲戚，b 和 c 也是亲戚，那么根据逻辑推理，a 和 c 之间存在亲戚关系。进一步地，如果 a 和 b 是亲戚，那么 a 的所有亲戚与 b 的所有亲戚之间也存在亲戚关系。

这里以 9 个人为例，假设这些人的编号为 x1~x9。已知：x2 与 x4、x5 与 x7、x1 与 x3、x8 与 x9、x1 与 x2、x5 与 x6、x2 与 x3、x6 与 x9 分别存在亲戚关系。问：（1）x5 与 x8 是否存在亲戚关系？（2）x1 与 x9 是否存在亲戚关系？

首先为每个人建立一个集合，集合中的元素只有他自己，表示最开始时他不是任何人的亲戚。以后每次给出一个亲戚关系 (a,b)，则 a 的所有亲戚与 b 的所有亲戚也互为亲戚。最后，将 a 所在的集合与 b 所在的集合进行合并。

合并过程如下：

```
初始状态：        {x1}  {x2}  {x3}  {x4}  {x5}  {x6}  {x7}  {x8}  {x9}
输入(x2,x4)：     {x2, x4}  {x1}  {x3}  {x5}  {x6}  {x7}  {x8}  {x9}
输入(x5,x7)：     {x2, x4}  {x5, x7}  {x1}  {x3}  {x6}  {x8}  {x9}
输入(x1,x3)：     {x1, x3}  {x2, x4}  {x5, x7}  {x6}  {x8}  {x9}
输入(x8,x9)：     {x1 ,x3}  {x2, x4}  {x5, x7}  {x8, x9}  {x6}
输入(x1,x2)：     {x1, x2, x3, x4}  {x5, x7}  {x8, x9}  {x6}
输入(x5,x6)：     {x1, x2, x3, x4}  {x5, x6, x7}  {x8, x9}
输入(x2,x3)：     {x1, x2, x3, x4}  {x5, x6, x7}  {x8, x9}
输入(x6,x9)：     {x1, x2, x3, x4}  {x5, x6, x7, x8, x9}
```

此时，由合并结果可知：① x5 与 x8 在一个集合中，他们存在亲戚关系；② x1 与 x9 不在一个集合中，因此他们不存在亲戚关系。

并查算法本质上就是确定等价类的有效算法，其运算过程可归纳如下：

① 令集合 X 中的每个元素各自构成一个只含单个元素的子集 $X_1, X_2, X_3, \cdots, X_n$。

② 重复输入 m 个等价对，进行以下处理：

对于每个输入的等价对 (x, y)，设 $x \in X_i$，$y \in X_j$：

若 $X_i = X_j$，即 x 与 y 属于同一个集合，则不做任何操作；

若 $X_i \neq X_j$，即 x 与 y 属于不同的集合，则将 X_j 并入 X_i 中。

并查算法执行的结果是形成若干个非空子集，这些非空子集即为集合 X 关于关系 R 的等价类。该算法主要由"合并操作"和"查找操作"组成：查找操作判定某个元素所在子集，然后进行两个互不相交子集的合并操作。

3. 并查集的实现

并查集的实现需要借助某种数据结构，数据结构的选择会影响查找与合并操作的效率。并查集可采用数组、链表、树等来表示。

在很多情况下，并查集采用树和森林来表示。一个集合是一个等价类，用一棵树来表示。要表示多个等价类的树，则构成森林。如果两个结点在同一棵树中，则认为这两个结点所表示的元素在同一个集合中。

并查集的存储结构可采用树的双亲表示法：所有集合中的元素存储在一个数组中，所有相同的等价类存放在同一个根结点的树中。

【例 8-5】 设集合 $X = \{x \mid 1 \leqslant x \leqslant 10$，且 x 是整数$\}$，R 是 X 上的等价关系：

$$R = \{(1, 3), (3, 5), (3, 7), (2, 4), (4, 6), (2, 8)\}$$

求集合 X 的关于 R 的等价类。

说明：这里省略了自反关系（如(1, 1)）、对称关系（如(3, 1)）及部分传递关系（如(1, 5)）。

【解】 集合中的元素全部存放在数组 X 中，数组元素包括两个域，data 域存储集合中的元素，parent 域存储该元素的双亲元素的仿真指针。初始时，每个元素自成一棵树，所以 parent 值均为 -1。初始状态如图 8-17（a）所示。

依次建立等价关系，建立等价关系(1, 3)就是让元素 3 的 parent 指向元素 1（也可以让元素 1 的 parent 指向元素 3），并把元素 1 的 parent 值改为 -2。-2 表示以元素 1 为根结点的树共有两个元素。通常，让元素个数少的根结点的 parent 指向元素个数多的结点，这样，树的高度会低一些，从而提高查操作的速度。建立等价关系(1, 3), (3, 5), (3, 7)后的状态如图 8-17（b）所示。建立等价关系(2, 4), (4, 6), (2, 8)后的状态如图 8-17（c）所示。

data	parent
1	-1
2	-1
3	-1
4	-1
5	-1
6	-1
7	-1
8	-1
9	-1
10	-1

（a）初始状态

data	parent
1	-4
2	-1
3	1
4	-1
5	3
6	-1
7	3
8	-1
9	-1
10	-1

（b）建立(1, 3), (3, 5), (3, 7)后的状态

data	parent
1	-4
2	-4
3	1
4	2
5	3
6	4
7	3
8	2
9	-1
10	-1

（c）建立(2, 4), (4, 6), (2, 8)后的状态

图 8-17 求等价类过程

建立完如图 8-17（c）所示的等价关系后，其表示的等价类的树结构如图 8-18 所示。

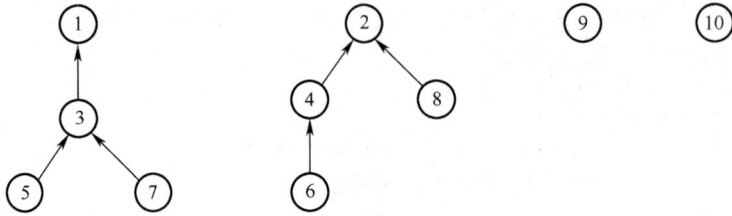

图 8-18　等价类的树结构

【例 8-6】　根据前面讨论的并查算法，设计一个程序，完成例 8-5 的等价类建立。

```cpp
#include <iostream.h>

typedef struct{
    int data;                         //元素
    int parent;                       //双亲指针
} ESet;

void Initialize(ESet x[], int n){
//初始化，每个类（或树）均有一个元素
    for(int e = 1; e <= n; e++) {
        x[e].data = e;
        x[e].parent = -1;
    }
}

int Find(ESet x[], int i){
//查，返回包含结点 i 的树的根结点
    int e = i;
    while(x[e].parent >= 0)
        e = x[e].parent;              //上移一层
    return e;
}

void Union(ESet x[], int i, int j){
//并，将根结点为 j 的树并到根结点为 j 的树上
    x[j].parent = i;
    int e = Find(x, i);
    x[e].parent = x[e].parent - 1;    //累加根结点为 i 的树的元素个数
}

void main(void){
    int n =10;
    ESet *x =  new ESet[n+1];
    //X={x|1≤x≤10，且 x 是整数}
    Initialize(x, n);
    //R = {(1,3),(3,5),(3,7),(2,4),(4,6),(2,8)}
    if( Find(x, 1) != Find(x, 3))
        Union(x, 1, 3);
```

```
        if( Find(x, 3) != Find(x, 5))
            Union(x, 3, 5);
        if( Find(x, 3) != Find(x, 7))
            Union(x, 3, 7);
        if( Find(x, 2) != Find(x, 4))
            Union(x, 2, 4);
        if( Find(x, 4) != Find(x, 6))
            Union(x, 4, 6);
        if( Find(x, 2) != Find(x, 8))
            Union(x, 2, 8);
        //输出
        for(int e = 1; e <= n; e++)
            cout << x[e].data << "    " << x[e].parent << endl;
    }
```

【程序运行结果】

```
    1        -4
    2        -4
    3         1
    4         2
    5         3
    6         4
    7         3
    8         2
    9        -1
   10        -1
```

程序运行结果与图 8-17（c）所示的等价类树完全相同。

8.8　树与二叉树的转换

树与二叉树是两种不同的数据结构。树实现起来比较麻烦，二叉树实现起来比较容易。但树可以转换为二叉树进行处理，处理完后再从二叉树还原为树。

实际上，树的孩子兄弟表示法就是把树转换为二叉树，当我们认为孩子兄弟表示法中的第一个孩子指针是二叉树的左孩子指针，下一个兄弟指针是二叉树的右孩子指针时，树就转换为了二叉树。

本节介绍树和二叉树之间转换的图示方法。实际上，这种图示转换方法在原理上和树的孩子兄弟表示法把树转换为二叉树是一致的。

1．树转换为二叉树

树转换为二叉树的方法是：

① 在树中所有相同双亲结点的兄弟结点之间加一条连线；

② 对树中不是双亲结点第一个孩子的结点，只保留新添加的该结点与左兄弟结点之间的连线，删除该结点与双亲结点之间的连线；

③ 整理所有保留的和添加的连线，使每个结点的第一个孩子结点连线位于左孩子指针位置，使每个结点的下一个兄弟结点连线位于右孩子指针位置。

图 8-19 给出了一棵树转换为二叉树的过程和转换后的二叉树结构。实际上，如图 8-19（a）

所示树的孩子兄弟表示法存储结构就是如图 8-19（d）所示的二叉树。

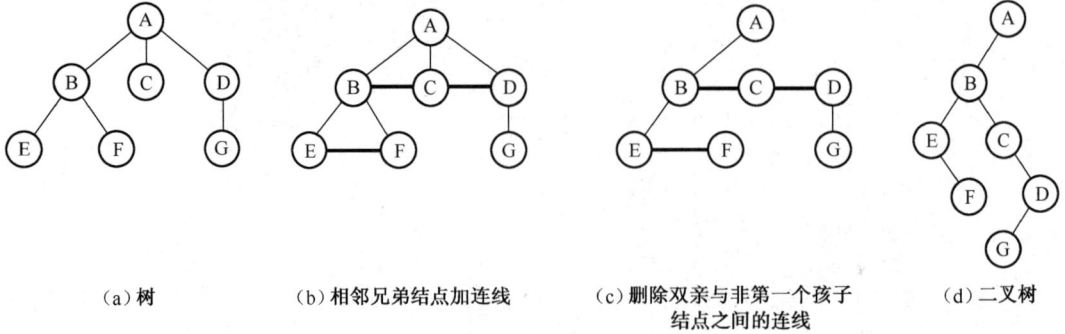

| （a）树 | （b）相邻兄弟结点加连线 | （c）删除双亲与非第一个孩子
结点之间的连线 | （d）二叉树 |

图 8-19　树转换为二叉树的过程

2．二叉树还原为树

二叉树还原为树的方法是：

① 若某结点是其双亲结点的左孩子，则把该结点的右孩子、右孩子的右孩子……都与该结点的双亲结点用线连起来；

② 删除原二叉树中所有双亲结点与右孩子结点之间的连线；

③ 整理所有保留的和添加的连线，使每个结点的所有孩子结点均位于相同的树层次。

图 8-20 给出了一棵二叉树还原为树的过程和还原后的树结构。

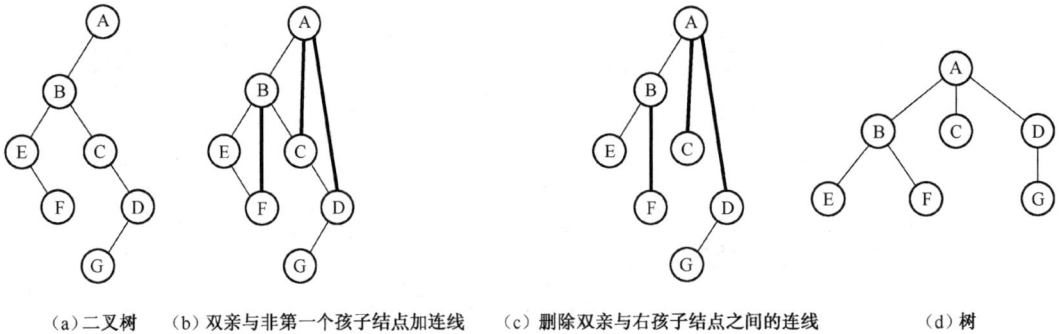

| （a）二叉树 | （b）双亲与非第一个孩子结点加连线 | （c）删除双亲与右孩子结点之间的连线 | （d）树 |

图 8-20　二叉树还原为树的过程

8.9　树的遍历

树的遍历操作是指按某种方式访问树中的每个结点且每个结点只被访问一次。对于线性结构，通过 for 循环或 while 循环就可访问其中的每个元素且每个元素只被访问一次。对于树这种非线性结构，要对树进行遍历，就要考虑其他方法。树的遍历算法主要有先根遍历算法和后根遍历算法两种。因为树是递归定义的，所以树的先根遍历和后根遍历算法都可以设计成递归算法。

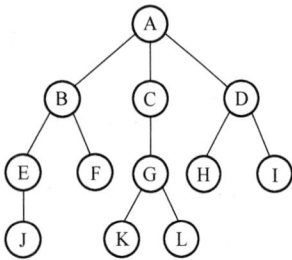

图 8-21　一棵树

1．先根遍历

树的先根遍历递归算法如下：

① 访问根结点；

② 按照从左到右的次序先根遍历根结点的每棵子树。

对于图 8-21 所示的树，先根遍历得到的结点序列如下：

　　　A B E J F C G K L D H I

注意：树的先根遍历序列一定和该树转换的二叉树的前序遍

历序列相同。

2．后根遍历

树的后根遍历递归算法如下：

① 按照从左到右的次序后根遍历根结点的每棵子树；

② 访问根结点。

对于图 8-21 所示的树，后根遍历得到的结点序列如下：

  J E F B K L G C H I D A

注意：树的后根遍历序列一定和该树转换的二叉树的中序遍历序列相同。

习题 8

【基本概念习题】

8-1 填空题

（1）一棵深度为 6 的满二叉树有（   ）个分支结点和（   ）个叶结点。

（2）一棵具有 257 个结点的完全二叉树，它的深度为（   ）。

（3）设一棵完全二叉树有 71 个结点，则共有（   ）个叶结点。

（4）设一棵完全二叉树有 1000 个结点，则此完全二叉树有（   ）个叶结点，有（   ）个度为 2 的结点，有（   ）个结点只有非空左子树，有（   ）个结点只有非空右子树。

8-2 单项选择题

（1）不含任何结点的空树（   ）。

    A．是一棵树   B．是一棵二叉树

    C．是一棵树也是一棵二叉树   D．既不是树也不是二叉树

（2）二叉树是非线性数据结构，所以（   ）。

    A．它不能用顺序存储结构存储

    B．它不能用链式存储结构存储

    C．顺序存储结构和链式存储结构都能使用

    D．顺序存储结构和链式存储结构都不能使用

（3）把一棵树转换为二叉树后，这棵二叉树的形态是（   ）。

    A．唯一的   B．有多种

    C．有多种，但根结点都没有左孩子   D．唯一的，且根结点没有右孩子

8-3 什么叫有序树？什么叫无序树？一棵度为 2 的树和一棵二叉树的区别是什么？

8-4 什么叫满二叉树？什么叫完全二叉树？分别举一个满二叉树和一个完全二叉树的例子。

8-5 说出具有 3 个结点的树和具有 3 个结点的二叉树的所有不同形态的个数，并分别画出它们的形态。

8-6 给出如图 8-22 所示二叉树的先序遍历、中序遍历、后序遍历和层序遍历得到的结点序列。

8-7 简述线索二叉树的用途和中序线索二叉树的构造方法。

8-8 画出如图 8-20（a）所示二叉树的前序线索二叉树、中序线索二叉树和后序线索二叉树。

8-9 在一棵二叉树中，什么是从 A 结点到 B

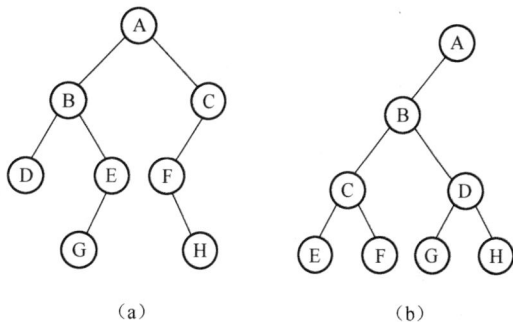

图 8-22 二叉树

结点的路径？什么是从 A 结点到 B 结点的路径长度？什么是二叉树的路径长度？

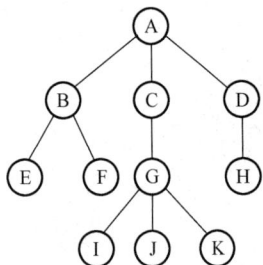

图 8-23 树

8-10 在一棵叶结点带权的二叉树中,什么是二叉树的带权路径长度？什么是哈夫曼树？哈夫曼树有什么用途？

8-11 研究树和二叉树相互之间转换方法的意义是什么？

8-12 画出如图 8-23 所示树的先根遍历序列和后根遍历序列。

8-13 把如图 8-23 所示树转换为二叉树,给出该二叉树的先序遍历、中序遍历和后序遍历结果,并对比分析此遍历结果与习题 8-12 得出的树的先根遍历和后根遍历结果。

8-14 把如图 8-22 所示二叉树转换为树。

【复杂概念习题】

8-15 对比线索二叉树的用途,说明非递归的二叉树遍历算法的用途。

8-16 二叉树中序遍历递归算法的空间复杂度为什么？

8-17 一棵含有 n 个结点的 k 叉树,可能达到的最大深度为什么？最小深度为什么？

8-18 若已知一棵二叉树的前序序列是 BEFCGDH,中序序列是 FEBGCHD,则它的后序序列是什么？说明求解方法。

8-19 判断下列论述是否正确,为什么？

（1）二叉树是一种特殊的树。

（2）度为 2 的有序树是一棵二叉树。

8-20 试找出分别满足下面条件的所有二叉树:

（1）前序遍历序列和中序遍历序列相同。

（2）中序遍历序列和后序遍历序列相同。

（3）前序遍历序列和后序遍历序列相同。

（4）前序、中序、后序遍历序列均相同。

8-21 下述编码哪一组是前缀码？

{00, 01, 10, 11},   {0, 1, 00, 11},   {0, 10, 110, 111}

8-22 设有一段正文由字符集{A, B, C, D, E, F}组成,正文长度为 100 个字符,其中每个字符在正文中出现的次数分别为 17, 12, 5, 28, 35, 3。采用哈夫曼编码对这段正文进行压缩存储,要求:

（1）构造出哈夫曼树（规定权值最小的结点为左子树,权值次小的结点为右子树）。

（2）写出每个字符的哈夫曼编码。

8-23 画出满足下列条件的二叉树:

（1）该二叉树的中序遍历序列为 DCBGEAHFIJK；

（2）该二叉树的后序遍历序列为 DCEGBFHKJIA。

8-24 在高度为 h 的完全二叉树中,最多有多少个结点？最少有多少个结点？

8-25 设二叉树中所有非叶结点均有非空左右子二叉树,并且叶结点个数为 n,问:该二叉树中共有多少个结点？

8-26 假设用于通信的电文仅由 5 个字母{A, B, C, D, E}组成,字母在电文中出现的次数分别为 2, 4, 5, 7, 8。试为这 5 个字母设计哈夫曼编码。

8-27 若一棵树有 m_1 个度为 1 的结点,有 m_2 个度为 2 的结点,……,有 m_k 个度为 k 的结点,问:树中共有多少个叶结点？

8-28 证明:若哈夫曼树中有 n 个叶结点,则该哈夫曼树中共有 $2n-1$ 个结点。

8-29 试说明为什么由二叉树的中序和前序（或后序）遍历序列可以唯一确定一棵二叉树,而由前序和后序遍历序列则不能。

8-30 对于线索二叉树，试说明：

（1）对前序线索二叉树进行前序遍历时，什么样的二叉树可以不使用栈？

（2）对中序线索二叉树进行中序遍历时，什么样的二叉树可以不使用栈？

（3）对后序线索二叉树进行后序遍历时，什么样的二叉树可以不使用栈？

【算法设计习题】

8-31 编写函数，求二叉树中叶结点个数。

8-32 编写函数，判断一棵二叉树是否是完全二叉树。

8-33 编写函数，求二叉树深度。

8-34 设有 n 个结点的完全二叉树采用顺序存储结构存储在数组 BT[n]中，编写算法，实现由该数组建立相应的二叉链存储结构的二叉树。

8-35 编写算法，判断一个二叉链存储的二叉树是否为完全二叉树。

【上机实习习题】

8-36 完全二叉树问题。要求：

（1）创建一个有 n 个结点的二叉链存储结构完全二叉树（参见习题 8-34）。

（2）判断该二叉树是否为完全二叉树。

（3）创建一个有 n 个结点的二叉链存储结构非完全二叉树，并判断该二叉树是否为完全二叉树。

8-37 二叉树层序遍历问题。要求：

（1）编写一个创建二叉树的函数。

（2）编写按层次（同一层自左至右）输出二叉树中所有结点的函数。

（3）编写一个测试主函数。

8-38 二叉树先序遍历问题。要求：

（1）编写一个创建二叉树的函数。

（2）编写非递归结构的先序遍历二叉树函数，输出二叉树中所有结点。

（3）编写一个测试主函数。

第9章 图

图是另一种非线性数据结构。在图结构中，元素之间的关系是多对多的，即如果任选一个顶点作为初始顶点，则图中任意一个顶点都有多个前驱顶点和多个后继顶点。很多学生会选修"离散数学"课程，"离散数学"课程也会讨论图。"数据结构"课程主要从图的存储结构和操作实现方面讨论图，而"离散数学"课程主要从理论方面讨论图。

本章内容主要包括：图的基本概念、图的存储结构、图操作的实现、图的遍历、最小生成树、最短路径等。

9.1 图概述

9.1.1 图的基本概念

图是由顶点集合及顶点间的关系集合组成的一种数据结构。图 G 的定义如下：

$$G=(V, E)$$

式中，

$V=\{x \mid x\in$ 某个元素集合$\}$

$E=\{(x, y)\mid x, y \in V\}$

或 $E=\{<x, y>\mid x, y \in V$ 并且 $Path(x, y)\}$

其中，(x, y) 表示从 x 到 y 的一条双向通路，即 (x, y) 是无方向的；$Path(x, y)$ 表示从 x 到 y 的一条单向通路，即 $Path(x, y)$ 是有方向的。

图有许多复杂结构，本课程只讨论最基本的图，因此，本章讨论的图中不包括如图 9-1 所示的两种复杂结构的图。图 9-1（a）中有从自身到自身的边存在，称为带自身环的图。图 9-1（b）中从顶点 B 到顶点 D 有两条无向边，称为多重图。

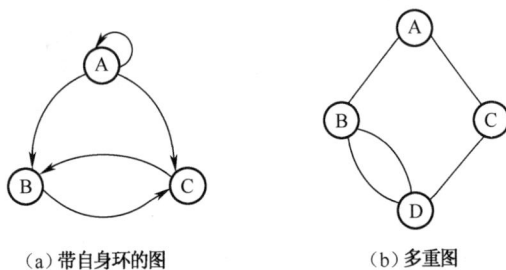

(a) 带自身环的图　　　　(b) 多重图

图 9-1　带自身环的图和多重图

首先，给出图的基本术语。为方便术语解释，图 9-2 给出了 4 个典型图例。

（1）**顶点和边**。图中的结点一般称为顶点，图中的第 i 个顶点记作 v_i。若两个顶点 v_i 和 v_j 相关联，则称顶点 v_i 和 v_j 之间有一条边，图中的第 k 条边记作 e_k，$e_k =(v_i, v_j)$ 或 $<v_i, v_j>$。

（2）**有向图和无向图**。在有向图中，顶点对 $<x, y>$ 是有序的，顶点对 $<x, y>$ 称为从顶点 x 到顶点 y 的一条有向边，因此，$<x, y>$ 与 $<y, x>$ 是两条不同的边。有向图中的顶点对 $<x, y>$ 用一对尖括号括起来，x 是有向边的始点，y 是有向边的终点，有向图中的边也称为弧。在无向图中，顶点对 (x, y) 是无序的，顶点对 (x, y) 称为与顶点 x 和顶点 y 相关联的一条边。这条边没有特定的方向，因此，(x, y)与(y, x)是同一条边。无向边(x, y)等于有向边$<x, y>$和有向边$<y, x>$。

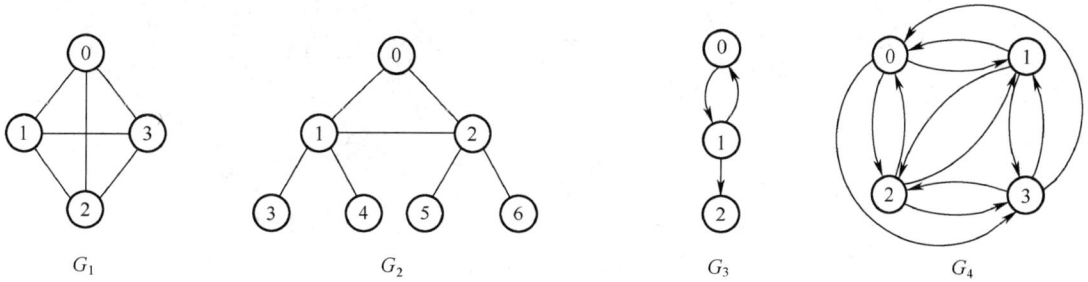

图 9-2　4 个典型图例

图 9-2 给出的 4 个图例中，图 G_1 和 G_2 是无向图，G_1 的顶点集合为 $V(G_1)=\{0, 1, 2, 3\}$，边集合为 $E(G_1)=\{(0,1), (0,2), (0,3), (1,2), (1,3), (2,3)\}$；图 G_3 和 G_4 是有向图，G_3 的顶点集合为 $V(G_3)=\{0, 1, 2\}$，边集合为 $E(G_3)=\{<0,1>, <1,0>, <1,2>\}$。对于有向边，边的方向用箭头画出，箭头从有向边的始点指向有向边的终点。

（3）**完全图**。在有 n 个顶点的无向图中，若有 $n(n-1)/2$ 条边，即任意两个顶点之间有且只有一条边，则称此图为无向完全图。图 9-2 中的图 G_1 就是无向完全图。在有 n 个顶点的有向图中，若有 $n(n-1)$ 条边，即任意两个顶点之间有且只有方向相反的两条边，则称此图为有向完全图。图 9-2 中的图 G_4 就是有向完全图。

（4）**邻接顶点**。在无向图 G 中，若(u, v)是$E(G)$中的一条边，则称 u 和 v 互为邻接顶点，并称边(u, v)依附于顶点 u 和 v。在图 9-2 的无向图 G_1 中，顶点 0 的邻接顶点有顶点 1、顶点 2 和顶点 3。在有向图 G 中，若$<u, v>$是$E(G)$中的一条边，则称顶点 u 邻接到顶点 v，顶点 v 邻接自顶点 u，并称边$<u, v>$与顶点 u 和顶点 v 相关联。在图 9-2 的有向图 G_3 中，顶点 1 由边$<1, 2>$邻接到顶点 2。

（5）**顶点的度**。顶点 v 的度是指与它相关联的边的条数，记作 $TD(v)$。对于有向图，顶点的度等于该顶点的入度和出度之和，即 $TD(v)=ID(v)+OD(v)$。其中，顶点 v 的入度 $ID(v)$ 是以 v 为终点的有向边的条数，顶点 v 的出度 $OD(v)$ 是以 v 为始点的有向边的条数。在图 9-2 的有向图 G_3 中，顶点 1 的入度 $ID(1)=1$，顶点 1 的出度 $OD(1)=2$，所以，顶点 1 的度 $TD(v)=ID(v)+OD(v)=1+2=3$。对于无向图，顶点的度等于该顶点的入度或出度，即 $TD(v)=ID(v)=OD(v)$。

（6）**路径**。在图 $G=(V, E)$ 中，若从顶点 v_i 出发有一组边可到达顶点 v_j，则称顶点 v_i 到顶点 v_j 的顶点序列为从顶点 v_i 到顶点 v_j 的路径。在图 9-2 的图 G_2 中，从顶点 0 到顶点 3 的一条路径为：顶点 0→顶点 1→顶点 3。

（7）**权值**。有些图的边附带有数据信息，这些附带的数据信息称为权值。第 i 条边的权值用符号 w_i 表示。权值可以表示实际问题中从一个顶点到另一个顶点的距离、花费的代价、所需的时间等。带权的图也称为网络或网。如图 9-3 所示就是带权图，其中，图 9-3（a）是一个工程的施工进度图，图 9-3（b）是一个交通网络图。

（8）**路径长度**。对于不带权的图，一条路径的路径长度是指该路径上的边的条数；对于带权的图，一条路径的路径长度是指该路径上各个边权值的总和。在图 9-2 的无向图 G_2 中，路径顶点 0→顶点 1→顶点 3 的路径长度为 2；在图 9-3（a）的带权图中，路径顶点 1→顶点 3→顶点 6→顶点 7 的路径长度为 16。

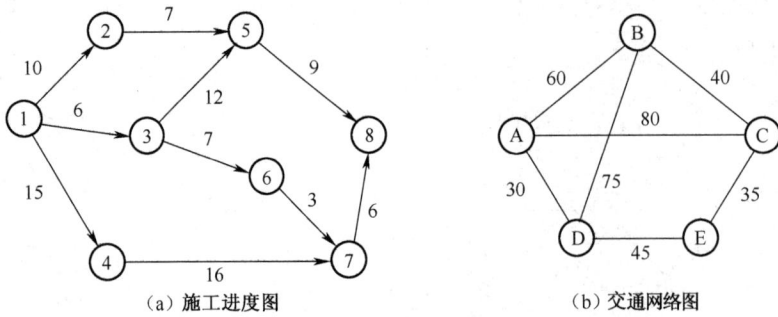

(a) 施工进度图   (b) 交通网络图

图 9-3　带权图

（9）**子图**。设有图 $G_1=\{V_1, E_1\}$ 和图 $G_2=\{V_2, E_2\}$，若 $V_2 \subseteq V_1$ 且 $E_2 \subseteq E_1$，则称图 G_2 是图 G_1 的子图。

（10）**连通图和强连通图**。在无向图中，若从顶点 v_i 到顶点 v_j 有路径，则称顶点 v_i 和顶点 v_j 是连通的。如果图中任意一对顶点都是连通的，则称该图是连通图。图 9-2 的无向图 G_1 和 G_2 都是连通图。

在有向图中，若对于任意一对顶点 v_i 和顶点 v_j（$v_i \neq v_j$）都存在路径，则称图 G 是强连通图。图 9-2 的有向图 G_4 是强连通图。

（11）**生成树**。一个连通图的最小连通子图称为该图的生成树。有 n 个顶点的连通图的生成树有 n 个顶点和 $n-1$ 条边。

（12）**简单路径和回路**。若路径上各顶点 $v_1, v_2, \cdots, v_m$ 互不重复，则称这样的路径为简单路径；若路径上第一个顶点 v_1 与最后一个顶点 v_m 重合，则称这样的路径为回路或环。

9.1.2　图的抽象数据类型

1. 数据集合

图的数据集合由一组顶点集合 $\{v_i\}$ 和一组边 $\{e_j\}$ 集合组成。当为带权图时，还包括每条边上的权值 w_j 组成的权值集合 $\{w_j\}$。

2. 操作集合

（1）初始化 Initiate(G)：初始化图 G。

（2）插入顶点 InsertVertex(G, vertex)：在图 G 中插入顶点 vertex。

（3）插入边 InsertEdge(G, v1, v2, weight)：在图 G 中插入边<v1, v2>，边<v1, v2>的权值为 weight。

（4）删除边 DeleteEdge(G, v1, v2)：删除图 G 中的边<v1, v2>。

（5）删除顶点 DeleteVertex(G, vertex)：删除图 G 中的顶点 vertex 以及与该顶点相关联的所有边。

（6）取第一个邻接顶点 GetFirstVex(G, v)：在图 G 中寻找顶点 v 的第一个邻接顶点。

注：图中每个顶点的若干个邻接顶点之间是没有先后次序的，但对于一个具体的图，一旦该图的存储结构确定并且图建立完毕，则图中每个顶点的所有邻接顶点之间就有次序之分。

（7）取下一个邻接顶点 GetNextVex(G, int v1, v2)：在图 G 中寻找顶点 v1 的邻接顶点 v2 的下一个邻接顶点。

（8）遍历 DepthFirstSearch(G)：遍历图 G 中的每个顶点且每个顶点只被遍历一次。

9.2　图的存储结构

从图的定义可知，图的信息包括两部分：图中顶点的信息和描述顶点之间关系的边的信息。顶点信息的描述问题是一个简单的线性表存储结构问题，可采用第 2 章讨论的顺序表或链表结构存储。对于一个有 n 个顶点的图，由于每个顶点都可能和其他 $n-1$ 个顶点成为邻接顶点，因此边之间的关系的描述问题实际上是一个 $n \times n$ 阶矩阵的计算机存储表示问题。

图的存储结构主要是图中边的存储结构。图的存储结构主要有邻接矩阵和邻接表两种。

9.2.1　图的邻接矩阵存储结构

首先定义邻接矩阵。假设图 $G=(V, E)$ 有 n 个顶点，即 $V=\{v_0, v_1, \cdots, v_{n-1}\}$，$E$ 可用如下形式的矩阵 A 描述，对于 A 中的每个元素 a_{ij}，满足：

$$a_{ij} = \begin{cases} 1, & (v_i, v_j) \in E \text{ 或 } <v_i, v_j> \in E \\ 0, & \text{其他情况} \end{cases}$$

由于矩阵 A 中的元素 a_{ij} 表示了顶点 v_i 和顶点 v_j 之间边的关系，或者说，A 中的元素 a_{ij} 表示了顶点 v_i 和顶点 v_j（$0 \leq j \leq n-1$）之间的邻接关系，因此矩阵 A 称为邻接矩阵。

在图的邻接矩阵存储结构中，顶点信息使用一维数组存储，边信息的邻接矩阵使用二维数组存储。图 9-4（a）是一个无向图，图 9-4（b）是该图的邻接矩阵（存储结构），其中，V 表示图的顶点集合矩阵，A 表示图的邻接矩阵。无向图的邻接矩阵一定是对称矩阵。

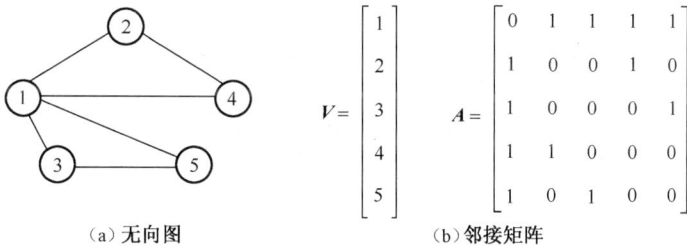

（a）无向图　　　　　　　　　　　　（b）邻接矩阵

图 9-4　无向图及其邻接矩阵

图 9-5（a）是一个有向图，图 9-5（b）是对应的邻接矩阵，其中，V 表示图的顶点集合矩阵，A 表示图的邻接矩阵。有向图的邻接矩阵一般是非对称矩阵。

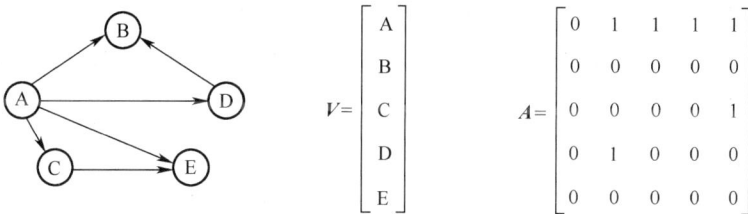

（a）有向图　　　　　　　　　　　　（b）邻接矩阵

图 9-5　有向图及其邻接矩阵

对于带权图，邻接矩阵 A 定义如下：

$$a_{ij} = \begin{cases} w_{ij}, & (v_i, v_j) \in E \text{ 或 } <v_i, v_j> \in E \\ 0, & \text{其他情况} \end{cases}$$

式中，$w_{ij} > 0$。有一种特殊的带权图，允许 w_{ij} 为负值，这里不讨论。

根据不同的应用问题，邻接矩阵 A 也可定义如下：

$$a_{ij}=\begin{cases} w_{ij}, & (v_i,v_j)\in E \text{ 或 } <v_i,v_j>\in E \\ \infty, & \text{其他情况} \end{cases}$$

邻接矩阵 A 还可定义如下（本书中带权图的邻接矩阵使用此定义）：

$$a_{ij}=\begin{cases} w_{ij}, & (v_i,v_j)\in E \text{ 或 } <v_i,v_j>\in E \\ \infty, & \text{否则 } i\neq j \\ 0, & \text{否则 } i=j \end{cases}$$

如图 9-6（a）所示是一个带权图，图 9-6（b）是对应的邻接矩阵，其中，V 表示图的顶点集合矩阵，A 表示图的邻接矩阵。对于带权图，邻接矩阵第 i 行中所有 $0<a_{ij}<\infty$ 的元素个数等于第 i 个顶点的出度，邻接矩阵第 j 列中所有 $0<a_{ij}<\infty$ 的元素个数等于第 j 个顶点的入度。

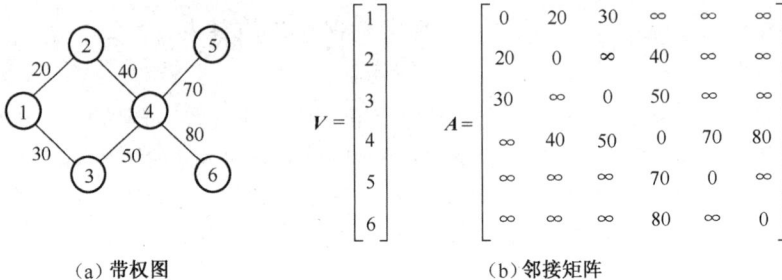

（a）带权图　　　　　　　　　　　　（b）邻接矩阵

图 9-6　带权图及其邻接矩阵

9.2.2　图的邻接表存储结构

图的邻接矩阵存储结构的主要特点是，把图的边信息存储在一个 $n\times n$ 阶矩阵中，其中 n 为图中的顶点个数。当这个 $n\times n$ 阶矩阵是稠密矩阵时，图的邻接矩阵存储结构是最常用也是最高效的存储结构。但当图的边数非常少，且顶点个数值较大时，$n\times n$ 阶矩阵的存储问题就变成了稀疏矩阵的存储问题，此时，邻接表就是一种较邻接矩阵更为有效的存储结构。

图 9-7（a）是一个有向图，图 9-7（b）是该有向图的邻接表（存储结构）。

图 9-7（b）中数组的 data 域存储图的顶点信息，source 域存储该顶点在数组中的下标，这个下标也是所有以该顶点为弧尾的边在数组中的下标，adj 域存储该顶点的邻接顶点单链表的头指针。第 i 行单链表中的 dest 域存储所有起始顶点为 v_i 的邻接顶点 v_j 在数组中的下标，next 域存储单链表中下一个邻接顶点的指针。如果是带权有向图，则单链表中需要再增加 cost 域，用来存储边 $<v_i,v_j>$ 的权值 w_{ij}。

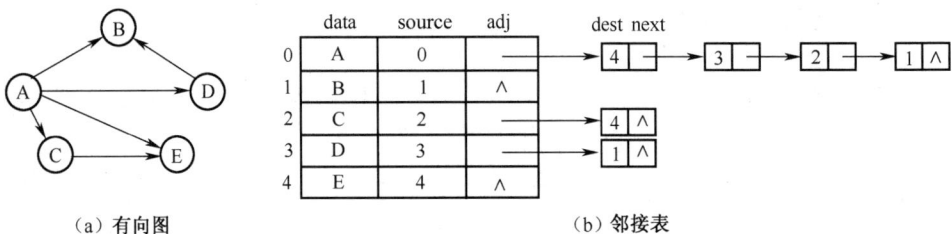

（a）有向图　　　　　　　　　　　　（b）邻接表

图 9-7　有向图及其邻接表

对比图 9-7（b）和图 5-5 的行指针数组结构的三元组链表可以发现，两者讨论的是同一种存储结构。

当图中顶点数目较小且边较多时，采用图的邻接矩阵存储结构效率较高，即对稠密矩阵最好采用二维数组存储；当图中顶点数目较大且边的数目远远小于相同顶点的完全图的边数时，采用图的邻接表存储结构效率较高，即对稀疏矩阵，最好采用行指针数组结构的三元组链表存储。

另外，图的存储结构还有十字链表存储结构等。图的十字链表存储结构原理和图 5-6 的三元组十字链表存储结构的原理完全相同，此处不再详述。

9.3 图的实现

一旦确定图的存储结构之后，就可以设计和实现图的抽象数据类型了。

9.3.1 邻接矩阵存储结构下图操作的实现

1．结点结构体

在邻接矩阵存储结构下，图的顶点信息可以存储在一个顺序表中，图的边信息可以存储在一个二维数组中。邻接矩阵存储结构下图的结点结构体为：

```
#include "SeqList.h"                          //包含顺序表头文件
typedef struct {
    SeqList Vertices;                         //存放顶点的顺序表
    int edge[MaxVertices][MaxVertices];       //存放边的邻接矩阵
    int numOfEdges;                           //边的条数
} AdjMGraph;                                  //图的结点结构体定义
```

2．初始化

初始化有 n 个顶点的顶点顺序表和邻接矩阵。

```
void Initiate(AdjMGraph *G, int n){           //初始化
    int i, j;
    for(i = 0; i < n; i++)
        for(j = 0; j < n; j++) {
            if(i == j) G->edge[i][j] = 0;
            else G->edge[i][j] = MaxWeight;    //MaxWeight 表示无穷大
        }
    G->numOfEdges = 0;                         //边的条数置为0
    ListInitiate(&G->Vertices);                //顺序表初始化
}
```

3．插入顶点

在图中增加一个顶点。

```
void InsertVertex(AdjMGraph *G, DataType vertex){
//在图 G 中插入顶点 vertex
    ListInsert(&G->Vertices, G->Vertices.size, vertex);//在顺序表尾插入
}
```

4．插入边

在图中增加一条有向边。对于增加一条无向边操作，可通过增加两条有向边完成。

```
void InsertEdge(AdjMGraph *G, int v1, int v2, int weight){
//在图 G 中插入边<v1, v2>，边<v1, v2>的权值为 weight
```

```
        if(v1 < 0 || v1 >= G->Vertices.size || v2 < 0 || v2 >= G->Vertices.size){
            printf("参数 v1 或 v2 越界出错!\n");
            return;
        }
        G->edge[v1][v2] = weight;
        G->numOfEdges++;
    }
```

5. 删除边

在图中取消一条有向边。对于取消一条无向边操作，可通过取消两条有向边完成。

```
    void DeleteEdge(AdjMGraph *G, int v1, int v2){
    //在图 G 中删除边<v1, v2>
        if(v1 < 0 || v1 >= G->Vertices.size || v2 < 0 ||
            v2 >= G->Vertices.size || v1 == v2){
            printf("参数 v1 或 v2 出错!\n");
            return;
        }
        if(G->edge[v1][v2] == MaxWeight || v1 == v2){
            printf("该边不存在!\n");
            return ;
        }
        G->edge[v1][v2] = MaxWeight;
        G->numOfEdges--;
    }
```

6. 取第一个邻接顶点

对于邻接矩阵存储结构来说，顶点 v 的第一个邻接顶点，就是邻接矩阵的顶点 v 所在行中从第一个矩阵元素开始的非 0 且非无穷大的顶点。

```
    int GetFirstVex(AdjMGraph G, int v){
    //在图 G 中寻找序号为 v 的顶点的第一个邻接顶点
    //如果这样的邻接顶点存在，则返回该邻接顶点的序号；否则返回-1
        int col;

        if(v < 0 || v >= G.Vertices.size){
            printf("参数 v1 越界出错!\n");
            return -1;
        }

        for(col = 0; col < G.Vertices.size; col++)
            if(G.edge[v][col] > 0 && G.edge[v][col] < MaxWeight) return col;
        return -1;
    }
```

7. 取下一个邻接顶点

对于邻接矩阵存储结构来说，顶点 v1 的邻接顶点 v2 的下一个邻接顶点，就是邻接矩阵的顶点 v 所在行中从第 v2+1 个矩阵元素开始的非 0 且非无穷大的顶点。

```
    int GetNextVex(AdjMGraph G, int v1, int v2){
    //在图 G 中寻找 v1 顶点的邻接顶点 v2 的下一个邻接顶点
    //如果这样的邻接顶点存在，则返回该邻接顶点的序号；否则返回-1
```

```
//v1 和 v2 都是相应顶点的序号
    int col;
    if(v1 < 0 || v1 >= G.Vertices.size || v2 < 0 || v2 >= G.Vertices.size){
        printf("参数 v1 或 v2 越界出错!\n");
        return -1;
    }
    for(col = v2+1; col < G.Vertices.size; col++)
        if(G.edge[v1][col] > 0 && G.edge[v1][col] < MaxWeight) return col;
    return -1;
}
```

上述结点结构体定义和图操作函数保存在头文件 **AdjMGraph.h** 中。

8．应用举例

【例 9-1】　以图 9-8 所示的带权有向图为例，编写测试上述图操作函数的程序。

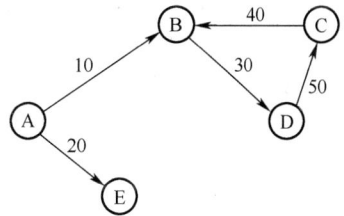

图 9-8　带权有向图

为以后设计测试程序时调用方便，我们把创建图的过程单独设计为一个函数。图的创建函数设计如下：

```
typedef struct {
    int row;                        //行下标
    int col;                        //列下标
    int weight;                     //权值
} RowColWeight;                     //边信息结构体定义

void CreatGraph(AdjMGraph *G, DataType V[], int n, RowColWeight E[], int e){
//在图 G 中插入 n 个顶点信息 V 和 e 条边信息 E
    int i, k;
    Initiate(G, n);                 //顶点顺序表初始化
    for(i = 0; i < n; i++)
        InsertVertex(G, V[i]);      //插入顶点
    for(k = 0; k < e; k++)
        InsertEdge(G, E[k].row, E[k].col, E[k].weight);   //插入边
}
```

上述结点结构体定义和创建图函数保存在头文件 **AdjMGraphCreate.h** 中。
测试程序设计如下：

```
#include <stdio.h>
typedef char DataType;
#define MaxSize 10                  //定义顺序表数组元素的最大个数
#define MaxVertices 10              //定义顶点的最大个数
#define MaxWeight 10000             //定义无穷大的具体值
#include "AdjMGraph.h"
#include "AdjMGraphCreate.h"

void main(void){
    AdjMGraph g1;
    DataType a[] = {'A', 'B', 'C', 'D', 'E'};
    RowColWeight rcw[] = {{0,1,10}, {0,4,20}, {1,3,30}, {2,1,40}, {3,2,50}};
    int n = 5, e = 5;
```

```
        int i, j;
        CreatGraph(&g1, a, n, rcw, e);              //创建图 9-8
        DeleteEdge(&g1, 0, 4);                       //删除边<0,4>
        printf("顶点集合为: ");
        for(i = 0; i < g1.Vertices.size; i++)
            printf("%c   ", g1.Vertices.list[i]);
        printf("\n");
        printf("权值集合为: \n");
        for(i = 0; i < g1.Vertices.size; i++){
            for(j = 0; j < g1.Vertices.size; j++)
                printf("%5d   ", g1.edge[i][j]);
            printf("\n");
        }
    }
```

【程序运行结果】

顶点集合为: A   B   C   D   E
权值集合为:

0	10	10000	10000	10000
10000	0	10000	30	10000
10000	40	0	10000	10000
10000	10000	50	0	10000
10000	10000	10000	10000	0

9.3.2　邻接表存储结构下图操作的实现

邻接表存储结构下图的顶点信息存储在一个数组中,图的边信息存储在该数组的 adj 指针所指示的单链表中。

1. 邻接表的存储结构

为简化起见,邻接表存储结构下图的操作中,边均不带权值。

```
typedef struct Node{
    int dest;                          //邻接边的弧头顶点序号
    struct Node *next;                 //单链表的下一个结点指针
} Edge;                                //邻接边单链表的结点结构体

typedef struct{
    DataType data;                     //顶点元素
    int source;                        //邻接边的弧尾顶点序号
    Edge *adj;                         //邻接边的头指针
} AdjLHeight;                          //数组的元素类型结构体

typedef struct{
    AdjLHeight a[MaxVertices];         //邻接表数组
    int numOfVerts;                    //顶点个数
    int numOfEdges;                    //边个数
} AdjLGraph;                           //邻接表结构体
```

2. 初始化

```
AdjInitiate(AdjLGraph *G){
//初始化图 G
    int i;
    G->numOfVerts = 0;
    G->numOfEdges = 0;
    for(i = 0; i < MaxVertices; i++){
        G->a[i].source = i;        //置邻接边的弧头顶点序号
        G->a[i].adj = NULL;        //置邻接边单链表头指针初值
    }
}
```

3. 插入顶点

```
void InsertVertex(AdjLGraph *G, int i, DataType vertex){
//在图 G 中的第 i (i>=0 且 i<MaxVertices) 个位置插入顶点元素 vertex
    if(i >= 0 && i < MaxVertices){
        G->a[i].data = vertex;     //存储顶点元素 vertex
        G->numOfVerts++;           //个数加 1
    }
    else printf("顶点越界");
}
```

4. 插入边

```
void InsertEdge(AdjLGraph *G, int v1, int v2){
//在图 G 中加入边<v1, v2>
    Edge *p;
    if(v1 < 0 || v1 >= G->numOfVerts || v2 < 0 || v2 >= G->numOfVerts){
        printf("参数 v1 或 v2 越界出错!");
        return;
    }
    p = (Edge *)malloc(sizeof(Edge));   //申请邻接边单链表结点空间
    p->dest = v2;                       //置邻接边弧头顶点序号
    p->next = G->a[v1].adj;             //新结点插入单链表的表头
    G->a[v1].adj = p;                   //头指针指向新单链表的表头
    G->numOfEdges++;                    //边个数加 1
}
```

5. 删除边

```
void DeleteEdge(AdjLGraph *G, int v1, int v2){
//删除图 G 中的边<v1, v2>
    Edge *curr, *pre;

    if(v1 < 0 || v1 >= G->numOfVerts || v2 < 0 || v2 >= G->numOfVerts){
        printf("参数 v1 或 v2 越界出错!");
        return;
    }
    pre = NULL;
    curr = G->a[v1].adj;
```

```
        while(curr != NULL && curr->dest != v2){
        //在 v1 顶点的邻接边单链表中查找 v2 顶点
            pre = curr;
            curr = curr->next;
        }


        //删除邻接边<v1, v2>
        if(curr != NULL && curr->dest == v2 && pre == NULL){
        //当邻接边<v1, v2>的结点是单链表的第一个结点时
            G->a[v1].adj = curr->next;
            free(curr);
            G->numOfEdges--;
        }
        else if(curr != NULL && curr->dest == v2 && pre != NULL){
        //当邻接边<v1, v2>的结点不是单链表的第一个结点时
            pre->next = curr->next;
            free(curr);
            G->numOfEdges--;
        }
        else
        //当邻接边<v1, v2>不存在时
            printf("边<v1, v2>不存在!");
    }
```

6. 取第一个邻接顶点

```
    int GetFirstVex(AdjLGraph G, int v){
    //取图 G 中顶点 v 的第一个邻接顶点
    //若取到，则返回该邻接顶点的对应序号；否则返回-1
        Edge *p;
        if(v < 0 || v >= G.numOfVerts){
            printf("参数 v1 或 v2 越界出错!");
            return -1;
        }
        p = G.a[v].adj;
        if(p != NULL) return p->dest;      //返回该邻接顶点的对应序号
        else return -1;                    //返回-1
    }
```

7. 取下一个邻接顶点

```
    int GetNextVex(AdjLGraph G, int v1, const int v2){
    //取图 G 中顶点 v1 的邻接顶点 v2 的下一个邻接顶点
    //若取到，则返回该邻接顶点的对应序号；否则返回-1
        Edge *p;
        if(v1 < 0 || v1 >= G.numOfVerts || v2 < 0 || v2 >= G.numOfVerts){
            printf("参数 v1 或 v2 越界出错!");
            return -1;
        }
        p = G.a[v1].adj;
        while(p != NULL){                  //寻找顶点 v1 的邻接顶点 v2
```

```
            if(p->dest != v2){
                p = p->next;
                continue;
            }
            else break;
        }
        p = p->next;                    //p 指向邻接顶点 v2 的下一个邻接顶点
        if(p !=NULL) return  p->dest;   //返回该邻接顶点的对应序号
        else return -1;;                //返回-1
    }
```

8. 撤销

```
AdjDestroy(AdjLGraph *G){
//撤销图 G 中的所有单链表占用的存储空间
    int i;
    Edge *p, *q;
    for(i = 0; i < G->numOfVerts; i++){
        p = G->a[i].adj;
        while(p != NULL){
            q = p->next;
            free(p);
            p = q;
        }
    }
}
```

9. 创建图

与邻接矩阵的创建图函数类同，可以定义如下的结点结构体和创建图函数，用来完成创建所需要的图。这里只是简化为边不带权值。

```
typedef struct{
    int row;                            //行下标
    int col;                            //列下标
} RowCol;                               //边信息结构体
void CreatGraph(AdjLGraph *G, DataType v[], int n, RowCol d[], int e){
//创建有 n 个顶点 e 条边的图 G
//顶点信息存放在数组 v 中，边信息存放在数组 d 中
    int i, k;
    AdjInitiate(G);                                     //初始化
    for(i = 0; i < n; i++) InsertVertex(G, i, v[i]);    //插入顶点
    for(k = 0; k < e; k++) InsertEdge(G, d[k].row, d[k].col);  //插入边
}
```

9.4　图的遍历

9.4.1　图的深度和广度优先遍历算法

1. 图的遍历

与树的遍历操作类同，图的遍历操作的定义是，访问图中的每个顶点且每个顶点只被访问

一次。图的遍历方法主要有两种：一种是深度优先遍历，另一种是广度优先遍历。图的深度优先遍历类同于树的先根遍历，图的广度优先遍历类同于树的层序遍历。

图的遍历算法设计需要考虑以下三个问题：

① 图的特点是没有首尾之分，所以算法的参数要指定访问的第一个顶点；

② 因为对图的遍历路径有可能构成一个回路，从而造成死循环，所以算法设计要考虑遍历路径可能出现的死循环问题；

③ 一个顶点可能和若干个顶点都是邻接顶点，要使一个顶点的所有邻接顶点按照某种次序都被访问到。

2．连通图的深度优先遍历算法

图的深度优先遍历算法是遍历时深度优先的算法，即在图的所有邻接顶点中，每次都在访问完当前顶点后，首先访问当前顶点的第一个邻接顶点。

深度优先遍历算法可以设计成递归算法。对于连通图，从初始顶点出发一定存在路径和连通图中的所有其他顶点相连，所以对于连通图来说，从初始顶点出发一定可以遍历该图。连通图的深度优先遍历递归算法如下：

① 访问顶点 v 并标记顶点 v 为已访问。

② 查找顶点 v 的第一个邻接顶点 w。

③ 若顶点 v 的邻接顶点 w 存在，则继续执行，否则算法结束。

④ 若顶点 w 尚未被访问，则深度优先遍历递归访问顶点 w。

⑤ 查找顶点 v 的 w 邻接顶点的下一个邻接顶点 w，转到步骤③。

上述递归算法属于回溯算法，当寻找顶点 v 的邻接顶点 w 成功时，继续进行；当寻找顶点 v 的邻接顶点 w 失败时，回溯到上一次递归调用的地方继续进行。

图 9-8 为有向连通图，若顶点 A 为初始访问的顶点，则深度优先遍历的顶点访问顺序是：A B D C E。

与 8.4.4 节讨论的非递归的二叉树前序遍历算法类同，利用栈，图的深度优先遍历算法也可以描述成非递归的结构。此问题作为习题由学生自己完成。

3．连通图的广度优先遍历算法

图的广度优先遍历算法是一个分层搜索的过程。广度优先遍历是指，从指定顶点开始，按照到该顶点路径长度由短到长的顺序，依次访问图中的其余顶点。

与 8.4.1 节讨论的二叉树遍历算法类同，图的广度优先遍历算法也需要一个队列来保存访问过的顶点的顺序，以便按顺序访问这些顶点的邻接顶点。连通图的广度优先遍历算法如下：

① 访问初始顶点 v 并标记顶点 v 为已访问。

② 顶点 v 入队列。

③ 若队列非空，则继续执行，否则算法结束。

④ 出队列取得队头顶点 u。

⑤ 查找顶点 u 的第一个邻接顶点 w。

⑥ 若顶点 u 的邻接顶点 w 不存在，则转到步骤③，否则循环执行：

（a）若顶点 w 尚未被访问，则访问顶点 w 并标记顶点 w 为已访问；

（b）顶点 w 入队列；

（c）查找顶点 u 的 w 邻接顶点后的下一个邻接顶点 w，转到步骤⑥。

图 9-8 为有向连通图，若顶点 A 为初始访问的顶点，则广度优先遍历的顶点访问顺序是：

A B E D C。

4. 非连通图的遍历算法

对于连通图，从图的任意一个顶点开始深度或广度优先遍历一定可以访问图中的所有顶点。但对于非连通图，从图的任意一个初始顶点开始深度或广度优先遍历，并不能访问图中的所有顶点，此时只能访问和初始顶点连通的那些顶点。

但是，对于非连通图，可以依次把每个顶点作为初始顶点进行一次深度或广度优先遍历，并根据每个顶点的访问标记来判断该顶点是否已访问过。若尚未访问过，则访问之；否则跳过该顶点。这样，就一定可以访问非连通图中的所有顶点。

9.4.2 图的深度和广度优先遍历算法实现

对采用邻接矩阵存储结构的图来说，设邻接矩阵存储结构下图的取第一个邻接顶点函数 GetFirstVex(G, v)和取下一个邻接顶点函数 GetNextVex(G, v, w)已经提供，同时，为简化算法，且不失一般性，这里假设图的顶点信息为字母类型。

1. 图的深度优先遍历函数

连通图的深度优先遍历函数如下：

```
void DepthFSearch(AdjMGraph G, int v, int visited[],
void Visit(DataType item)){
//连通图 G 以 v 为初始顶点的、访问操作为 Visit()的深度优先遍历
//数组 visited 标记相应顶点是否已访问过（0 表示未访问，1 表示已访问）
    int w;
    Visit(G.Vertices.list[v]);                    //访问顶点 v
    visited[v] = 1;                               //置已访问标记
    w = GetFirstVex(G, v);                        //取第一个邻接顶点
    while(w != -1){
        if(! visited[w])
            DepthFSearch(G, w, visited, Visit);   //递归
        w = GetNextVex(G, v, w);                  //取下一个邻接顶点
    }
}
```

非连通图的深度优先遍历函数如下：

```
void DepthFirstSearch(AdjMGraph G, void Visit(DataType item)){
//非连通图 G 的访问操作为 Visit()的深度优先遍历
    int i;
    int *visited = (int *)malloc(sizeof(int)*G.Vertices.size);
    for(i = 0; i < G.Vertices.size; i++)
        visited[i] = 0;                           //访问标记初始均为 0
    for(i = 0; i < G.Vertices.size; i++)
        if(! visited[i])
            DepthFSearch(G, i, visited, Visit);   //以每个顶点为初始顶点进行调用
    free(visited);
}
```

其中，Visit()为用户希望的访问操作函数。

2. 图的广度优先遍历函数

连通图的广度优先遍历函数如下：

```
#include "SeqCQueue.h"                               //包括顺序循环队列
void BroadFSearch(AdjMGraph G, int v, int visited[],
void Visit(DataType item)){
//连通图 G 以 v 为初始顶点的、访问操作为 Visit()的广度优先遍历
//数组 visited 标记了相应顶点是否已访问过，0 表示未访问，1 表示已访问
    int u, w;
    SeqCQueue queue;
    Visit(G.Vertices.list[v]);                       //访问顶点 v
    visited[v] = 1;                                  //置已访问标记
    QueueInitiate(&queue);                           //队列初始化
    QueueAppend(&queue, v);                          //初始顶点 v 入队列
    while(QueueNotEmpty(queue)) {                    //队列非空时
        QueueDelete(&queue, &u);                     //出队列
        w = GetFirstVex(G, u);                       //取顶点 u 的第一个邻接顶点
        while(w != -1){                              //邻接顶点 w 存在时
            if(!visited[w]){                         //若没有访问过
                Visit(G.Vertices.list[w]);           //访问顶点 w
                visited[w] = 1;                      //置已访问标记
                QueueAppend(&queue, w);              //顶点 w 入队列
            }
            w = GetNextVex(G, u, w);                 //取下一个邻接顶点
        }
    }
}
```

非连通图的广度优先遍历函数如下：

```
void BroadFirstSearch(AdjMGraph G, void Visit(DataType item)){
//非连通图 G 访问操作为 Visit()的广度优先遍历
    int i;
    int *visited = (int *)malloc(sizeof(int)*G.Vertices.size);
    for(i = 0; i < G.Vertices.size; i++)
        visited[i] = 0;             //访问标记初始均为 0
    for(i = 0; i < G.Vertices.size; i++)
        //以每个顶点为初始顶点进行调用
        if(!visited[i]) BroadFSearch(G, i, visited, Visit);
    free(visited);
}
```

上述图的深度优先和广度优先遍历函数存放在头文件 AdjMGraphTraverse.h 中。

对于以邻接表存储结构存储的图，其深度优先遍历函数和广度优先遍历函数的设计方法，除了参数 G 的数据类型及输出顶点信息的方法不同，其余部分与以邻接矩阵存储结构的相应遍历函数完全相同，在此不再详述。

3. 应用举例

【例 9-2】 以图 9-8 所示的带权有向图为例，编写测试上述图的深度优先和广度优先遍历函数的程序。

测试程序设计如下：

```
#include <stdio.h>
#include <malloc.h>
typedef int DataType;                    //队列中保存的是 int 类型的下标
```

```
#define MaxSize 10                    //定义顺序表数组元素最大个数为10
#define MaxVertices 10                //定义顶点最大个数为10
#define MaxEdges 100                  //定义边最大个数为100
#define MaxWeight 10000               //定义无穷大的具体值
#define MaxQueueSize 10               //定义循环队列数组元素最大个数为10
#include "AdjMGraph.h"
#include "AdjMGraphCreate.h"
#include "AdjMGraphTraverse.h"

void Visit(DataType item){           //定义访问操作函数
    printf("%c    ", item);
}
void main(void){
    AdjMGraph g1;
    DataType a[] = {'A', 'B', 'C', 'D', 'E'};
    RowColWeight rcw[] = {{0,1,10}, {0,4,20}, {1,3,30}, {2,1,40}, {3,2,50}};
    int n = 5, e = 5;
    CreatGraph(&g1, a, n, rcw, e);
    printf("深度优先遍历序列为：");
    DepthFirstSearch(g1, Visit);
    printf("\n 广度优先遍历序列为：");
    BroadFirstSearch(g1, Visit);
}
```

【程序运行结果】

深度优先遍历序列为：A   B   D   C   E

广度优先遍历序列为：A   B   E   D   C

9.5 最小生成树

9.5.1 最小生成树的基本概念

一个有 n 个顶点的连通图的**生成树**是原图的极小连通子图，它包含原图中的所有 n 个顶点，并且具有保持图连通的最少的边。

显然，有如下推论：

① 若删除生成树中一条边，就会使该生成树因为变成非连通图而不再满足生成树的定义；

② 若在生成树中增加一条边，就会使该生成树因为存在回路而不再满足生成树的定义；

③ 一个连通图的生成树可能有许多，使用不同的寻找方法可以得到不同的生成树。

另外，从不同的初始顶点出发也可以得到不同的生成树。

图 9-9 给出了一个无向连通图和它的两棵不同的生成树。

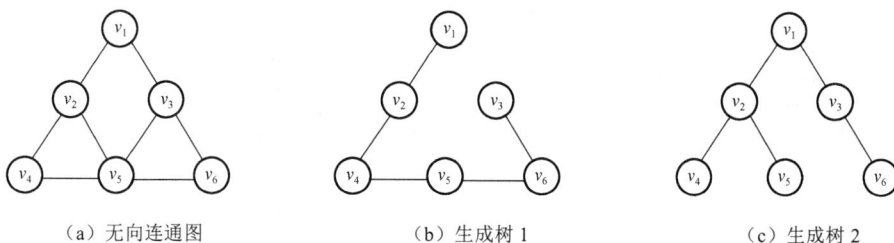

（a）无向连通图　　　　　　　（b）生成树 1　　　　　　　（c）生成树 2

图 9-9　无向连通图和它的两棵不同的生成树

从生成树的定义可以证明，对于有 n 个顶点的无向连通图，无论它的生成树的形状如何，一定有 n 个顶点，有且只有 $n-1$ 条边。

如果一个无向连通图是带权图，那么它的所有生成树中必有一棵生成树，其边的权值总和最小，我们称这棵生成树为**最小代价生成树**，简称为**最小生成树**。

许多应用问题都是求无向连通图的最小生成树问题。例如，要在 n 个城市之间敷设光缆，敷设光缆的费用很高，且各个城市之间敷设光缆的费用不同。如果设计目标是，既要使这 n 个城市中的任意两个城市之间都可以直接或间接通信，又要使敷设光缆的总费用最低，则这样的问题就是一个求最小生成树问题。解决这个问题的方法，就是在由 n 个城市顶点、$n(n-1)/2$ 条不同费用的边构成的无向连通图中找出最小生成树，然后按该最小生成树的方案在城市之间敷设光缆。这样，就可以达到既让这 n 个城市的任意两个城市之间都可以直接或间接通信，又满足敷设光缆的总费用最低的设计目标。

从最小生成树的定义可知，构造有 n 个顶点的带权无向连通图的最小生成树必须满足以下三个条件：

① 构造的最小生成树必须包括 n 个顶点；
② 构造的最小生成树中有且只有 $n-1$ 条边；
③ 构造的最小生成树中不存在回路。

构造最小生成树的方法有许多种，典型的构造方法有两种：一种为普里姆（Prim）算法，另一种为克鲁斯卡尔（Kruskal）算法。

9.5.2 普里姆算法

1. 普里姆算法思想

假设 $G=(V, E)$ 为一个带权无向连通图，其中 V 为图 G 中顶点的集合，E 为图 G 中边的权值集合。设置两个新的集合 U 和 T，其中 U 为存放图 G 的最小生成树的顶点的集合，T 为存放图 G 的最小生成树的权值的集合。

普里姆算法思想：令集合 U 的初值为 $U=\{u_0\}$，即假设构造最小生成树时从顶点 u_0 开始，集合 T 的初值为 $T=\{\}$。从所有顶点 $u \in U$ 和顶点 $v \in V-U$ 的带权边中，选出具有最小权值的边 (u, v)，将顶点 v 加入集合 U 中，将边 (u, v) 加入集合 T 中。如此不断重复，当 $U=V$ 时，最小生成树构造完毕。此时，集合 U 中存放着最小生成树顶点的集合，集合 T 中存放着最小生成树边的权值集合。

图 9-10 给出了用普里姆算法构造最小生成树的过程。图 9-10（a）为一个有 7 个顶点 10 条边的带权无向连通图。初始时，集合 $U=\{A\}$，集合 $V-U=\{B, C, D, E, F, G\}$，$T=\{\}$，如图 9-10（b）所示。一个顶点在集合 U 中、另一个顶点在集合 $V-U$ 中的边，具有最小权值的是边 (A, B)，权值为 50，把顶点 B 从集合 $V-U$ 加入集合 U 中，把边 (A, B) 加入集合 T 中，如图 9-10（c）所示。此时，存在三条 u 为集合 U 中顶点、v 为集合 $V-U$ 中顶点的边，寻找到的具有最小权值的边是 (B, E)，权值为 40，把顶点 E 从集合 $V-U$ 加入集合 U 中，把边 (B, E) 加入集合 T 中，如图 9-10（d）所示。随后，依次从集合 $V-U$ 加入集合 U 中的顶点为 D, F, G, C，依次加入集合 T 中的边为：(E, D)，权值为 50；(D, F)，权值为 30；(D, G)，权值为 42；(G, C)，权值为 45，分别如图 9-10（e）、（f）、（g）、（h）所示。最后得到的图 9-10（h）就是原带权无向连通图的最小生成树。

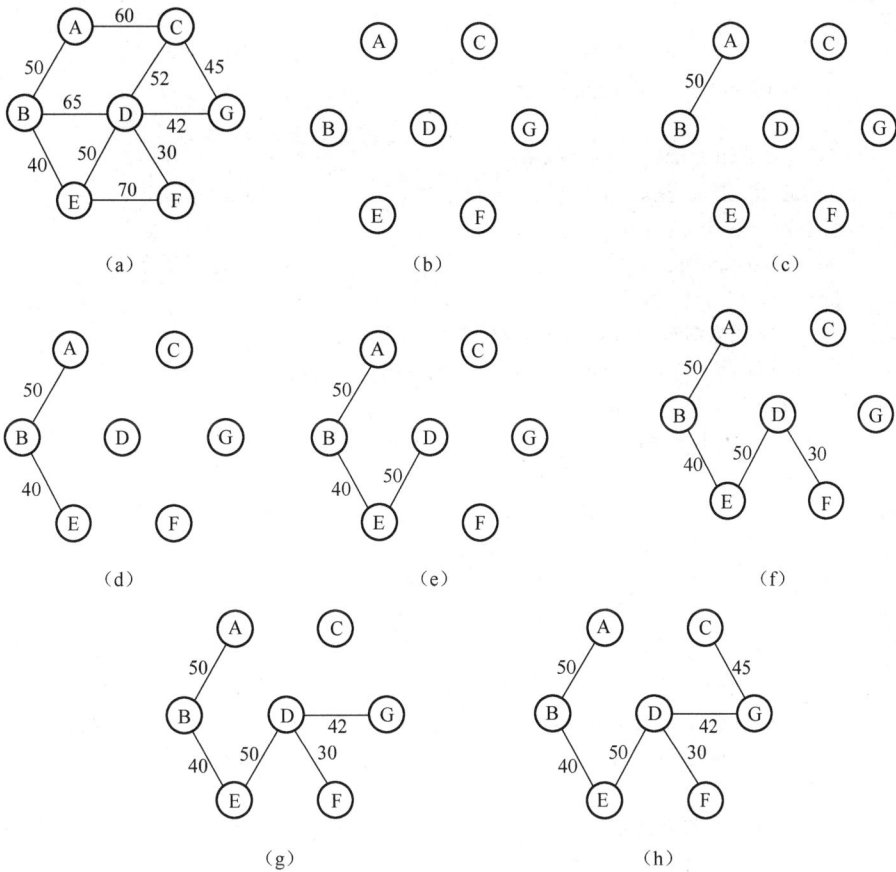

图 9-10　普里姆算法构造最小生成树的过程

2. 普里姆函数设计

下来讨论普里姆算法的函数实现。这里，当弧头顶点等于弧尾顶点时，令权值等于 0（图的邻接矩阵的对角元素为 0）。

【函数的参数设计】

普里姆函数应有两个参数，一个参数是 G，这里为邻接矩阵存储结构的带权无向连通图；另一个参数是 closeVertex，保存通过函数得到的最小生成树的顶点和相应顶点的边的权值。closeVertex 使用的结构体定义如下：

```
typedef struct{
    VerT vertex;
    int weight;
} MinSpanTree;
```

其中，vertex 域用来保存最小生成树每条边的弧头顶点，weight 域用来保存最小生成树的相应边的权值。

【普里姆函数设计】

```
void Prim(AdjMGraph G, MinSpanTree closeVertex[]){
//用普里姆算法建立带权无向连通图 G 的最小生成树 closeVertex
    VerT x;
    int n = G.Vertices.size, minCost;
    int *lowCost = (int *)malloc(sizeof(int)*n);
```

```
        int i, j, k;
        for(i = 1; i < n; i ++)                         //初始化
            lowCost[i] = G.edge[0][i];

        //从顶点 0 出发构造最小生成树
        ListGet(G.Vertices, 0, &x);                     //取顶点 0
        closeVertex[0].vertex = x;                      //保存顶点 0
        lowCost[0] = -1;                                //标记顶点 0
        for(i = 1;i < n;i++){
            //寻找当前最小权值的边所对应的弧头顶点 k
            minCost = MaxWeight;        //MaxWeight 为定义的最大权值
            for(j = 1; j < n; j++){
                if(lowCost[j] < minCost && lowCost[j] > 0){
                    minCost = lowCost[j];
                    k = j;
                }
            }

            ListGet(G.Vertices, k, &x);                 //取弧头顶点 k
            closeVertex[i].vertex = x;                  //保存弧头顶点 k
            closeVertex[i].weight = minCost;            //保存相应的权值
            lowCost[k] = -1;                            //标记顶点 k

            //根据加入集合 U 的顶点 k 修改 lowCost 中的数值
            for(j = 1; j < n; j++)
                if(G.edge[k][j] < lowCost[j]) lowCost[j] = G.edge[k][j];
        }
    }
```

【说明】

（1）函数中定义一个临时数组 lowCost，lowCost[v]中保存了集合 U 中顶点 u_i 与集合 $V-U$ 中顶点 v_j 的所有边中当前具有最小权值的边(u, v)。

（2）集合 U 的初值为 U={序号为 0 的顶点}。lowCost 的初值为邻接矩阵数组中第 0 行的值，这样，初始时 lowCost 中就存放了从集合 U 中顶点 0 到集合 $V-U$ 中各个顶点的权值。

（3）每次从 lowCost 中寻找具有最小权值的边，根据 lowCost 的定义，这样的边，其弧头顶点必然为集合 U 中的顶点，其弧尾顶点必然为集合 $V-U$ 中的顶点。当选到一条这样的边(u, v)后，就保存其顶点和权值到参数 closeVertex 中，并将 lowCost[v]置为-1，表示顶点 v 加入了集合 U 中。

（4）当顶点 v 从集合 $V-U$ 加入集合 U 后，若存在这样一条边(u, v)，u 是集合 U 的顶点，v 是集合 $V-U$ 的顶点，且边(u, v)较原先 lowCost[v]的代价更小，则用这样的权值修改原先 lowCost[v]中的相应权值。

（5）以如图 9-10（a）所示的带权无向连通图为例，调用普里姆函数时数组 lowCost 的动态变化过程如图 9-11 所示。其中，图 9-11（a）表示初始时顶点 0 在集合 U 中，顶点 0 到其他顶点有两条边，权值分别为 50 和 60。图 9-11（b）表示顶点 1 加入集合 U 后的状态，因为顶点 1 到顶点 3 存在一条权值为 65 的边，该权值小于原先的无穷大，所以需要把 lowCost[3]修改为等于 65；因为顶点 1 到顶点 4 存在一条权值为 40 的边，该权值小于原先的无穷大，所以需要把 lowCost[4]

修改为等于 40。图 9-11（c）表示顶点 4 加入集合 *U* 后的状态。图 9-11（d）表示顶点 3 加入集合 *U* 后的状态。图 9-11（e）表示顶点 5 加入集合 *U* 后的状态。图 9-11（f）表示顶点 6 加入集合 *U* 后的状态。图 9-11（g）表示顶点 2 加入集合 *U* 后的状态。

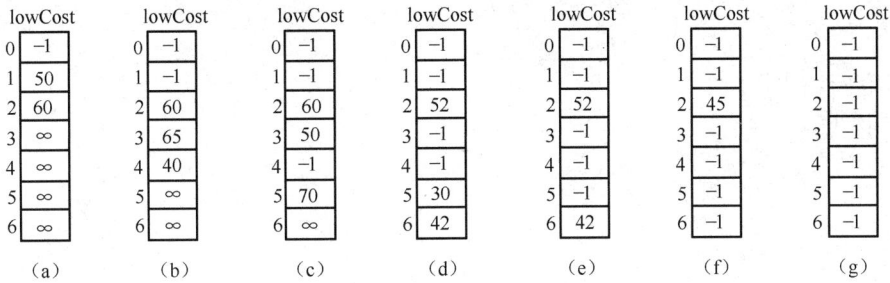

index	(a) lowCost	(b) lowCost	(c) lowCost	(d) lowCost	(e) lowCost	(f) lowCost	(g) lowCost
0	−1	−1	−1	−1	−1	−1	−1
1	50	−1	−1	−1	−1	−1	−1
2	60	60	60	52	52	45	−1
3	∞	65	50	−1	−1	−1	−1
4	∞	40	−1	−1	−1	−1	−1
5	∞	∞	70	30	−1	−1	−1
6	∞	∞	∞	42	42	−1	−1

图 9-11　普里姆算法运行时数组 lowCost 的变化过程

分析上述普里姆函数，函数主要是一个两重循环，其中每重循环的次数均为顶点个数 *n*，所以该算法的时间复杂度为 $O(n^2)$。由于该算法的时间复杂度只与图中顶点的个数有关，而与图中边的条数无关，因此，对于顶点个数不太多，而边比较稠密的图，此算法的时间效率较好。

3．测试程序

【例 9-3】　以图 9-10（a）所示的带权无向连通图为例设计测试上述普里姆函数的程序。

设普里姆函数存放在文件 Prim.h 中，邻接矩阵存储结构定义及相应的图操作函数存放在文件 AdjMGraph.h 中，图的创建函数存放在文件 AdjMGraphCreate.h 中。

测试程序设计如下：

```
#include <stdio.h>
#include <malloc.h>
typedef char DataType;                  //定义顺序表的数据类型为 char
typedef char VerT;                      //定义顶点的数据类型为 char
#define MaxSize 10                      //定义顺序表数组元素的最大个数
#define MaxVertices 10                  //定义顶点的最大个数
#define MaxWeight 10000                 //定义最大权值
#include "AdjMGraph.h"                  //包含 AdjMGraph.h 头文件
#include "AdjMGraphCreate.h"            //包含 AdjMGraphCreate.h 头文件
#include "Prim.h"                       //包含函数 Prim() 的头文件

void main(void){
    AdjMGraph g;
    char a[] = {'A', 'B', 'C', 'D', 'E', 'F', 'G'};
    RowColWeight rcw[] = {{0,1,50},{1,0,50},{0,2,60},{2,0,60},{1,3,65},
        {3,1,65},{1,4,40},{4,1,40},{2,3,52},{3,2,52},{2,6,45},{6,2,45},
        {3,4,50},{4,3,50},{3,5,30,},{5,3,30},{3,6,42},{6,3,42},
        {4,5,70},{5,4,70}};
    int n = 7,                          //共 7 个顶点
        e = 20,                         //共 20 条边
        i;
    MinSpanTree closeVertex[7];         //定义保存最小生成树的数组
    CreatGraph(&g, a, n, rcw, e);       //创建图
    Prim(g, closeVertex);               //调用 Prim()
```

```
//输出 Prim()得到的最小生成树的顶点序列和权值序列
printf("初始顶点 = %c\n", closeVertex[0].vertex);
for(i = 1; i < n; i++)
    printf("顶点 = %c  边的权值 = %d\n",
                closeVertex[i].vertex, closeVertex[i].weight);
}
```

【程序运行结果】

　　　　初始顶点 = A
　　　　顶点 = B　边的权值 = 50
　　　　顶点 = E　边的权值 = 40
　　　　顶点 = D　边的权值 = 50
　　　　顶点 = F　边的权值 = 30
　　　　顶点 = G　边的权值 = 42
　　　　顶点 = C　边的权值 = 45

可见，程序输出的顶点序列和边的权值序列对应图 9-10（b）～（h）的最小生成树构造过程。在解决实际问题时，根据上述程序运行的结果，再结合原问题的带权无向连通图，即可构造出图 9-10（a）的最小生成树，如图 9-10（h）所示。

9.5.3　克鲁斯卡尔算法

不同于普里姆算法，克鲁斯卡尔算法是一种按照带权无向连通图中边的权值的递增顺序构造最小生成树的方法。

设带权无向连通图 $G=(V, E)$，其中 V 为顶点的集合，E 为边的集合。**克鲁斯卡尔算法思想是：**设图 G 的最小生成树 T 由顶点集合和边的集合构成，其初值为 $T=(V,\{\})$，即初始时最小生成树 T 只由图 G 中的顶点集合组成，各顶点之间没有一条边。这样，最小生成树 T 中的各个顶点各自构成一个连通分量。然后，按照边的权值递增的顺序考察图 G 中边集合 E 中的各条边，若被考察的边的两个顶点属于 T 的两个不同的连通分量，则将此边加入最小生成树 T 中，同时把两个连通分量连接为一个连通分量；若被考察的边的两个顶点属于 T 的同一个连通分量，则将此边舍去。如此下去，当 T 中的连通分量个数为 1 时，T 中的该连通分量即为图 G 的一棵最小生成树。

对于图 9-10（a）所示的带权无向连通图，按照克鲁斯卡尔算法构造最小生成树的过程如图 9-12 所示。最后，图 9-12（f）就是所构造的最小生成树。

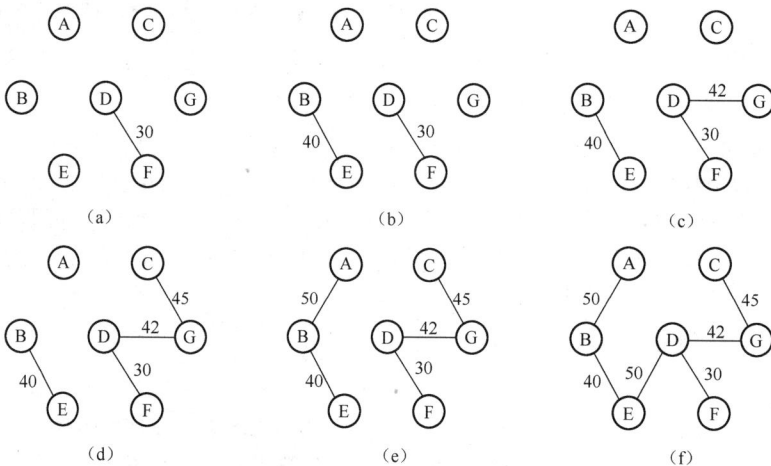

图 9-12　克鲁斯卡尔算法构造最小生成树的过程

克鲁斯卡尔算法主要包括两个部分：首先是带权无向连通图 G 中 e 条边的权值的排序，其次是判断新选取的边的两个顶点是否属于同一个连通分量。

对图 G 中 e 条边的权值的排序方法可以有很多种，各种排序算法的时间复杂度均不相同。对 e 条边的权值排序算法，时间复杂度较好的算法有快速排序、堆排序等，这些排序算法的时间复杂度为 $O(elbe)$。常用的冒泡排序、直接插入排序等排序算法的时间复杂度为 $O(e^2)$。判断新选取的边的两个顶点是否属于同一个连通分量的问题，是一个在最多有 n 个顶点的生成树中遍历寻找新选取的边的两个顶点是否存在的问题，此算法的时间复杂度在最坏情况下为 $O(n)$。

从上述分析可以得出，克鲁斯卡尔算法的时间复杂度主要由排序算法决定，而克鲁斯卡尔算法的排序算法只与图 G 中边的个数有关，与图 G 中顶点的个数无关。当使用时间复杂度为 $O(elbe)$ 的排序算法时，克鲁斯卡尔算法的时间复杂度即为 $O(elbe)$。因此，当图 G 中的顶点个数较多而边的条数较少时，使用克鲁斯卡尔算法构造最小生成树的时间效率较好。

9.6 最短路径

9.6.1 最短路径的基本概念

在一个图中，若从一个顶点到另一个顶点存在着路径，则定义**路径长度**为一条路径上所经过的边的数目。图中从一个顶点到另一个顶点可能存在着多条路径，我们把路径长度最短的那条路径称为**最短路径**，其路径长度称为**最短路径长度**或**最短距离**。

在一个带权图中，若从一个顶点到另一个顶点存在着一条路径，则称该路径上所经过边的权值之和为该路径上的**带权路径长度**。带权图中从一个顶点到另一个顶点可能存在着多条路径，我们把带权路径长度值最小的那条路径也称为**最短路径**，其带权路径长度称为**最短路径长度**或**最短距离**。

实际上，不带权的图的最短路径问题也可以归结为带权图的最短路径问题。只要把不带权的图的所有边的权值均定义为 1，则不带权的图的最短路径问题就归结为带权图的最短路径问题。为不失一般性，这里只讨论带权图的最短路径问题。

带权图分为带权无向图和带权有向图。若把带权无向图中的每条边 (v_i, v_j) 都定义为弧 $<v_i, v_j>$ 和弧 $<v_j, v_i>$，则带权无向图就变成了带权有向图。为了不失一般性，这里只讨论带权有向图的最短路径问题。

图 9-13 是一个带权有向图及其邻接矩阵，该图从顶点 A 到顶点 D 有三条路径:路径(A, D)，其带权路径长度为 30；路径(A, C, F, D)，其带权路径长度为 22；路径(A, C, B, E, D)，其带权路径长度为 32。其中，路径(A, C, F, D)称为最短路径，其带权路径长度 22 称为最短距离。

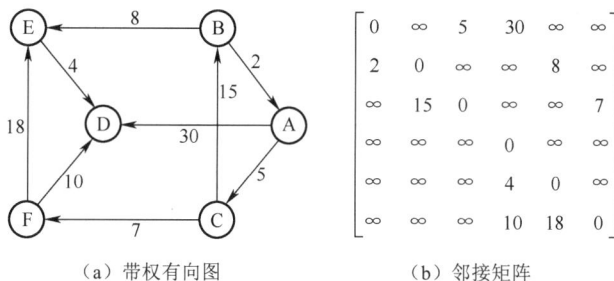

（a）带权有向图 　　　　　（b）邻接矩阵

图 9-13　带权有向图及其邻接矩阵

1. 狄克斯特拉算法

对于带权有向图中从一个确定顶点（称为源点）到其他各顶点的最短路径问题，狄克斯特拉（Dijkastra）提出了一个按路径长度递增的顺序逐步产生最短路径的构造算法。

狄克斯特拉算法思想：设置两个顶点的集合 S 和 T，集合 S 中存放已找到最短路径的顶点，集合 T 中存放当前还未找到最短路径的顶点。初始状态时，集合 S 中只包含源点，设为 v_0，然后从集合 T 中选择到源点 v_0 路径长度最短的顶点 u 加入集合 S 中，集合 S 中每加入一个新的顶点 u，都要修改源点 v_0 到集合 T 中剩余顶点的当前最短路径长度，集合 T 各顶点的新的当前最短路径长度为原来的当前最短路径长度与从源点 v_0 过顶点 u 到达该顶点的路径长度中的较小者。此过程不断重复，直到集合 T 中的顶点全部加入集合 S 中为止。

对于图 9-13（a）所示的带权有向图，图 9-14 给出了狄克斯特拉算法求从顶点 A 到其他各顶点的最短路径的过程，虚线表示当前可选择的边，实线表示算法已确定包括到集合 S 中的顶点所对应的边。

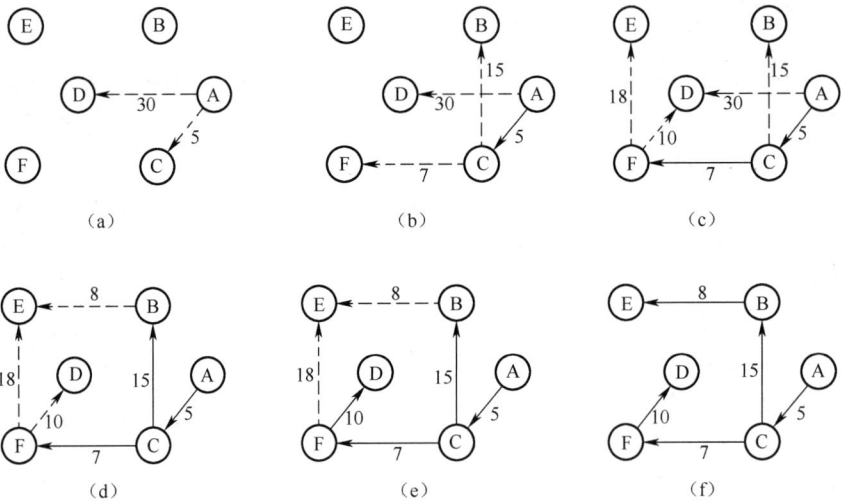

图9-14　狄克斯特拉算法求从顶点 A 到其他各顶点最短路径的过程

2. 狄克斯特拉函数设计

【函数的参数设计】

函数共有 4 个参数：两个为输入参数，分别为带权有向图 G 和源点下标 v0；两个为输出参数，分别为 distance[]和 path[]，distance[]用来存放得到的从源点 v0 到其他各顶点的最短距离，path[]用来存放得到的最短路径下标，即从源点 v0 到其他各顶点的最短路径上的前一个顶点的下标（注意，这与前面的 Prim()的参数设计方法类似）。

【狄克斯特拉函数设计】

```
void Dijkstra(AdjMGraph G, int v0, int distance[], int path[]){
//带权有向图 G 从源点 v0 到其他顶点的最短距离 distance 和最短路径下标 path
    int n = G.Vertices.size;
    int *s = (int *)malloc(sizeof(int)*n);
    int minDis, i, j, u;
    //初始化
    for(i = 0; i < n; i ++){
        distance[i] = G.edge[v0][i];
```

```
            s[i] = 0;
            if(i != v0 && distance[i] < MaxWeight) path[i] = v0;
            else path[i] = -1;
        }

        s[v0] = 1;           //标记源点 v0 已从集合 T 加入集合 S 中

        //在当前还未找到最短路径的顶点集中选取具有最短距离的顶点 u
        for(i = 1; i < n; i ++){
            minDis = MaxWeight;
            for(j = 0;j < n;j ++)
                if(s[j] == 0 && distance[j] < minDis){
                    u = j;
                    minDis = distance[j];
                }

            //当已不再存在路径时，算法结束。此语句对非连通图是必需的
            if(minDis == MaxWeight) return;

            s[u] = 1;         //标记顶点 u 已从集合 T 加入集合 S 中

            //修改从源点 v0 到其他顶点的最短距离和最短路径下标
            for(j = 0; j < n; j++)
                if(s[j] == 0 && G.edge[u][j] < MaxWeight &&
                    distance[u] + G.edge[u][j] < distance[j]){
                    //顶点 v0 经顶点 u 到其他顶点的最短距离和最短路径下标
                    distance[j] = distance[u] + G.edge[u][j];
                    path[j] = u;
                }
        }
    }
```

【说明】

（1）初始状态时，若从源点 v_0 到某一下标为 i 的顶点有边，则 distance[i]为该边的权值，且令 path[i]为源点 v_0；若从源点 v_0 到下标为 i 的顶点无边，则 distance[i]为最大权值 MaxWeight，且令 path[i]为-1。初始时，s[i]=0，i=1, 2, …, n。s[i]用来表示顶点 i 是否已从集合 T 移到集合 S 中，s[i]=0 表示顶点 i 在集合 T 中，s[i]=1 表示顶点 i 已从集合 T 移到集合 S 中。

（2）函数设计成循环迭代过程。设从源点 v_0 到其他各顶点路径中最短的一条为(v_0,顶点 i)，其中顶点 i 满足：

$$distance[i]=\min \{distance[i] \mid s[i]=0, i=1, 2, …, n\}$$

则首先令 s[i]=1，即表示顶点 i 已从集合 T 移到集合 S 中，然后修改 distance[j]，j= 1, 2, …, n。

修改 distance[j]的方法：假设原先从源点 v_0 到顶点 j 的最短距离为 distance[j]，则目前从源点 v_0 到顶点 j 的最短距离是路径(v_0, 顶点 j)的距离与过顶点 i 的路径的距离（路径(v_0, 顶点 i, 顶点 j)的距离）中的较短者。因此，修改 distance[j]的方法如下：

$$distance[j]=\min\{distance[j], distance[i]+边(顶点 i, 顶点 j)的权值\}, j=1, 2, …, n$$

这样的迭代过程一直进行到所有顶点都从集合 T 移到了集合 S 中，或者目前已不存在任何一条边可选择为止。

（3）对上述迭代过程，要确定从源点 v_0 到某个顶点（如顶点 j）的最短路径序列（如(v_0, 顶点 i, 顶点 j)）的算法将很复杂，但要确定从源点 v_0 到某个顶点的最短路径的前一个顶点很容易。因此，数组 path 中存放了从源点 v_0 到其他各顶点的最短路径上的前一个顶点的下标。

上述函数 Dijkstra() 的主体是两个循环次数为顶点个数 n 的循环，所以该函数的时间复杂度为 $O(n^2)$。

3. 测试程序

【例 9-4】 以图 9-13（a）所示的带权有向图为例设计测试函数 Dijkstra() 的程序。

设函数 Dijkstra() 存放在文件 Dijkstra.h 中，测试程序设计如下：

```
#include <stdio.h>
#include <malloc.h>
typedef char DataType;                   //定义顺序表的数据类型为 char
#define MaxSize 10                        //定义顺序表数组元素的最大个数
#define MaxVertices 10                    //定义顶点的最大个数
#define MaxWeight 10000                   //定义最大权值
#include "AdjMGraph.h"                    //包含 AdjMGraph.h 头文件
#include "AdjMGraphCreate.h"              //包含 AdjMGraphCreate.h 头文件
#include "Dijkstra.h"                     //包含函数 Dijkstra() 的头文件

void main(void){
    AdjMGraph g;
    char a[] = {'A', 'B', 'C', 'D', 'E', 'F'};
    RowColWeight rcw[] = {{0,2,5}, {0,3,30}, {1,0,2}, {1,4,8}, {2,1,15},
                          {2,5,7}, {4,3,4}, {5,3,10}, {5,4,18}};
    int i, n = 6, e = 9;
    int distance[6], path[6];
    CreatGraph(&g, a, n, rcw, e);
    Dijkstra(g, 0, distance, path);
    printf("从顶点%c 到其他各顶点的最短距离为：\n", g.Vertices.list[0]);
    for(i = 0; i < n; i++)
        printf("到顶点%c 的最短距离为%d\n", g.Vertices.list[i], distance[i]);
    printf("从顶点%c 到其他各顶点最短路径的前一个顶点为：\n",
            g.Vertices.list[0]);
    for(i = 0; i < n; i++)
        if(path[i] != -1)
            printf("到顶点 %c 的前一个顶点为%c\n",
                g.Vertices.list[i], g.Vertices.list[path[i]]);
}
```

【程序运行结果】

从顶点 A 到其他各顶点的最短距离为：
　　到顶点 A 的最短距离为 0
　　到顶点 B 的最短距离为 20
　　到顶点 C 的最短距离为 5
　　到顶点 D 的最短距离为 22
　　到顶点 E 的最短距离为 28
　　到顶点 F 的最短距离为 12

从顶点 A 到其他各顶点最短路径的前一个顶点为：

    到顶点 B 的前一个顶点为 C

    到顶点 C 的前一个顶点为 A

    到顶点 D 的前一个顶点为 F

    到顶点 E 的前一个顶点为 B

    到顶点 F 的前一个顶点为 C

程序运行结果和图 9-14 的构造过程完全相同。

从程序的运行结果，再结合图 9-13（a）的带权有向图，可以得出，从顶点 A 到其他各顶点的最短路径及其距离如下：

    从顶点 A 到顶点 C 的最短路径为(A, C)，其距离为 5；

    从顶点 A 到顶点 B 的最短路径为(A, C, B)，其距离为 20；

    从顶点 A 到顶点 F 的最短路径为(A, C, F)，其距离为 12；

    从顶点 A 到顶点 D 的最短路径为(A, C, F, D)，其距离为 22；

    从顶点 A 到顶点 E 的最短路径为(A, C, B, E)，其距离为 28。

当然，前边设计的函数 Dijkstra() 只是反映了狄克斯特拉算法的基本思想，在实际实现狄克斯特拉算法时，还可以加以改进，把上述从源点到其他顶点最短路径的递推过程包含在其中。

9.6.2　每对顶点之间的最短路径

对于一个带权有向图，每对顶点之间的最短路径问题，显然可通过调用前述的狄克斯特拉算法实现。具体方法是：每次以不同的顶点作为源点，调用狄克斯特拉算法求出从该源点到其他顶点的最短路径。这样，重复调用 n 次狄克斯特拉算法，就可求出每对顶点之间的最短路径。因为狄克斯特拉算法的时间复杂度为 $O(n^2)$，所以这种算法的时间复杂度为 $O(n^3)$。

弗洛伊德（Floyd）也提出了一种解决每对顶点之间最短路径问题的算法，称为弗洛伊德算法。本节讨论弗洛伊德算法的思想和实现方法。

弗洛伊德算法思想：设矩阵 **cost** 用来存放带权有向图 G 的权值，即矩阵元素 $cost[i][j]$ 中存放着序号为 i 的顶点到序号为 j 的顶点之间的权值，可以通过递推构造一个矩阵序列 $A_0, A_1, A_2, \cdots, A_N$ 来求每对顶点之间的最短路径。其中，$A_k[i][j]$（$0 \leqslant k \leqslant n$）表示从顶点 v_i 到顶点 v_j 的路径上所经过的顶点序号不大于 k 的最短路径长度。初始时，有 $A_0[i][j]=cost[i][j]$。当已经求出 A_k，要递推求解 A_{k+1}（要递推求解从顶点 v_i 到顶点 v_j 的路径上所经过的顶点序号不大于 $k+1$ 的最短路径长度）时，可分两种情况来考虑：一种情况是，该路径不经过顶点序号为 $k+1$ 的顶点，此时该路径长度与从顶点 v_i 到顶点 v_j 的路径上所经过的顶点序号不大于 k 的最短路径长度相同；另一种情况是，该路径经过顶点序号为 $k+1$ 的顶点，此时该路径可分为两段，一段是从顶点 v_i 到顶点 v_{k+1} 的最短路径，另一段是从顶点 v_{k+1} 到顶点 v_j 的最短路径，此时的最短路径长度等于这两段最短路径长度之和。这两种情况中的路径长度较小者，就是要求的从顶点 v_i 到顶点 v_j 的路径上所经过的顶点序号不大于 $k+1$ 的最短路径长度。

弗洛伊德算法思想可用如下递推公式描述：

    $A_0[i][j]=cost[i][j]$

    $A_{k+1}[i][j]=\min\{A_k[i][j], A_k[i][k+1]+A_k[k+1][j]\}$ （$0 \leqslant k \leqslant n-1$）

也就是说，初始时，$A_0[i][j]=cost[i][j]$；然后进行递推，每递推一次，从顶点 v_i 到顶点 v_j 的最短路径上就多考虑一个经过的中间顶点；这样，经过 n 次递推后得到的 $A_n[i][j]$，就是考虑了经过图中所有顶点情况下的从顶点 v_i 到顶点 v_j 的最短路径长度。

下面讨论弗洛伊德算法的实现问题。假设带权有向图 G 的权值存放在二维数组 cost 中，另外有两个二维数组 weight 和 path，其中 weight 用来存储当前得到的 A_k（k=0, 1, 2, …, n）元素，path 用来存储当前得到的和 A_k 相对应的最短路径（注意，path 中存储的是到目标顶点的前一个顶点序号）。设图中 n 个顶点分别用 0, 1, 2, …, $n-1$ 来编号，则某次递推时得到的 path[i][j]=k（k=0, 1, 2, …, $n-1$）表示当前得到的从顶点 v_i 到顶点 v_j 的最短路径，其目标顶点的前一个顶点序号为 k。初始时，path[i][j]=−1。

弗洛伊德算法设计如下：

```
void Floyd(int cost[][N], int n, int weight[][N], int path[][N]){
//弗洛伊德算法，N 为图中的顶点个数
    int i, j, k;

    //初始化
    for(i = 0; i < n; i++)
        for(j = 0; j < n; j++) {
            weight[i][j] = cost[i][j];
            path[i][j] = -1;
        }

    //n 次递推
    for(k = 0; k < n; k++) {
        for(i = 0; i < n; i++)
            for(j = 0; j < n; j++)
                if(weight[i][j] > weight[i][k] + weight[k][j]){
                    //得到新的最短路径长度
                    weight[i][j] = weight[i][k] + weight[k][j];
                    //得到该最短路径经过的顶点序号
                    path[i][j] = k;
                }
    }
}
```

弗洛伊德算法的时间复杂度也是 $O(n^3)$，但比狄克斯特拉算法在形式上更简单一些。

如图 9-15（a）所示为一个简单的带权有向图，如图 9-15（b）所示为其邻接矩阵。

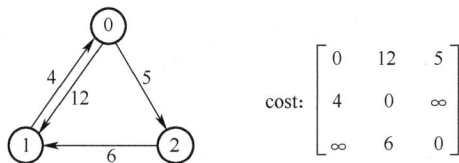

（a）带权有向图   （b）邻接矩阵

图 9-15　带权有向图及其邻接矩阵

图 9-16 是图 9-15 调用弗洛伊德算法的执行过程。假如程序中规定数值 9999 表示无穷大，则 weight 和 path 初始时的数值如图 9-16（a）所示；在第一次递推时，由于从顶点 1 到顶点 2 经过顶点 0 的权值为 4+5=9，小于 9999，所以第一次递推后有 weight[1][2]=9，path[1][2]=0，如图 9-16（b）所示；在第二次递推时，因为从顶点 2 到顶点 0 经过顶点 1 的权值为 6+4=10，小于 9999，所以第二次递推后有 weight[2][0]=10，path[2][0]=1，如图 9-16（c）所示；在第三次递推时，因为从顶点 0 到顶点 1 经过顶点 2 的权值为 5+6=11，小于原来从顶点 0 到顶点 1 的直接路

径权值 12，所以第三次递推后有 weight[0][1]=11，path[0][1]=2，如图 9-16（d）所示。

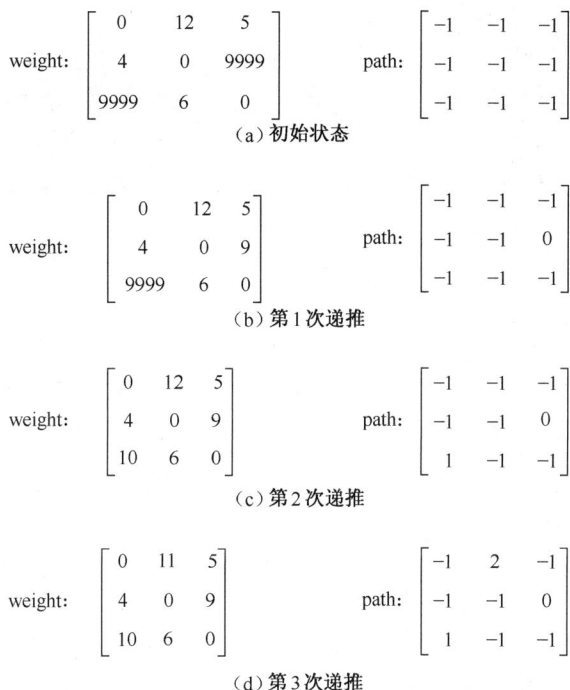

$$
\text{weight:} \begin{bmatrix} 0 & 12 & 5 \\ 4 & 0 & 9999 \\ 9999 & 6 & 0 \end{bmatrix} \qquad \text{path:} \begin{bmatrix} -1 & -1 & -1 \\ -1 & -1 & -1 \\ -1 & -1 & -1 \end{bmatrix}
$$

（a）初始状态

$$
\text{weight:} \begin{bmatrix} 0 & 12 & 5 \\ 4 & 0 & 9 \\ 9999 & 6 & 0 \end{bmatrix} \qquad \text{path:} \begin{bmatrix} -1 & -1 & -1 \\ -1 & -1 & 0 \\ -1 & -1 & -1 \end{bmatrix}
$$

（b）第 1 次递推

$$
\text{weight:} \begin{bmatrix} 0 & 12 & 5 \\ 4 & 0 & 9 \\ 10 & 6 & 0 \end{bmatrix} \qquad \text{path:} \begin{bmatrix} -1 & -1 & -1 \\ -1 & -1 & 0 \\ 1 & -1 & -1 \end{bmatrix}
$$

（c）第 2 次递推

$$
\text{weight:} \begin{bmatrix} 0 & 11 & 5 \\ 4 & 0 & 9 \\ 10 & 6 & 0 \end{bmatrix} \qquad \text{path:} \begin{bmatrix} -1 & 2 & -1 \\ -1 & -1 & 0 \\ 1 & -1 & -1 \end{bmatrix}
$$

（d）第 3 次递推

图 9-16 弗洛伊德算法的执行过程

9.7 拓扑排序

1．偏序关系和全序关系

拓扑排序是"离散数学"课程中讨论的概念。拓扑排序是指由某个集合上的偏序关系得到该集合上的全序关系。

若集合 X 上的关系 R 是自反的、反对称的和传递的，则称关系 R 是集合 X 上的**偏序关系**（或称半序关系）。

集合 X 上的偏序关系 R 说明如下。

设关系 R 为定义在集合 X 上的二元关系，若对于每个 $x \in X$，都有 $(x, x) \in R$，则称 R 是自反的。

设关系 R 为定义在集合 X 上的二元关系，若对于任意的 $x, y, z \in X$，当 $(x, y) \in R$ 且 $(y, z) \in R$ 时，有 $(x, z) \in R$，则称关系 R 是传递的。

关于自反关系和传递关系的举例参见 8.7 节。下面解释反对称关系。

设关系 R 为定义在集合 X 上的二元关系，若对于所有的 $x, y \in X$，当 $(x, y) \in R$ 且 $(y, x) \in R$ 时，有 $x=y$，则称关系 R 是**反对称的**。例如，设 X 是实数集合，R 为小于或等于关系，即 $R=\{(x, y) \mid x \in X \wedge y \in X \wedge x \leqslant y\}$，由于当 $x \leqslant y$ 且 $y \leqslant x$ 时有 $x=y$，因此，关系 R 是反对称关系。另外，相等关系也是反对称关系。

设关系 R 是集合 X 上的偏序关系，若对所有的 $x, y \in X$，有 $(x, y) \in R$ 或 $(y, x) \in R$，则称关系 R 是集合 X 上的**全序关系**。

偏序关系的实质是在集合 X 的元素之间建立层次结构。这种层次结构是依赖于偏序关系的可比性建立起来的。但是，偏序关系不能保证集合 X 中的任意两个元素之间都能进行比较，而全序关系可以保证集合中的任意两个元素之间都可以进行比较。

2．有向图在实际问题中的应用

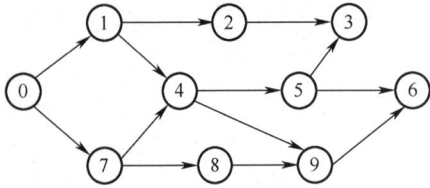

图 9-17　AOV 网

一个有向图可以表示一个施工流程图、产品生产流程图、数据流图等，设图中每条有向边表示两个子工程之间的先后次序关系。若以有向图中的顶点来表示活动，以有向边来表示活动之间的先后次序关系，则这样的有向图称为顶点表示活动的网（Activity On Vertex Network），简称 **AOV 网**。如图 9-17 所示就是一个 AOV 网。

AOV 网表示的有向图要解决的一个问题，就是如何得到一个完成整个工程项目的各子工程的序列。这就是有向图的拓扑排序问题。

3．拓扑排序在有向图中的应用

把有向图中的所有顶点看作集合中的元素，把有向边看作集合中的关系（通常是先于关系），可以证明，如果有向图中不存在回路（或称环），则对应的集合上的关系满足偏序关系。因此，如何得到 AOV 网表示的施工流程图的一个完成整个工程项目的各子工程的序列问题，就是一个 AOV 网表示的有向图的拓扑排序问题。

对一个有向图进行拓扑排序，就是将图中的所有顶点排成一个线性序列，使得对图中任意一对顶点 u 和 v，若<u, v>是图中的一条有向边，则顶点 u 在该线性序列中出现在顶点 v 之前。这样的线性序列称为满足拓扑次序的序列，简称为拓扑序列。对有向图建立拓扑序列的过程称为对有向图的拓扑排序。

对于 AOV 网的拓扑排序就是将 AOV 网中的所有顶点排成一个线性序列。

拓扑排序实际上就是要由某个集合上的一个偏序关系得到该集合上的一个全序关系。例如，如图 9-18 所示的两个有向图，因为图 9-18（a）中顶点 B 无法和顶点 C 进行比较，所以图 9-18（a）表示的是偏序关系。如果在图 9-18（a）中人为添加一条顶点 B 到顶点 C 的有向边，则图 9-18（b）表示的就是全序关系。

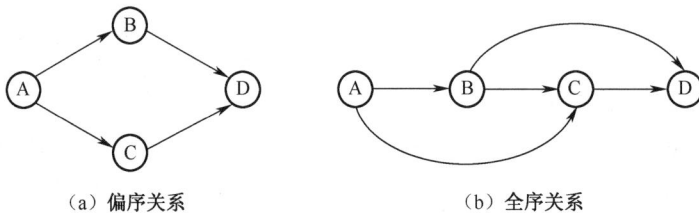

（a）偏序关系　　　　　　　　　　（b）全序关系

图 9-18　偏序关系和全序关系

如果对一个有向图进行拓扑排序，得到该图中所有顶点的一个线性序列，因为线性序列中所有顶点均可以比较，也就相当于通过人为添加一些有向边，把有向图对应的偏序关系变成了全序关系。

4．有向图的拓扑排序算法

有向图的拓扑排序算法如下：

① 在图中选择一个没有前驱的顶点，并把它输出；

② 从图中删去该顶点以及与它相关的有向边。

重复上述两个步骤，直到所有顶点都输出，或者剩余的顶点中找不到没有前驱的顶点为止。

在前一种情况下，顶点的输出序列就是一个拓扑序列；后一种情况则说明有向图中存在回路，如果有向图中存在回路，则该图一定无法得到一个拓扑序列。

上述算法仅能得到有向图的一个拓扑序列。改进上述算法，可以得到有向图的所有拓扑序列。

如果一个有向图存在一个拓扑序列，通常表示该图对应的某个施工流程图的一种施工方案切实可行；而如果一个有向图不存在一个拓扑序列，则说明该图对应的某个施工流程图存在设计问题，不存在切实可行的任何一种施工方案。

【例 9-5】 对于图 9-17 所示的 AOV 网，写出利用拓扑排序算法得到的一个拓扑序列。

【解】 根据拓扑排序算法，得到的一个拓扑序列为 0, 1, 7, 2, 4, 8, 5, 9, 3, 6。

AOV 网除了可以表示施工流程图，还可以表示课程学习关系等。例如，设图 9-17 所示的 AOV 网中的顶点集合表示学生需要学习的所有课程，有向边表示课程之间的先修关系。例如，有向边 <0, 1> 表示课程 0 需要先于课程 1 学习，则所得到的一个拓扑序列（0, 1, 7, 2, 4, 8, 5, 9, 3, 6），即表示学生可以选择的一种课程学习方案。

5. 有向图的拓扑排序算法实现讨论

一个有向图的拓扑序列可能有多个，但上述拓扑排序算法输出的拓扑序列只有一个。至于输出哪一个拓扑序列，取决于存储结构中各顶点及其邻接顶点的排列顺序，以及算法的具体实现方法。

在通常情况下，为了避免每次都重复查找入度为 0 的顶点（没有前驱的顶点），拓扑排序算法可利用一个栈或队列来暂存当前入度为 0 的所有顶点。当用栈来暂存当前入度为 0 的顶点，同时有多个入度为 0 的顶点时，拓扑排序算法总是先输出当前入度为 0 的所有顶点中的最后一个；当用队列来暂存入度为 0 的顶点，同时有多个入度为 0 的顶点时，拓扑排序算法总是先输出当前入度为 0 的所有顶点中的第一个。

在实现有 n 个顶点的拓扑排序算法时，用一个有 n 个元素的数组存放每个顶点的入度。要删除某条以某个入度为 0 的顶点为弧尾的有向边，可通过把该顶点的各个邻接顶点的入度减 1 来实现。

若已知一个有向图初始时只有一个入度为 0 的顶点，并且已知该图无环，还可以修改图的深度优先算法为：每当退出深度优先遍历算法时才输出当前顶点，则深度优先遍历算法输出的顶点一定是出度为 0 的顶点（没有后继的顶点），从而可以得到该图的一种逆拓扑序列。具体方法是，以入度为 0 的顶点为初始顶点，调用图的深度优先遍历算法（算法修改为：每当退出深度优先遍历算法时才输出当前顶点），则算法得到的就是一个逆拓扑序列。例如，对图 9-17 所示的有向图，这种拓扑排序算法得到的逆拓扑序列为（3, 2, 6, 5, 9, 4, 1, 8, 7, 0）。算法执行的部分过程如下。

递归层 1：以顶点 0 调用深度优先遍历递归算法。

递归层 2：以顶点 1 递归调用深度优先遍历递归算法。

递归层 3：以顶点 2 递归调用深度优先遍历递归算法。

递归层 4：以顶点 3 递归调用深度优先遍历递归算法。由于顶点 3 出度为 0，因此，输出顶点 3，返回递归层 3。

递归层 3：由于此时顶点 2 出度为 0，输出顶点 2，返回递归层 2。

递归层 2：以顶点 4 递归调用深度优先遍历递归算法。

递归层 3'：以顶点 5 递归调用深度优先遍历递归算法。

递归层 4'：以顶点 6 递归调用深度优先遍历递归算法。由于顶点 6 出度为 0，因此，输出顶点 6，返回递归层 3'。

9.8 关键路径

1. 工程管理中的问题

在工程规划中，经常需要考虑这样的问题，完成整个工程最短需要多长时间，工程中的哪些工序是重要的工序，缩短这些重要工序的时间是否可以缩短整个工程的工期？在生产管理中，也存在这样的问题，一件产品有多道生产工序，缩短哪道工序所用的时间可以缩短产品的整个生产周期？诸如此类的问题，可以使用带权有向图进行描述和分析。下面首先给出描述这类问题的有关概念，然后讨论解决的方法。

2. AOE 网对工程管理问题的表示

在带权有向图中，如果顶点表示事件，有向边表示活动，有向边上的权值表示活动持续的时间，则这样的带权有向图称为边表示活动的网（Activity On Edge Network），简称 AOE 网。如图 9-19 所示就是一个 AOE 网。在这个 AOE 网中，共有 10 个事件，15 个活动。

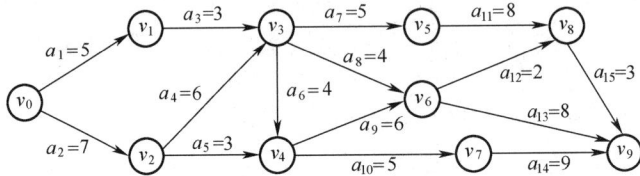

图 9-19　AOE 网

从图的角度看，AOE 网和 AOV 网的相同之处是两者都是有向图。它们的不同之处如下：

① AOV 网的有向边不考虑权值，而 AOE 网的有向边考虑权值。

② AOV 网的入度为 0 的顶点可以有多个，而 AOE 网的入度为 0 的顶点（源点）只有一个；AOV 网的出度为 0 的顶点可以有多个，而 AOE 网的出度为 0 的顶点（汇点）只有一个。

另外，后面的讨论将指出，AOE 网和 AOV 网都不允许出现环路。

AOE 网具有下列性质：

① 只有在进入某一顶点的各条有向边代表的活动结束后，该顶点所代表的事件才能发生。例如，在图 9-19 中，若活动 a_3 和活动 a_4 已经结束，则事件 v_3 可以发生。

② 只有在某个顶点代表的事件发生后，从该顶点出发的各条有向边所代表的活动才能开始。例如，在图 9-19 中，若事件 v_3 发生，则活动 a_6、活动 a_7 和活动 a_8 可以开始。

③ 在一个 AOE 网中，有一个入度为 0 的事件，称为源点，它表示整个工程的开始。同时，有一个出度为 0 的事件，称为汇点，它表示整个工程的结束。在图 9-19 中，顶点 v_0 是源点，顶点 v_9 是汇点。

表示一个实际工程管理问题的 AOE 网应该是一个没有回路的带权有向图。由于整个工程只有一个开始点和一个结束点，因此 AOE 网中只有一个入度为 0 的顶点（源点）和一个出度为 0 的顶点（汇点）。

对于 AOE 网，需要研究的问题是：

① 完成整个工程需要多少时间？

② 哪些活动是影响工程进度的关键？

为此，先给出以下基本概念。

路径长度：AOE 网的一条路径上所有活动的总和称为该路径的长度。

关键路径：在 AOE 网中，从源点到汇点的所有路径中，具有最大路径长度的路径称为关键路径。

关键活动：关键路径上的活动称为关键活动。

显然，完成整个工程的最短时间就是 AOE 网中关键路径的长度，也就是 AOE 网中各关键活动所持续时间的总和。

【例 9-6】 找出如图 9-19 所示的 AOE 网中的关键路径。

【解】 在如图 9-19 所示的 AOE 网中，从源点 v_0 到汇点 v_9 共有 15 条路径，分别计算这 15 条路径的长度，得到最大路径长度为 31。最大路径长度对应的关键路径为 $(v_0, v_2, v_3, v_4, v_6, v_9)$ 和 $(v_0, v_2, v_3, v_4, v_7, v_9)$。

当一个工程计划用 AOE 网表示后，实际应用中所关心的问题就是如何找出关键路径上的关键活动，从而增加关键活动的投入，缩短关键活动持续的时间，进而争取整个工程的提前完成。

3. 几个参数的定义

寻找关键活动需要首先得到几个相关参数的数值。下面首先给出这几个参数的定义。

活动的持续时间 dut(<j, k>)：对于有向边 <j, k> 代表的活动，dut(<j, k>) 是该有向边 <j, k> 的权值。

事件可能的最早开始时间 ve(k)：对于顶点 v_k 代表的事件，ve(k) 是从源点到该顶点的最大路径长度。在一个有 n+1 个事件的 AOE 网中，源点 v_0 的最早开始时间 ve(0) 为 0。事件 v_k（k=1, 2, 3, …, n）可能的最早开始时间 ve(k) 可用递推公式表示为：

$$ve(k) = \begin{cases} 0, & \text{顶点 } k=0 \text{ 为源点} \\ Max\{ve(j) + dut(<j, k>)\} \mid <j, k> \text{ 为网中的有向边}, & \text{其他顶点} \end{cases}$$

事件允许的最晚发生时间 vl(k)：对于顶点 v_k 代表的事件，vl(k) 是在保证按时完成整个工程的前提下，该事件最晚必须发生的时间。在一个有 n+1 个事件的 AOE 网中，汇点 v_n 的最晚发生时间 vl(n) 为工程最后的完成时间，即 vl(n) 等于 ve(n)。所以，事件 v_k（k=0, 1, 2, …, n-1）的最晚发生时间 vl(k) 可用递推公式表示为：

$$vl(k) = \begin{cases} ve(n), & \text{顶点 } k=n \text{ 为汇点} \\ Min\{vl(j) - dut(<k, j>)\} \mid <k, j> \text{ 为网中的有向边}, & \text{其他顶点} \end{cases}$$

活动可能的最早开始时间 e(i)：对于有向边 a_i 代表的活动，e(i) 是该活动的弧尾事件可能的最早发生时间。假设活动 a_i 代表的是有向边 <j, k>，即 a_i 是关联事件 j 和事件 k 的活动，则 e(i)=ve(j)。

活动允许的最晚开始时间 l(i)：对于有向边 a_i 代表的活动，l(i) 是该活动的弧头事件允许的最晚发生时间减去该活动持续的时间。l(i) 是在不推迟整个工程完成的前提下，活动 a_i 必须开始的时间。假设活动 a_i 代表的是有向边 <j, k>，即 a_i 是关联事件 j 和事件 k 的活动，则 l(i)=vl(k)-dut(<j, k>)。

这样，每个活动允许的时间余量就是 l(i) -e(i)。而关键活动就是 l(i) -e(i)=0 的那些活动，即可能的最早开始时间 e(i) 等于允许的最晚开始时间 l(i) 的那些活动就是关键活动。

【例 9-7】 对于图 9-19 所示的 AOE 网，要求：

（1）计算各个事件 v_k 的最早开始时间 ve(k)；

（2）给出整个工程需要的最短时间；

（3）计算各个事件 v_k 的最晚发生时间 vl(k)；

（4）计算各个活动 a_i 的最早开始时间 e(i)；

（5）计算各个活动 a_i 的最晚开始时间 l(i)；

（6）找出所有的关键活动和关键路径。

【解】 （1）各个事件 v_k 的最早开始时间 ve(k) 如下：

事件	v_0	v_1	v_2	v_3	v_4	v_5	v_6	v_7	v_8	v_9
ve(k)	0	5	7	13	17	18	23	22	26	31

计算公式为：Max{ve(j)+dut(<j, k>)}。

计算过程为：

源点 v_0 的最早开始时间 ve(0)=0；

从源点 v_0 到顶点 v_1 的最大路径长度是 5，所以，事件 v_1 的最早开始时间 ve(1) 等于 5；

从源点 v_0 到顶点 v_2 的最大路径长度是 7，所以，事件 v_2 的最早开始时间 ve(2) 等于 7；

从源点 v_0 到顶点 v_3 的最大路径长度是 13，所以，事件 v_3 的最早开始时间 ve(3) 等于 13；

……

（2）完成整个工程需要的最短时间是 31。

（3）各个事件 v_k 的最晚发生时间 vl(k) 为：

事件	v_0	v_1	v_2	v_3	v_4	v_5	v_6	v_7	v_8	v_9
vl(k)	0	10	7	13	17	20	23	22	28	31

最晚发生时间 vl(k) 需要反向计算。计算公式为：Min{vl(j) −dut(<k, j>)}。

计算过程为：

已知完成整个工程需要的最短时间是 31，所以，事件 v_9 的最晚发生时间 vl(9)=31；

已知事件 v_9 的最晚发生时间 vl(9)=31，所以，事件 v_8 的最晚发生时间为：

$$vl(8)=vl(9) − <8,9>=31−3=28$$

已知事件 v_9 的最晚发生时间 vl(9)=31，所以，事件 v_7 的最晚发生时间为：

$$vl(7)=vl(9) − <7,9>=31−9=22$$

……

（4）各个活动 a_i 的最早开始时间 $e(i)$ 为：

活动	a_1	a_2	a_3	a_4	a_5	a_6	a_7	a_8	a_9	a_{10}	a_{11}	a_{12}	a_{13}	a_{14}	a_{15}
$e(i)$	0	0	5	7	7	13	13	13	17	17	18	23	23	22	26

计算公式为：假设活动 a_i 代表的是有向边<j, k>，则 $e(i)$ =ve(j)。

计算过程为：

活动 a_1 代表的有向边是<0, 1>，而事件 v_0 的最早开始时间 ve(0)=0，所以 $e(1)$=0；

活动 a_2 代表的有向边是<0, 2>，而事件 v_0 的最早开始时间 ve(0) =0，所以 $e(2)$=0；

活动 a_3 代表的有向边是<1, 3>，而事件 v_1 的最早开始时间 ve(1) =5，所以 $e(3)$=5；

……

（5）各个活动 a_i 的最晚开始时间 $l(i)$ 为：

活动	a_1	a_2	a_3	a_4	a_5	a_6	a_7	a_8	a_9	a_{10}	a_{11}	a_{12}	a_{13}	a_{14}	a_{15}
$l(i)$	5	0	10	7	14	13	15	19	17	17	20	26	23	22	28

最晚开始时间 $l(i)$ 需要反向计算。

计算公式为：假设活动 a_i 代表的是有向边<j, k>，则 $l(i)$=vl(k) − dut(<j, k>)。

计算过程如下：

活动 a_{15} 代表的有向边是<8, 9>，而事件 v_9 的最晚发生时间 vl(9)=31，活动持续时间 dut(<8, 9>)=3，所以，$l(15)$=vl(9) − dut(<8, 9>)=31−3=28；

活动 a_{14} 代表的有向边是<7, 9>，而事件 v_9 的最晚发生时间 vl(9)=31，活动持续时间 dut(<7, 9>)=9，所以，$l(14)$=vl(9) − dut(<7, 9>)=31−9=22；

活动 a_{11} 代表的有向边是<5, 8>，而事件 v_8 的最晚发生时间 $vl(8)=28$，活动持续时间 dut(<5, 8>)=8，所以，$l(11)=vl(8)-$dut(<5, 8>)=28-8=20；

......

（6）对于任意一个活动 a_i，若满足 $l(i)=e(i)$，则这样的活动就是关键活动。所以，关键活动有 a_2、a_4、a_6、a_9、a_{10}、a_{13}、a_{14}。

从源点 v_0 到汇点 v_9 的只经过关键活动的路径就是关键路径。所以，关键路径为(v_0, v_2, v_3, v_4, v_6, v_9)和(v_0, v_2, v_3, v_4, v_7, v_9)。

4．寻找关键活动的算法

根据前面的分析可知，要寻找 AOE 网中的关键活动，只需首先计算出所有事件的最早开始时间 ve(k)和最晚发生时间 vl(k)，然后计算出所有活动的最早开始时间 $e(i)$ 和最晚开始时间 $l(i)$ 值，最后找出所有 $e(i)=l(i)$ 的活动，这些活动就是 AOE 网中的关键活动。

在计算 AOE 网中所有事件的最早开始时间 ve(k)时，需要按拓扑排序得到的拓扑序列来逐个进行计算，否则无法进行正向递推计算；在计算 AOE 网中所有事件的最晚开始时间 vl(i)时，需要按拓扑排序得到的逆拓扑序列来逐个进行计算，否则无法进行反向递推计算。

求 AOE 网中关键活动的算法步骤如下。

（1）建立包含 $n+1$ 个顶点、e 条有向边的 AOE 网。其中，顶点 v_0 为源点，顶点 v_n 为汇点。

（2）根据有向图的拓扑排序算法，求出 AOE 网的拓扑序列。如果 AOE 网中存在环，拓扑序列不存在，则无法得到 AOE 网的关键活动，算法失败退出。

（3）从源点 v_0 开始，令源点 v_0 的最早开始时间 ve[0]=0，按拓扑序列求其余各顶点 $k(k=1, 2, 3, \cdots, n)$ 的最早开始时间 ve[k]。

（4）从汇点 v_n 开始，令汇点 v_n 的最晚发生时间 vl[n]=ve[n]，按逆拓扑序列求其余各顶点 k（$k=n-1, n-2, \cdots, 2, 1, 0$）的最晚发生时间 vl[k]。

（5）计算每个活动的最早开始时间 $e[k]$（$k=1, 2, 3, \cdots, e$）。

（6）计算每个活动的最晚开始时间 $l[k]$（$k=1, 2, 3, \cdots, e$）。

（7）找出所有 $e[k]=l[k]$ 的活动 k，这些活动即为 AOE 网的关键活动。

5．AOE 网的应用

实践证明，用 AOE 网来估算工程的完成时间是非常有用的。另外，根据前面的讨论可知，AOE 网中的关键活动的持续时间是限制整个工程进度的主要因素，要缩短整个工程的时间进度，就要力争缩短关键活动的持续时间。

习题 9

【基本概念习题】

9-1　回答下列问题：

（1）具有 n 个结点的连通图至少有多少条边？

（2）具有 n 个结点的强连通图至少有多少条边？这样的图应该是什么形状？

（3）具有 n 个结点的有向无环图最多有多少条边？

9-2　已知图 $G=(V, E)$，其中 V={a, b, c, d, e, f, g}，E={<a, b>, <a, g>, <b, g>, <c, b>, <d, c>, <d, f>, <e, d>, <f, a>, <f, e>, <g, c>, <g, d>, <g, f>}，要求：

（1）画出图 G。

（2）画出图 G 的邻接矩阵。

（3）画出图 G 的邻接表。

9-3　对于图 9-20 所示的有向图，要求：

（1）给出该图的邻接矩阵存储结构。

（2）给出该图的邻接表存储结构。

（3）设顶点 A 为访问的第一个顶点，按照邻接矩阵存储结构给出每个顶点的邻接顶点次序，并给出该图的深度优先遍历的顶点访问序列。

（4）设顶点 A 为访问的第一个顶点，按照邻接矩阵存储结构给出每个顶点的邻接顶点次序，并给出该图的广度优先遍历的顶点访问序列。

9-4　对于图 9-21 所示的带权无向图，要求：

（1）根据普里姆算法思想，画出构造该图最小生成树的过程。

（2）根据克鲁斯卡尔算法思想，画出构造该图最小生成树的过程。

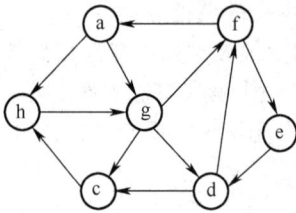

图 9-20　有向图

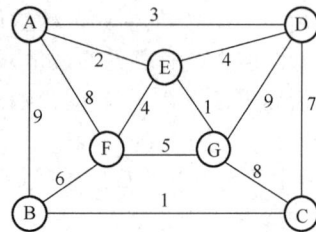

图 9-21　带权无向图

9-5　对于图 9-22 所示的带权有向图，根据狄克斯特拉算法思想，画出生成从顶点 v_0 到其他各顶点最短路径的过程。

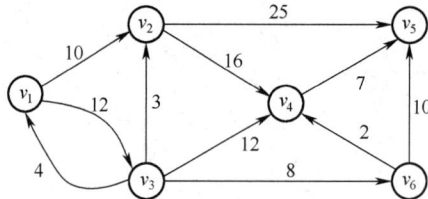

图 9-22　带权有向图

9-6　已知一个无向图的邻接表如图 9-23 所示，要求：

（1）画出该无向图。

（2）根据邻接表，写出用深度优先遍历算法从顶点 v_0 开始遍历该图得到的遍历序列，并画出用深度优先遍历方法得到的生成树。

（3）根据邻接表，写出用广度优先遍历算法从顶点 v_0 开始遍历该图得到的遍历序列，并画出用广度优先遍历方法得到的生成树。

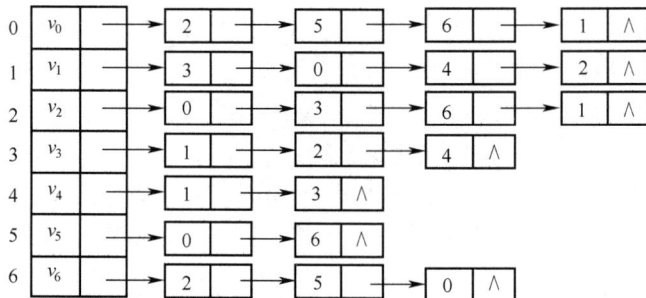

图 9-23　邻接表

9-7 就下列几种情况，分别说明如何判断图中有多少条边，任意两个结点之间是否有边相连，任意一个结点的度。

（1）无向图采用邻接矩阵表示。

（2）无向图采用邻接表表示。

（3）有向图采用邻接矩阵表示。

（4）有向图采用邻接表表示。

9-8 对于一个连通图，如果想求得一个以某个给定结点为根且高度最小的生成树，应采用什么方法？如果想求得一个以某个给定结点为根且高度最大的生成树，又应采用什么方法？

9-9 一个带权无向连通图的最小生成树是否一定唯一？在什么情况下构造出的最小生成树可能不唯一？

9-10 在图的邻接矩阵存储结构上，给出实现删除图中某个结点的算法思想。

9-11 证明：无向完全图中一定有 $n(n-1)/2$ 条边。

9-12 证明：有向完全图中一定有 $n(n-1)$ 条弧。

9-13 证明：在一个有 n 个顶点的完全图中生成树的数目可以有 $2^{n-1}-1$ 个。

9-14 证明：对于一个无向图 $G=(V, E)$，若图 G 中各顶点的度均大于或等于 2，则图 G 中必存在回路。

9-15 给出图的非递归的深度优先遍历算法思想。

提示：借助栈。

【算法设计习题】

9-16 编写函数，求邻接矩阵存储结构的有向图 G 中各顶点的入度。

9-17 编写函数，求邻接矩阵存储结构的有向图 G 中各顶点的出度。

9-18 编写函数，判断邻接矩阵存储结构的有向图 G 中，两个顶点 v_1 和 v_2 之间是否存在从 v_1 到 v_2 的路径。

提示：利用深度优先遍历函数或广度优先遍历函数。

【上机实习习题】

9-19 图的设计。

基本要求：以图 9-20 为例，设计一个测试 9.3.2 节中讨论的邻接表存储结构下图操作函数的主函数，并给出程序运行的输出结果。

选做内容：

（1）设计邻接表存储结构下的深度优先遍历函数，并以图 9-20 为例编写测试主函数。

（2）设计邻接表存储结构下的广度优先遍历函数，并以图 9-20 为例编写测试主函数。

9-20 单源顶点最短路径问题。

问题描述：求从有向图的某个结点出发到其余各结点的最短路径。

基本要求：

（1）有向图采用邻接矩阵表示。

（2）单源顶点最短路径问题采用狄克斯特拉算法。

（3）输出有向图中从源点到其余各顶点的最短路径和最短路径值。

测试数据：

测试数据为图 9-22 所示的带权有向图，以顶点 v_1 作为源点，求从顶点 v_1 到其余各顶点的最短路径和最短路径长度。

第10章 排　序

排序是对元素序列建立某种有序排列的过程。在应用软件的设计中，排序问题是经常遇到的问题之一。排序算法有许多种，不同排序方法的特点不同。学习本章，要重点关注两个方面：一个是每种排序方法的算法思想，另一个是各种排序方法的性能特点。

本章内容主要包括：直接插入排序、希尔排序、直接选择排序、堆排序、冒泡排序、快速排序、二路归并排序和基数排序算法。每种排序算法中都介绍了排序算法的思想和性能特点。

10.1　排序的基本概念

排序是对元素序列建立某种有序排列的过程。更确切地说，排序是把一个元素序列整理成按关键字递增（或递减）排列的过程。

表 10-1 是一个学生成绩表，其中每个学生记录有学号、姓名、数学、语文、物理和英语等信息。学号、姓名、数学、语文、物理和英语构成了学生记录的 6 个数据项。在排序时，如果用学号项来排序，则会得到一个有序序列；如果用数学项来排序，则会得到另外一个有序序列。

表 10-1　学生成绩表

序号	学号	姓名	数学	语文	物理	英语
0	1004	Wang Yun	84.0	70.0	78.0	77.0
1	1002	Zhang Pen	75.0	88.0	92.0	85.0
2	1012	Li Cheng	90.0	84.0	66.0	80.0
3	1008	Chen Hong	80.0	95.0	77.0	84.3
$\vdots$	$\vdots$	$\vdots$	$\vdots$	$\vdots$	$\vdots$	$\vdots$
$n-1$	1022	Chu San	90.0	95.0	88.0	100.0

关键字是要排序的元素中的一个数据项，排序是以关键字为基准进行的。例如，对表 10-1 中的学生成绩表，既可以按学号来排序，也可以按数学成绩来排序。按学号排序时，学号项就是排序的关键字，按数学成绩排序时，数学项就是排序的关键字。不失一般性，在本章讨论排序算法时，使用抽象的关键字 key。

关键字分主关键字和次关键字两种。对要排序的元素集合来说，如果关键字满足条件：当元素的值不同时，该关键字的值也一定不同，这样的关键字称为**主关键字**。换句话说，主关键字是能够唯一区分各个不同元素的关键字。不满足主关键字定义的关键字称为**次关键字**。表 10-1 的学生成绩表中的学号项是主关键字，其他项均是次关键字。

排序分内部排序和外部排序两种。**内部排序**是指把待排元素全部调入内存中进行排序。如果元素的数量太大，则需要分批导入内存中。分批导入内存的元素排好序后再分批导出到磁盘或磁带等外存介质中的排序方法称为**外部排序**。外部排序算法的原理和内部排序算法的原理在很多地方都类同，但内存的读/写速度和外存的读/写速度差别很大，所以评价标准差别很大。本章只讨论内部排序，不讨论外部排序。

对一个元素序列，存在许多不同的排序算法。通常，比较排序算法优劣的标准有如下三条。

（1）时间复杂度。时间复杂度是衡量排序算法好坏的最重要的标准。对于有 n 个元素的排序问题，因为从该集合中找出一个最大（或最小）元素时一定要遍历该集合，所以其时间复杂度为 $O(n)$。不考虑已排列有序的最大（或最小）元素，对其余元素再找出一个最大（或最小）

元素过程的时间复杂度仍为 $O(n)$。这样，把 n 个元素排列有序的最坏时间复杂度为 $O(n^2)$。在大多数排序算法中，排序最理想的情况是把排序过程对应成一棵二叉树，这样，把 n 个元素排列有序的最好时间复杂度为 $O(n\text{lb}n)$。一些利用排序关键字特点设计的排序算法（如基数排序算法），其时间复杂度会优于 $O(n\text{lb}n)$，如基数排序算法的时间复杂度为 $O(mn)$。

（2）空间复杂度。空间复杂度也是衡量排序算法好坏的一个重要标准。空间复杂度也就是算法中使用的辅助存储空间的多少。当排序算法中使用的辅助存储空间与要排序元素的个数 n 无关时，其空间复杂度为 $O(1)$，因此排序算法最好的空间复杂度是 $O(1)$，较差的空间复杂度是 $O(n)$。空间复杂度通常分为平均和最坏两种情况。若内存空间考虑不周，会造成应用软件运行失败，所以，空间复杂度通常按最坏情况考虑。

（3）稳定性。当使用主关键字排序时，任何排序算法的排序结果必定是相同的。但当使用次关键字排序时，其排序结果有可能相同，也有可能不同。设待排序的元素共有 n 个，设 K_i 和 K_j 分别表示第 i 个元素的关键字和第 j 个元素的关键字，设 R_i 和 R_j 分别表示第 i 个元素和第 j 个元素。若 $K_i = K_j$，且在排序之前元素 R_i 排在元素 R_j 之前，在排序之后元素 R_i 仍排在元素 R_j 前边的排序算法称为稳定的排序算法；否则，称为不稳定的排序算法。稳定的排序算法通常是应用问题所希望的，因此，排序算法的稳定性是衡量排序算法好坏的一个重要标准。

在后面各节讨论的各种排序算法中，排序问题的元素都是抽象元素。在各种具体的应用问题中，虽然待排序元素的数据项差别很大，但排序算法只与元素的关键字有关，与其他项无关。不失一般性，我们定义排序算法中元素中只包含关键字，其数据类型为 KeyType。因此，我们定义排序算法中元素的数据类型 DataType 为如下结构体：

```
typedef struct{
    KeyType key;
} DataType;
```

在本章的例子中，我们定义 KeyType 为 int。

排序问题就是把若干个无序元素序列排成一个有序序列，因此排序问题的元素集合是线性结构。在这个元素集合中也允许存取任意位置的元素，这和第 2 章讨论的线性表基本吻合，所以，排序问题的数据结构是线性表。或者说，排序是线性表操作集合中的又一个操作。只是因为排序操作比较重要，而且排序方法很多，所以才另设一章专门进行讨论。

任何算法的实现方法都和算法所处理元素的存储结构有关。线性表的典型存储结构主要有使用数组的顺序表和使用指针的链表两种。因为数组具有随机存取特性，存取任意一个数组元素的时间复杂度为 $O(1)$；而链表不具有随机存取特性，存取任意一个链表结点的时间复杂度为 $O(n)$，所以，排序算法主要是基于顺序表（或者说基于数组）设计的。

从第 2 章讨论的顺序表可知，顺序表要定义一个存放元素的数组类型的元素项和一个存放当前元素个数的长度项。考虑到算法描述的简捷性，本章的算法设计中并未把这两项像第 2 章那样定义成结构体。这样做的优点是，描述排序算法简单明了，通用性强。如果把排序算法看作顺序表操作集合中的一个操作，也可以把排序问题的数据结构定义成像第 2 章那样的结构体。

排序有非递减排序和非递增排序两种。不失一般性，本章讨论的所有排序算法均是按关键字非递减设计的。

10.2 插入排序

【插入排序的基本思想】 从初始有序的子集合开始，不断地把新的元素插入已排列有序子集合的合适位置，使子集合中元素的个数不断增多，当子集合等于集合时，插入排序算法结束。常用的插入排序有直接插入排序和希尔排序两种。

10.2.1　直接插入排序

【直接插入排序的基本思想】　顺序地把待排序的元素按其关键字的大小插入已排序元素子集合的适当位置。子集合的元素个数从只有一个元素开始，逐次增大，当子集合大小最终和集合大小相同时，排序完毕。

设待排序的 n 个元素存放在数组 a 中，初始时，子集合 a[0]已排好序；第一次循环准备把元素 a[1]插入已排好序的子集合中，这只需要比较 a[0].key 和 a[1].key，若 a[0].key≤a[1].key，则说明序列已有序，否则将 a[1]插入 a[0]之前，这样子集合的大小增大为 2；第二次循环准备把元素 a[2]插入已排好序的子集合中，这需要先比较 a[2].key 和 a[1].key 以确定是否把 a[2]插入 a[1]之前，然后比较 a[2].key 和 a[0].key 以确定是否把 a[2]插入 a[0]之前；这样的循环过程一直进行到 a[n-1]插入完为止。这时，元素集合 a[0], a[1], a[2], …, a[n-1]全部排好序了。

直接插入排序算法如下：

```
void InsertSort(DataType a[], int n){
//用直接插入法对 a[0]～a[n-1]进行排序
    int i, j;
    DataType temp;
    for(i = 0; i < n-1; i++){
        temp = a[i+1];
        j = i;
        while(j > -1 && temp.key < a[j].key) {
            a[j+1] = a[j];
            j--;
        }
        a[j+1] = temp;
    }
}
```

如图 10-1 所示为直接插入排序的一个示例。图中，下面标有横线的元素为本次排序过程后移了一个位置的元素，标有符号"□"的元素为存放在临时变量 temp 中的本次过程要插入的元素。由于临时变量 temp 中保存了本次要插入元素的副本，因此原来存放该元素的内存单元中的值可被破坏。

初始关键字序列:	[64]	5	7	89	6	24
第一次排序:	[5	64]	7	89	6	24
第二次排序:	[5	7	64]	89	6	24
第三次排序:	[5	7	64	89]	6	24
第四次排序:	[5	6	7	64	89]	24
第五次排序:	[5	6	7	24	64	89]

图 10-1　直接插入排序过程

直接插入排序算法的时间复杂度分析分为最好、最坏和随机三种情况。

① 最好情况是原始元素集合已全部排好序。这时，算法中内层 while 循环的循环次数每次均为 0。这样，外层 for 循环中每次元素的比较次数均为 1，元素的赋值语句执行次数均为 2。因此整个排序过程中的比较次数为 n-1，赋值语句执行次数为 2(n-1)。所以直接插入排序算法在

最好情况下的时间复杂度为 $O(n)$。

② 最坏情况是原始元素集合反序排列。这时，算法中内层 while 循环的循环次数每次均为 i。这样，整个外层 for 循环中的比较次数和赋值语句执行次数（移动次数）计算公式如下：

$$比较次数 = \sum_{i=1}^{n-1}(i+1) = (n-1)(n+2)/2$$

$$移动次数 = \sum_{i=1}^{n-1}(i+2) = (n-1)(n+4)/2$$

因此直接插入排序算法在最坏情况下的时间复杂度为 $O(n^2)$。

③ 如果原始元素集合中大小的排列是随机的，则元素的期望比较次数和期望移动次数约为 $n^2/4$。因此，直接插入排序算法的期望时间复杂度为 $O(n^2)$。

可以证明：原始元素集合越接近有序，直接插入排序算法的时间效率越高，其时间复杂度在 $O(n)$ 与 $O(n^2)$ 之间。这个结论是 10.2.2 节讨论的希尔排序算法成立的基础。

直接插入排序算法的空间复杂度为 $O(1)$。显然，直接插入排序算法是一种稳定的排序算法。

【例 10-1】 以如图 10-1 所示的数据为测试例子，编写一个测试直接插入排序函数的程序。

测试程序设计如下：

```
#include <stdio.h>

typedef int KeyType;
typedef struct{
    KeyType key;
} DataType;

void InsertSort(DataType a[], int n){
    //函数体同上，省略
}

void main(void){
    DataType test[6]={64, 5, 7, 89, 6, 24};
    int i, n = 6;
    InsertSort(test, n);
    for(i=0; i<n; i++)
        printf("%d   ", test[i].key);
}
```

【程序运行结果】

5 6 7 24 64 89

以下各节讨论的各种排序算法都可以用上述测试程序框架进行测试，只需替换排序函数即可。

10.2.2 希尔排序

【希尔排序的基本思想】 把待排序的元素分成若干小组，对同一小组内的元素用直接插入法排序；小组的个数逐次减少；当完成了所有元素都在一个组内的排序后，排序过程结束。希尔排序又称为缩小增量排序。

希尔排序是在分组概念上的直接插入排序，即在不断减少组的个数时把原各小组中的元素插入新组中的合适位置上。在 10.2.1 节讨论直接插入排序算法的时间复杂度时，曾指出，原始元素集合越接近有序，直接插入排序算法的时间效率越高。这个结论是希尔排序算法能够成立的基础。希尔排序算法把待排序元素分成若干个小组，在小组内用直接插入排序算法排序，当把若干个小组合并为一个小组时，组中的元素集合将会接近有序，这样，各组内的直接插入排序算法的时间效率就很好，最终整个希尔排序算法的时间效率就很好。

希尔排序算法如下：

```
void ShellSort (DataType a[], int n, int d[], int numOfD){
//用希尔排序法对元素 a[0]～a[n-1]排序，d[0]～d[numOfD-1]为希尔增量值
    int i, j, k, m, span;
    DataType temp;
    for(m = 0; m < numOfD; m++) {          //共 numOfD 次循环
        span = d[m];                       //取本次的增量值
        for(k = 0; k < span; k++){         //共 span 个小组
            //组内是直接插入排序，区别是，每次不是增 1 而是增 span
            for(i = k; i < n-span; i = i+ span){
                temp = a[i+span];
                j = i;
                while(j > -1 && temp.key < a[j].key) {
                    a[j+ span] = a[j];
                    j = j- span;
                }
                a[j+ span] = temp;
            }
        }
    }
}
```

如图 10-2 所示是上述希尔排序算法排序过程的一个示例。

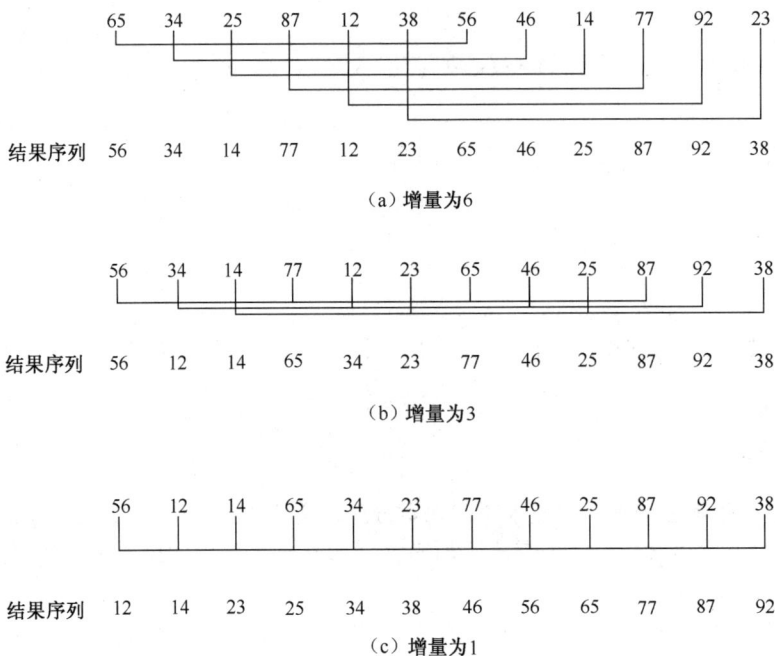

（a）增量为6

（b）增量为3

（c）增量为1

图 10-2　希尔排序的排序过程

在如图 10-2 所示的例子中，增量分别取 6，3，1。当增量 d[0]=6 时，共分了 6 个小组，在每个小组内按直接插入排序算法排序，这里的直接插入排序算法和 10.2.1 节讨论的直接插入排序算法的区别只是每次不是增 1，而是增 span。当增量 d[2]=1 的排序过程结束后，整个希尔排序过程就结束了。

比较希尔排序算法和直接插入排序算法，直接插入排序算法是两重循环，希尔排序算法是四重循环。但分析希尔排序算法中四重循环的循环次数可以发现，外面两重的循环次数都很小，并且当增量递减、小组变大时，小组内的元素数值已基本有序。我们知道，越接近有序时，直接插入排序算法的时间效率越好。因此，希尔排序算法的时间复杂度较直接插入排序算法的时间复杂度改善很多。

希尔排序算法的时间复杂度分析比较复杂，实际所需的时间取决于各次排序时增量的个数和增量的取值。研究证明，若增量的取值比较合理，则希尔排序算法的时间复杂度约为 $O(n(\lg n)^2)$。

希尔排序算法的空间复杂度为 $O(1)$。由于希尔排序算法是按增量分组进行的排序，因此希尔排序算法是一种不稳定的排序算法。

10.3 选择排序

【选择排序的基本思想】 每次从待排序的元素集合中选取关键字最小（或最大）的元素放到元素集合的最前面（或最后面），元素集合不断缩小，当元素集合为空时，选择排序结束。常用的选择排序有直接选择排序和堆排序两种。堆排序是一种基于完全二叉树的排序。

10.3.1 直接选择排序

【直接选择排序的基本思想】 从待排序的元素集合中选取关键字最小的元素并将它与原始元素集合中的第 1 个元素交换位置；然后从不包括第 2 个位置上元素的集合中选取关键字最小的元素，并将它与原始元素集合中的第 3 个元素交换位置；如此重复，直到元素集合中只剩一个元素为止。

直接选择排序算法如下：

```
void SelectSort(DataType a[], int n){
//用直接选择排序法对 a[0]~a[n-1]进行排序
    int i, j, small;
    DataType temp;
    for(i = 0; i < n-1; i++){
        small = i;                          //设第 i 个元素关键字最小
        for(j = i+1; j < n; j++)            //寻找关键字最小的元素
            if(a[j].key < a[small].key) small=j; //记住最小元素的下标
        if(small != i){                     //当最小元素的下标不为 i 时交换位置
            temp = a[i];
            a[i] = a[small];
            a[small] = temp;
        }
    }
}
```

如图 10-3 所示是上述直接选择排序算法排序过程的一个示例。

初始关键字序列：	64	5	7	89	6	24
第 1 次排序结果：	[5]	64	7	89	6	24
第 2 次排序结果：	[5	6]	7	89	64	24
第 3 次排序结果：	[5	6	7]	89	64	24
第 4 次排序结果：	[5	6	7	24]	64	89
第 5 次排序结果：	[5	6	7	24	64]	89
最后结果序列：	[5	6	7	24	64	89]

图 10-3　直接选择排序的排序过程

在直接选择排序中，第 1 次排序要进行 $n-1$ 次比较，第 2 次排序要进行 $n-2$ 次比较，……，第 $n-1$ 次排序要进行 1 次比较，所以总的比较次数为：

$$比较次数= (n-1)+(n-2)+\cdots+1=n(n-1)/2$$

在各次排序时，元素的移动次数最好为 0 次，最坏为 3 次，所以总的移动次数最好为 0 次，最坏为 $3(n-1)$ 次。因此，直接选择排序算法的时间复杂度为 $O(n^2)$。

直接选择排序算法的空间复杂度为 $O(1)$。

直接选择排序算法是不稳定的排序算法。这主要是由于每次从无序区中选出最小元素后，与无序区的第 1 个元素交换而引起的，因为交换可能引起关键字相同的元素位置发生变化。如果在选出最小元素后，将它前面的无序元素依次后移，然后再将最小元素放在有序区的后面，这样就能保证排序算法的稳定性。

10.3.2　堆排序

在直接选择排序中，待排序的元素集合构成一个线性结构，要从有 n 个元素的线性结构中选择出一个最小的元素需要比较 $n-1$ 次。如果能把待排序的元素集合构成一个完全二叉树结构，则每次选择出一个最大（或最小）的元素需要的比较次数为完全二叉树的深度，即比较 $\text{lb}n$ 次，则排序算法的时间复杂度就是 $O(n\text{lb}n)$。这就是堆排序的基本思想。

1．堆的定义

堆分为最大堆（也称大顶堆或大根堆）和最小堆（也称小顶堆或小根堆）两种。

最大堆的定义如下：

设数组 a 中存放了 n 个元素，数组下标从 0 开始，如果当数组下标 $2i+1<n$ 时有 $a[i].key \geqslant a[2i+1].key$，当数组下标 $2i+2<n$ 时有 $a[i].key \geqslant a[2i+2].key$，则这样的数据结构称为最大堆。

如果把有 n 个元素的数组 a 中的元素看作一棵完全二叉树的 n 个结点，则 a[0]对应该完全二叉树的根结点，a[1]对应根结点的左孩子结点，a[2]对应根结点的右孩子结点，a[3]对应 a[1]结点的左孩子结点，a[4]对应 a[1]结点的右孩子结点，如此等等。在此基础上，只需要再调整所有非叶结点的数组元素，使之满足条件：$a[i].key \geqslant a[2i+1].key$ 和 $a[i].key \geqslant a[2i+2].key$，这样的完全二叉树就是一个最大堆。

如图 10-4（a）所示是一个完全二叉树，如图 10-4（b）所示是一个最大堆。

类似地，**最小堆**的定义如下：

设数组 a 中存放了 n 个元素，数组下标从 0 开始，如果当数组下标 $2i+1<n$ 时有 $a[i].key \leqslant a[2i+1].key$，当数组下标 $2i+2<n$ 时有 $a[i].key \leqslant a[2i+2].key$，则这样的数据结构称为最小堆。

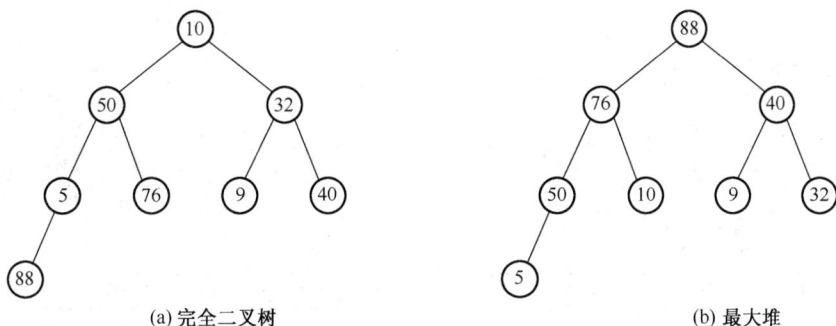

(a) 完全二叉树   (b) 最大堆

图 10-4 完全二叉树和最大堆

根据堆的定义可以推知，堆有如下两个性质。

① 最大堆的根结点是堆中值最大的元素，最小堆的根结点是堆中值最小的元素。

② 对于最大堆，从根结点到每个叶结点的路径上，元素组成的序列都是递减有序的；对于最小堆，从根结点到每个叶结点的路径上，元素组成的序列都是递增有序的。

例如，对如图 10-4（b）所示的最大堆，根结点元素是堆中值最大的元素；从根结点到 4 个叶结点的路径上，元素组成的 4 个序列都是递减有序的。

通常称堆的根结点元素为堆顶元素。

2．创建堆

要进行堆排序，首先要创建堆。按非递减序列排序时，要创建最大堆。设数组 a 中存放了 n 个元素，若把数组 a 中这 n 个元素看作一棵完全二叉树的 n 个结点，则这棵有 n 个结点的完全二叉树采用了顺序存储结构。但是完全二叉树还不一定满足最大堆的定义。要让一棵完全二叉树满足最大堆的定义，需要从完全二叉树的叶结点开始逐个结点进行调整，使它们满足最大堆的定义。

在一棵按顺序存储结构存储的完全二叉树中，所有叶结点都满足最大堆的定义。对于第 1 个非叶结点 a[i]（$i=(n-2)/2$，注意，此处的符号"/"表示整除），由于其左孩子结点 a[$2i+1$]和右孩子结点 a[$2i+2$]都已是最大堆，因此只需首先找出 a[$2i+1$]和 a[$2i+2$]中的较大者，然后比较这个较大者结点和 a[i]。如果 a[i]大于或等于这个较大的结点，则以 a[i]为根结点的完全二叉树已满足最大堆的定义；否则，对换 a[i]和这个较大的结点，对换后，以 a[i]为根结点的完全二叉树满足最大堆的定义。按照这样的方法，再调整第 2 个非叶结点 a[$i-1$]，第 3 个非叶结点 a[$i-2$]，……，直至最后调整根结点 a[0]。当根结点调整完后，这棵完全二叉树就是一个最大堆了。

当要调整结点的左、右孩子结点是叶结点时，上述调整过程非常简单。当要调整结点的左右孩子结点不是叶结点时，上述调整过程要稍微复杂一些。因为这时 a[i]的值可能很小，a[i]与 a[$2i+1$]和 a[$2i+2$]中的较大者对换后，可能会使完全二叉树不满足最大堆的定义，从而引起一连串的调整过程。

例如，设数组 a 中存放的元素依次为：10, 50, 32, 5, 76, 9, 40, 88，对应的完全二叉树如图 10-5（a）所示，其调整过程如图 10-5（b）、（c）、（d）、（e）所示。其中，图 10-5（b）是第 1 个非叶结点（下标为 $i=(n-2)/2=(8-2)/2=3$ 的数组元素）调整后的状态，此次调整交换了元素 88 和元素 5 的位置；图 10-5（c）是第 2 个非叶结点调整后的状态，此次调整交换了元素 40 和元素 32 的位置；图 10-5（d）是第 3 个非叶结点调整后的状态，此次调整交换了元素 88 和元素 50 的位置；图 10-5（e）是根结点调整后的状态，当调整根结点时，将引起元素 88 和元素 76 的上移，元素 10 最终将下移至原来存放元素 76 的位置。经过上述调整后，完全二叉树就变为最大堆了。

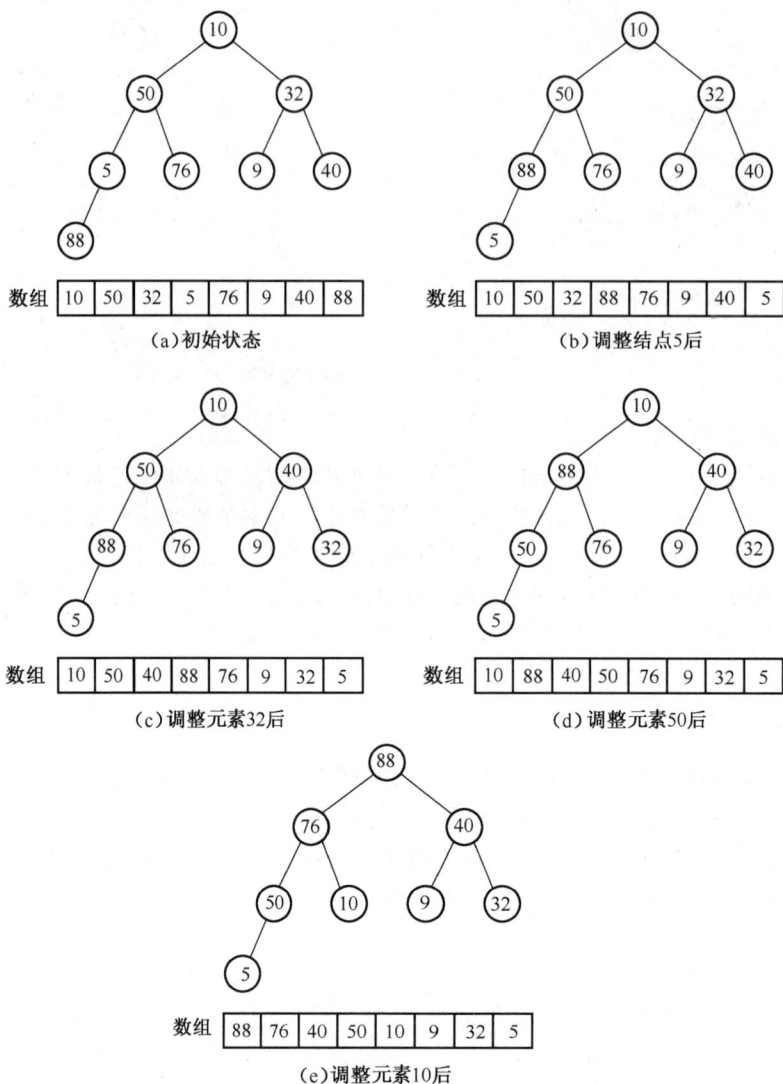

图 10-5　完全二叉树调整为最大堆的过程

因为完全二叉树可以直接存储在数组中，把完全二叉树调整为最大堆的过程也就是把数组中的元素按照最大堆的要求进行调整的过程，所以这样的过程也称为数组的最大堆化。

当完全二叉树中某个非叶结点 a[h]（h=(n-2)/2）的左孩子结点 a[2h+1] 和右孩子结点 a[2h+2] 都已是最大堆后，调整非叶结点 a[h] 使之满足最大堆的函数如下：

```
void CreatHeap (DataType a[], int n, int h){
//调整非叶结点 a[h] 使之满足最大堆，n 为数组 a 的元素个数
    int i, j, flag;
    DataType temp;
    i = h;                          //i 为要建堆的二叉树根结点下标
    j = 2*i+1;                      //j 为 i 的左孩子结点的下标
    temp = a[i];
    flag = 0;

    //沿左右孩子中值较大者重复向下筛选
```

```
while(j < n && flag != 1){
    //寻找左右孩子结点中的较大者,j 为其下标
    if(j < n-1 && a[j].key < a[j+1].key) j++;
    if(temp.key > a[j].key)              //a[i].key>a[j].key
        flag=1;                          //标记结束筛选条件
    else {                               //否则把 a[j]上移
        a[i] = a[j];
        i = j;
        j = 2*i+1;
    }
}
a[i] = temp;                             //把最初的 a[i]赋予最后的 a[j]
}
```

初始化创建最大堆的过程就是从第 1 个非叶结点 a[h]（$h=(n-2)/2$）开始，到根结点 a[0]为止的循环调用 CreatHeap (a, n, h)的过程。初始化创建最大堆算法如下：

```
void InitCreatHeap(DataType a[], int n){
//把 a[0]~a[n-1]初始化创建为最大堆
    int i;
    for(i = (n-2)/2; i >= 0; i--)
        CreatHeap(a, n, i);
}
```

3. 堆排序算法

【堆排序的基本思想】　　首先把有 n 个元素的数组 a 初始化创建为最大堆，然后循环执行如下过程直到数组为空为止：

① 把堆顶元素 a[0]（为最大元素）和当前最大堆的最后一个元素交换；

② 最大堆元素个数减 1；

③ 由于第①步后根结点不再满足最大堆的定义，因此调整根结点使之满足最大堆的定义。

堆排序算法如下：

```
void HeapSort (DataType a[], int n){
//用堆排序法对 a[0]~a[n-1]进行排序
    int i;
    DataType temp;
    InitCreatHeap(a, n);                 //初始化创建最大堆
    for(i = n-1; i > 0; i--){            //当前最大堆个数每次递减 1
        //把堆顶元素 a[0]和当前最大堆的最后一个元素交换
        temp = a[0];
        a[0] = a[i];
        a[i] = temp;
        CreatHeap(a, i, 0);              //调整根结点满足最大堆
        //注意:此时子二叉树根结点下标为 0,子二叉树结点个数为 i
    }
}
```

如图 10-6 所示是堆排序算法排序过程的一个示例，如图 10-6（h）所示数组中是最终得到的排序结果。

88
76 40
50 10 9 32
5

| 88 | 76 | 40 | 50 | 10 | 9 | 32 | 5 |

（a）初始最大堆

76
50 40
5 10 9 32

| 76 | 50 | 40 | 5 | 10 | 9 | 32 | 88 |

（b）交换元素88后

50
32 40
5 10 9

| 50 | 32 | 40 | 5 | 10 | 9 | 76 | 88 |

（c）交换元素76后

40
32 9
5 10

| 40 | 32 | 9 | 5 | 10 | 50 | 76 | 88 |

（d）交换元素50后

32
10 9
5

| 32 | 10 | 9 | 5 | 40 | 50 | 76 | 88 |

（e）交换元素40后

10
5 9

| 10 | 5 | 9 | 32 | 40 | 50 | 76 | 88 |

（f）交换元素32后

9
5

| 9 | 5 | 10 | 32 | 40 | 50 | 76 | 88 |

（g）交换元素10后

5

| 5 | 9 | 10 | 32 | 40 | 50 | 76 | 88 |

（h）交换元素9后

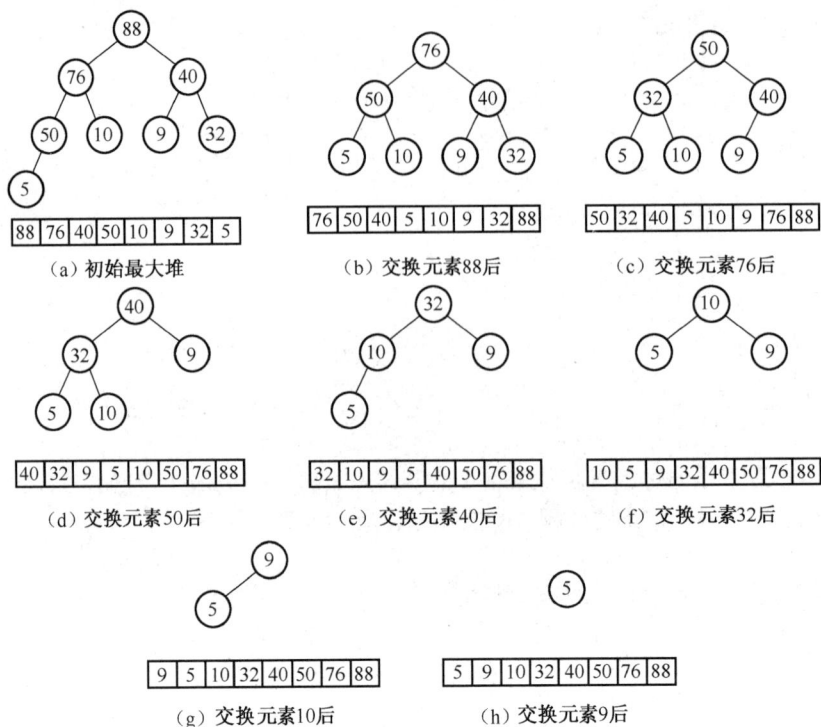

图 10-6　堆排序算法的排序过程

堆排序算法是基于完全二叉树的排序。因为把一个完全二叉树调整为堆，以及每次堆顶元素交换后进行调整的时间复杂度均为 $O(\text{lb}n)$，所以，堆排序算法的时间复杂度为 $O(n\text{lb}n)$。

堆排序算法的空间复杂度为 $O(1)$。观察上述例子即可发现，堆排序算法是一种不稳定的排序方法。

10.4　交换排序

利用交换元素的位置进行排序的方法称为**交换排序**。常用的交换排序方法有冒泡排序法和快速排序法。快速排序法是一种分区交换排序方法。

10.4.1　冒泡排序

【冒泡排序的基本思想】　设数组 a 中存放了 n 个元素，循环进行 $n-1$ 趟如下的排序过程：第 1 趟时，依次比较相邻两个元素 a[i].key 和 a[i+1].key（i=0, 1, 2, …, $n-2$），若为逆序，即 a[i].key>a[i+1].key，则交换两个元素，否则不交换，这样数值最大的元素将被放置在 a[$n-1$]中；第 2 趟时，元素个数减 1，即元素个数为 $n-1$，操作方法和第 1 趟的类似，这样整个 n 个元素集合中数值次大的元素将被放置在 a[$n-2$]中；当第 $n-1$ 趟结束时，整个 n 个元素集合中次小的元素将被放置在 a[1]中，a[0]中放置了最小的元素。

冒泡排序算法如下：

```
void BubbleSort(DataType a[], int n){
//用冒泡排序法对 a[0]～a[n-1]进行排序
    int i, j, flag = 1;
    DataType temp;

    for(i = 1; i < n && flag == 1; i++){
```

```
            flag = 0;
            for(j = 0; j < n-i; j++){
                if(a[j].key > a[j+1].key){
                    flag = 1;
                    temp = a[j];
                    a[j] = a[j+1];
                    a[j+1] = temp;
                }
            }
        }
    }
```

有时，待排序的元素序列已基本有序，这样，实际上并不需要全部执行完外循环的 $n-1$ 次循环过程，元素就已经全部排列就绪。上述算法中的标记 flag，用于标记本次交换排序过程是否有交换动作。若本次交换排序过程没有交换动作，即本次交换排序过程后，flag 不等于 1，则说明元素集合已全部排好序，可提前结束排序过程。

如图 10-7 所示是冒泡排序算法排序过程的一个示例。

初始关键字序列：	38	5	19	26	49	97	1	66
第 1 趟排序结果：	5	19	26	38	49	1	66	[97]
第 2 趟排序结果：	5	19	26	38	1	49	[66	97]
第 3 趟排序结果：	5	19	26	1	38	[49	66	97]
第 4 趟排序结果：	5	19	1	26	[38	49	66	97]
第 5 趟排序结果：	5	1	19	[26	38	49	66	97]
第 6 趟排序结果：	1	5	[19	26	38	49	66	97]
第 7 趟排序结果：	1	[5	19	26	38	49	66	97]
最后结果序列：	1	5	19	26	38	49	66	97]

图 10-7　冒泡排序算法的排序过程

冒泡排序算法的最好情况是，元素集合已全部排好序，这时循环 $n-1$ 次，每次循环都因为没有交换动作而退出，因此冒泡排序算法在最好情况下的时间复杂度为 $O(n)$；冒泡排序算法的最坏情况是，元素集合全部逆序存放，这时循环 $n-1$ 次，比较次数和移动次数分别为：

$$比较次数 = \sum_{i=n-1}^{1} i = n(n-1)/2$$

$$移动次数 = 3\sum_{i=n-1}^{1} i = 3n(n-1)/2$$

因此，冒泡排序算法在最坏情况下的时间复杂度为 $O(n^2)$。

冒泡排序算法的空间复杂度为 $O(1)$。显然，冒泡排序算法是一种稳定的排序方法。

10.4.2　快速排序

快速排序是一种二叉树结构的交换排序方法。

【快速排序算法的基本思想】　设数组 a 中存放了 n 个元素，low 为数组的低端下标，high 为数组的高端下标，从数组 a 中任取一个元素（通常取 a[low]）作为标准，调整数组 a 中各个元素的位置，使排在标准元素前面的元素的关键字均小于标准元素的关键字，排在标准元素后面的元素的关键字均大于或等于标准元素的关键字。这样一次过程结束后，一方面将标准元素放在未来排好序的数组中该标准元素应在的位置，另一方面将数组中的元素以标准元素为中心分成了两个子数组，位于标准元素左边子数组中元素的关键字均小于标准元素的关键字，位于标准元素右边子数组中元素的关键字均大于或等于标准元素的关键字。然后，对这两个子数组中的元素分别再进行方法类同的递归快速排序。递归算法的结束条件是 high≤low，即上界下标小于或等于下界下标。

快速排序算法如下：

```
void QuickSort(DataType a[], int low, int high){
//对元素 a[low]~a[high]进行快速排序
    int i = low, j = high;
    DataType temp = a[low];                          //取第一个元素为标准元素

    while(i < j){
        while(i < j && temp.key <= a[j].key) j--;//在数组的右边进行扫描
        if(i < j){
            a[i] = a[j];
            i++;
        }

        while(i < j && a[i].key < temp.key) i++; //在数组的左边进行扫描
        if(i < j){
            a[j] = a[i];
            j--;
        }
    }

    a[i] = temp;
    if(low < i) QuickSort(a, low, i-1);              //对左边子集合进行递归
    if(i < high) QuickSort(a, j+1, high);            //对右边子集合进行递归
}
```

快速排序算法过程是递归的过程，我们首先看第 1 次递归调用的执行过程。把 a[low]作为标准元素，标准元素存放在临时变量 temp 中。把标准元素的定位过程分成两个子过程：在数组的右边扫描定位和在数组的左边扫描定位。

在数组的右边扫描定位时，从数组的右边（数组右边下标设为 j）开始，比较标准元素的关键字和数组右边元素的关键字，若标准元素的关键字小于或等于数组右边元素的关键字，则数组右边下标 j 减 1 后继续比较；否则，a[j]赋值给 a[i]并且下标 i 加 1 后，转到在数组的左边扫描定位。

在数组的左边扫描定位时，从数组的左边（数组左边下标设为 i）开始，比较标准元素的关键字和数组左边元素的关键字，若标准元素的关键字大于数组左边元素的关键字，则数组左边下标 i 加 1 后继续比较；否则，a[i]赋值给 a[j]并且下标 j 减 1 后，转到在数组的右边扫描定位。

上述在数组的右边扫描定位和在数组的左边扫描定位反复进行,直到数组左边下标 i 大于或等于数组右边下标 j 时为止。此时，把标准元素（存放在临时变量 temp 中的元素）赋值给 a[i]。数组的位置 a[i]即为标准元素最终应在的位置。这时，处于标准元素左边元素的关键字均小于标准元素的关键字，处于标准元素右边元素的关键字均大于或等于标准元素的关键字。这样的一次过程称为一次快速排序。

算法之所以要右边扫描定位和左边扫描定位轮换进行，是因为这样可以有效地利用左边和右边空出来的一个数组元素空间。初始时，令 temp=a[low]，则 a[low]所占空间即可用于存放右边比较时比标准元素小的数组元素。随后，数组右边空出来一个数组元素空间，可用于存放左边比较时比标准元素大的数组元素。

　　如图 10-8 所示是快速排序算法一次快速排序过程的一个示例。初始时，标准元素 60 存放在临时变量 temp 中，空白方框表示其中存放的元素已复制到别处，此数组元素位置已空出。先从数组右边下标 j 开始，因为 36 小于标准元素 60，所以 a[7]=36 赋值给 a[0]并且下标 i 加 1 后，转到在数组的左边扫描。此时再从数组左边下标 i 开始，55 小于标准元素 60，数组左边下标 i 加 1 后继续比较。48 小于标准元素 60，数组左边下标 i 加 1 后继续比较。37 小于标准元素 60，数组左边下标 i 加 1 后继续比较。10 小于标准元素 60，数组左边下标 i 加 1 后继续比较。90 大于标准元素 60，a[5]=90 赋值给 a[7]并且下标 j 减 1 后，转到在数组的右边扫描。此时再从数组右边下标 j 开始，84 大于标准元素 60，数组右边下标 j 减 1 后继续比较。此时 $i=j$，循环过程结束，把临时变量 temp 中的标准元素 60 赋值给 a[5]。这样，一次快速排序过程就结束了。

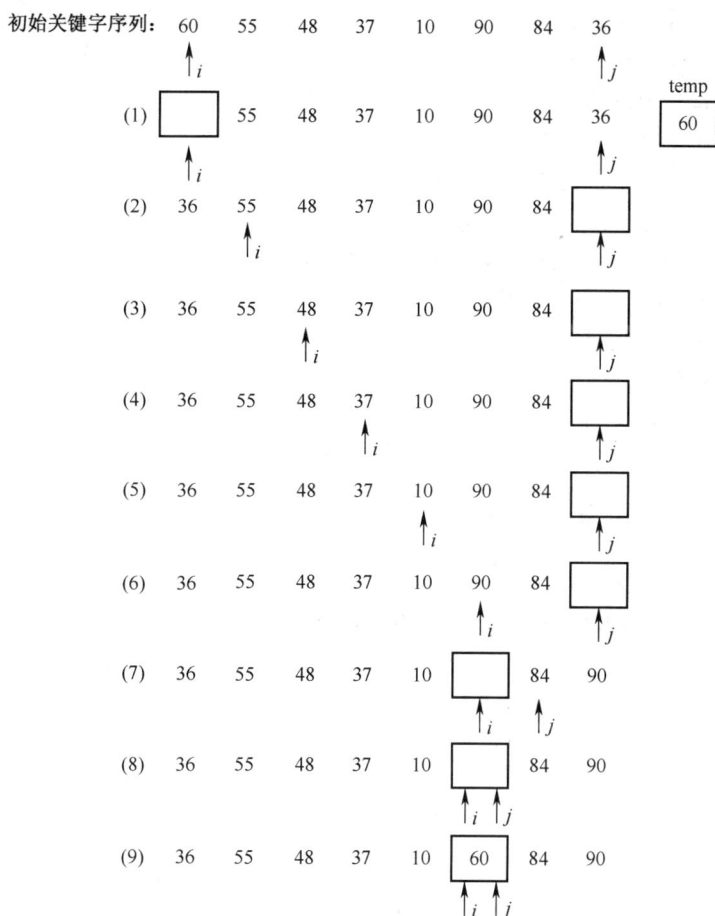

图 10-8　快速排序算法一次快速排序过程

　　标准元素 60 把原数组中的元素分成了两部分，位于标准元素 60 左边的元素均小于标准元素 60，位于标准元素 60 右边的元素均大于或等于标准元素 60。然后再分别对这两个子序列进行算法相同但区间不同的递归快速排序。对每个子序列区间进行的快速排序算法，都是把该子序列区间内的第一个元素作为自己的标准元素。递归算法的出口条件是 low≥high。当某个子序列区间递归调用的参数 low 和 high 满足出口条件 low≥high 时，该次递归调用结束；当所有子序列区间递归调用的参数 low 和 high 都满足出口条件 low≥high 时，整个快速排序过程结束。

如图 10-9 所示是快速排序算法各次排序过程的一个示例，图中，下面标有横线的元素为本次快速排序选取的标准元素。

初始关键字序列：	{60	55	48	37	10	90	84	36
(1)	{36	55	48	37	10}	60	{84	90}
(2)	{10}	36	{48	37	55}	60	84	{90}
(3)	{10}	36	{37}	48	{55}	60	84	90
最后结果	10	36	37	48	55	60	84	90

图 10-9　快速排序算法各次快速排序过程

快速排序算法的时间复杂度和各次选取的标准元素的值关系很大。如果每次选取的标准元素都能均分两个子数组区间长度，那么，这样的快速排序过程是一个完全二叉树结构，即每个结点都把当前数组分成两个大小相等的数组结点，n 个元素数组的根结点的分解次数就构成一棵完全二叉树。这时，分解次数等于完全二叉树的深度。每次快速排序过程无论怎样划分数组，全部的比较次数都接近于 $n-1$ 次，所以在最好情况下快速排序算法的时间复杂度为 $O(n\text{lb}n)$。快速排序算法的最坏情况是，元素已全部有序，此时数组根结点的分解次数构成一棵二叉退化树（单分支二叉树），一棵二叉退化树的深度是 n，所以在最坏情况下快速排序算法的时间复杂度为 $O(n^2)$。在一般情况下，标准元素的分布是随机的，数组的分解次数构成一棵二叉树，这样的二叉树的深度接近于 $\text{lb}n$，所以快速排序算法的平均（或称期望）时间复杂度为 $O(n\text{lb}n)$。

快速排序算法需要栈空间临时保存递归调用参数，栈空间的使用个数和递归调用的次数（也即二叉树的深度）有关，由于二叉树有可能是单支二叉树，而单支二叉树的深度为 $n-1$，因此，最坏情况下快速排序算法的空间复杂度为 $O(n)$。

分析上述例子即可发现，快速排序算法是一种不稳定的排序方法。

10.5　归并排序

归并排序主要是二路归并排序。

【二路归并排序的基本思想】　设数组 a 中存放了 n 个元素，初始时把它们看成 n 个长度为 1 的有序子数组，然后从第一个有序子数组开始，把相邻的有序子数组两两合并，得到 $\lceil n/2 \rceil$ 个长度为 2 的新的有序子数组（当 n 为奇数时，最后一个新的有序子数组的长度为 1）。对这些新的有序子数组再进行两两归并。如此重复，直到得到一个长度为 n 的有序数组为止。上取整 "$\lceil \ \rceil$" 的定义见 8.2.3 节。

如图 10-10 所示是二路归并排序算法各次归并排序过程的一个示例。

一次二路归并排序算法的目标是把若干个长度为 k 的相邻有序子数组向前、向后进行两两归并，得到个数减半的长度为 $2k$ 的相邻有序子数组。算法设计中要考虑的一个问题是：若元素个数为 $2k$ 的整数倍，则两两归并正好完成 n 个元素的一次二路归并；若元素个数不为 $2k$ 的整数倍，则当归并到最后一组时，剩余的元素个数会不足 $2k$ 个。这时的处理方法如下：

① 若剩余的元素个数大于 k 而小于 $2k$，则把前 k 个元素作为一个子数组，把剩余的元素作为最后一个子数组。

② 当剩余的元素个数小于 k 时，也即剩余的元素个数只够一组时，则不用再进行两两归并排序。

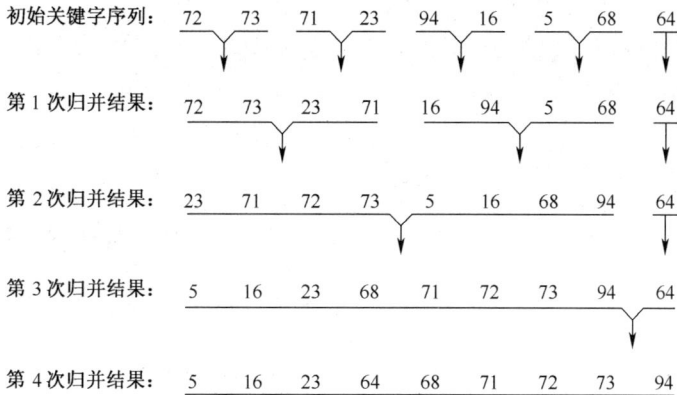

图 10-10　二路归并排序算法各次归并排序过程

一次二路归并排序算法如下：

```
void Merge(DataType a[], int n, DataType swap[], int k){
//k 为有序子数组的长度，一次二路归并排序后的有序子序列存于数组 swap 中
    int m = 0, u1,l2,i,j,u2;
    int l1 = 0;                          //第一个有序子数组下界为 0
    while(l1+k <= n-1){
        l2 = l1 + k;                     //计算第二个有序子数组下界
        u1 = l2 - 1;                     //计算第一个有序子数组上界
        u2 = (l2+k-1 <= n-1)? l2+k-1: n-1; //计算第二个有序子数组上界

        //两个有序子数组合并
        for(i = l1,  j = l2; i <= u1 && j <= u2; m++){
            if(a[i].key <= a[j].key){
                swap[m] = a[i];
                i++;
            }
            else{
                swap[m]=a[j];
                j++;
            }
        }
        //子数组 2 已归并完，将子数组 1 中剩余的元素存放到数组 swap 中
        while(i <= u1){
            swap[m] = a[i];
            m++;
            i++;
        }
        //子数组 1 已归并完，将子数组 2 中剩余的元素存放到数组 swap 中
        while(j <= u2){
            swap[m] = a[j];
            m++;
```

```
                    j++;
            }
            l1 = u2 + 1;
        }
        //将原始数组中只够一组的元素顺序存放到数组 swap 中
        for(i = l1; i < n; i++, m++) swap[m] = a[i];
    }
```

二路归并排序算法如下:

```
    void MergeSort(DataType a[], int n){
        int i, k = 1;                           //归并长度从 1 开始
        DataType *swap;
        swap = (DataType *)malloc(sizeof(DataType)*n);//申请动态数组空间
        while(k < n){
            Merge(a, n, swap, k);               //调用归并函数 Merge(a, n, swap, k)
            for(i = 0; i < n; i++)
                a[i] = swap[i];                 //将元素从临时数组 swap 放回数组 a 中
            k = 2 * k;                          //归并长度加倍
        }
        free(swap);                             //释放动态数组空间
    }
```

对 n 个元素进行一次二路归并排序时，归并的次数约为 $\text{lb}n$，任何一次的二路归并排序元素的比较次数约为 $n-1$，所以，二路归并排序算法的时间复杂度为 $O(n\text{lb}n)$。

二路归并排序时使用 n 个临时内存单元存放元素，所以，二路归并排序算法的空间复杂度为 $O(n)$。

由于二路归并排序算法是相邻有序子表两两归并，对于关键字相同的元素，能够保证原来在前边的元素排序后仍在前边，因此，二路归并排序算法是一种稳定的排序算法。前边讨论过的几个时间复杂度为 $O(n\text{lb}n)$ 的排序算法都是不稳定的排序算法，而二路归并排序算法不仅时间复杂度为 $O(n\text{lb}n)$，而且还是一种稳定的排序算法。这是二路归并排序算法的最大特点。

10.6 基数排序

基数排序也称为桶排序，是一种当关键字为整数类型时非常高效的排序方法。

【基数排序算法的基本思想】 设待排序的元素关键字是 m 位 d 进制整数（不足 m 位的关键字在高位补 0），设置 d 个桶，令其编号分别为 0, 1, 2, ..., $d-1$。首先按关键字最低位的数值依次把各元素放到相应的桶中，然后按照桶号从小到大和进入桶中元素的先后次序收集分配在各桶中的元素，这样就形成了元素集合的一个新的排列，称这样的一次排序过程为一次基数排序；再对一次基数排序得到的元素序列按关键字次低位的数值依次把各元素放到相应的桶中，然后按照桶号从小到大和进入桶中元素的先后次序收集分配在各桶中的元素；这样的过程重复进行，当完成了第 m 次基数排序后，就得到了排好序的元素序列。

设待排序的元素有 10 个，元素的关键字序列为{710, 342, 045, 686, 006, 841, 429, 134, 068, 264}，如图 10-11 所示是基数排序算法的排序过程。

分析基数排序算法，因为要求进出桶中的元素序列满足先进先出的原则，所以这里所说的桶实际就是队列。队列有顺序队列和链式队列，因此在实现基数排序算法时，有基于顺序循环队列和基于链式队列两种不同的实现方法。

在基于链式队列的基数排序算法中，可以把 d 个队列设计成一个队列数组（设队列数组名

为 tub），队列数组中的每个元素包含两部分：front 和 rear。front 用于指示队头，rear 用于指示队尾。当第 i（$i=0, 1, 2, \cdots, d-1$）个队列中有元素要放入时，就在队列数组中的相应元素 tub[i] 的队尾位置插入一个新结点保存该元素。基于链式队列的基数排序算法的存储结构示意图如图 10-12 所示。

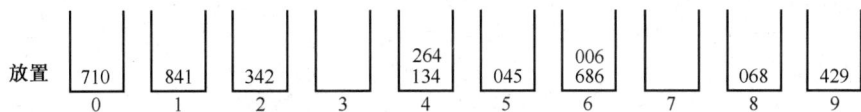

(a) 第 1 次基数排序

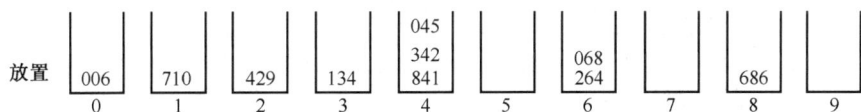

(b) 第 2 次基数排序

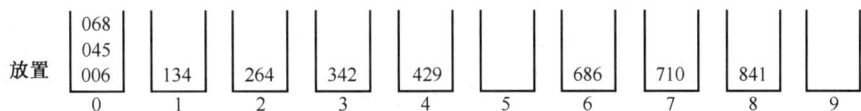

(c) 第 3 次基数排序

图 10-11　基数排序算法的排序过程

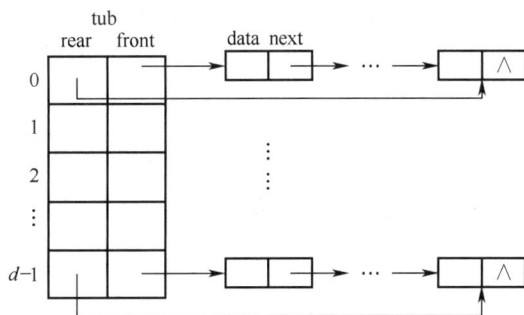

图 10-12　基于链式队列的基数排序算法的存储结构

在进行基数排序时，需要计算 m 位的整数类型关键字 K 的第 i 位数值 K_i。一个十进制数形式的关键字 K 的第 i（$i=1, 2, \cdots, m$）位数值 K_i 的计算公式如下：

$$K_i = \mathrm{int}\left(\frac{K}{10^{i-1}}\right) - 10 \times \left[\mathrm{int}\left(\frac{K}{10^i}\right)\right], \qquad i=1, 2, \cdots, m$$

式中，int() 为下取整函数，例如：int(3.5)=3，int(3.0)=3。

设有 $K=635$，K_1, K_2, K_3 的计算结果如下：

$K_1=\mathrm{int}(635/10^0) -10\times(\mathrm{int}(635/10^1))=635-10\times63=635-630=5$

$K_2=\mathrm{int}(635/10^1) -10\times(\mathrm{int}(635/10^2))=63-10\times6=63-60=3$

$K_3=\mathrm{int}(635/10^2) -10\times(\mathrm{int}(635/10^3))=6-10\times0=6-0=6$

基于链式队列的基数排序算法如下：

```
#include "LQueue.h"                              //包含链式队列头文件
void RadixSort(DataType a[], int n, int m, int d){
//对元素a[0]～a[n-1]进行关键字为m位d进制整型数值的基数排序
//桶采用链式队列
    int i, j, k, power = 1;
    LQueue *tub;
    //把d个队列定义为动态数组
    tub = (LQueue *)malloc(sizeof(LQueue )* d);
    for(i = 0; i < d; i++)
        QueueInitiate(&tub[i]);                  //d个队列分别初始化

    //进行m次放和收
    for(i = 0; i < m; i++){
        if(i == 0) power = 1;
        else power = power *d;

        //将元素按关键字第k位的数值放到相应的队列中
        for(j = 0; j < n; j++) {
            k = a[j].key /power - (a[j].key /(power * d)) * d;//计算k
            QueueAppend(&tub[k], a[j]);           //把a[j]放入第k个队列中
        }

        //顺序回收各队列中的元素至数组a中
        k = 0;
        for(j = 0; j < d; j++)
            while(QueueNotEmpty(tub[j]) != 0){
                QueueDelete(&tub[j], &a[k]);      //从各队列中回收
                k++;
            }
    }
}
```

【例 10-2】 以图 10-11 为例编写测试基数排序算法的程序。

程序设计如下：

```
#include <stdio.h>
#include <malloc.h>
typedef int KeyType;
typedef struct{
    KeyType key;
} DataType;
#include "LQueue.h"                              //包含链式队列头文件
void RadixSort(DataType a[], int n, int m, int d){
    //函数体同上，省略
}
void main(void){
    DataType test[]={710, 342, 45, 686, 6, 841, 429, 134, 68, 246};
    int i, n = 10, m = 3, d = 10;
    RadixSort(test, n, m, d);
```

```
for(i = 0; i < n; i++)
    printf("%d  ", test[i].key);
}
```

要注意的是，学生自己编程验证基数排序算法时，测试程序用的元素前面不能补 0。例如，图 10-11 中为了说明问题，可以把元素 6 写成 006，把元素 68 写成 068，但在测试程序中不能把 6 写成 006，也不能把 68 写成 068。因为 C 语言规定，068 表示八进制数 68，显然，八进制数中不允许出现 8，将造成程序出错。很多学生上机实验时都会犯这个错误，并且很难找出程序错误的问题所在。

基数排序算法中要进行 m 次循环，每次循环时先要把 n 个元素放到相应的 d 个队列中，然后再把各个队列中的元素收回，链式队列的插入算法和删除算法的时间复杂度均是 $O(1)$，所以，基于链式队列的基数排序算法的时间复杂度为 $O(2mn)$，或者简写成 $O(mn)$。和元素个数 n 相比，元素关键字的位数 m 通常很小，所以基于链式队列的基数排序算法的时间复杂度相当低。

基于链式队列的基数排序算法中要 m 次使用 n 个结点临时存放 n 个元素，所以，基于链式队列的基数排序算法的空间复杂度为 $O(n)$。

基于顺序队列的基数排序算法，读者可作为练习自己完成。基于顺序队列的基数排序算法的时间复杂度和基于链式队列基数排序算法的时间复杂度相同，也为 $O(2mn)$，或者简写成 $O(mn)$。在基于顺序队列的基数排序算法中，每个队列要按照最坏情况存放 n 个元素，所以基于顺序队列的基数排序算法的空间复杂度为 $O(mn)$。

从基数排序算法的思想以及实际例子可以得出，基数排序算法是一种稳定的排序算法。

10.7　排序算法性能比较

为方便学生归纳对比学习，本节对本章讨论的各种排序算法的性能进行了比较。表 10-2 中列出了各种排序方法的性能比较。

表 10-2　各种排序方法性能比较

排序算法	最好时间复杂度	平均时间复杂度	最坏时间复杂度	最坏空间复杂度	稳定性
直接插入排序	$O(n)$	$O(n^2)$	$O(n^2)$	$O(1)$	稳定
希尔排序		$O(n^{1.3})$		$O(1)$	不稳定
直接选择排序	$O(n^2)$	$O(n^2)$	$O(n^2)$	$O(1)$	不稳定 但可做到稳定
堆排序	$O(nlbn)$	$O(nlbn)$	$O(nlbn)$	$O(1)$	不稳定
冒泡排序	$O(n)$	$O(n^2)$	$O(n^2)$	$O(1)$	稳定
快速排序	$O(nlbn)$	$O(nlbn)$	$O(n^2)$	$O(n)$	不稳定
归并排序	$O(nlbn)$	$O(nlbn)$	$O(nlbn)$	$O(n)$	稳定
基数排序 （链式队列）	$O(mn)$	$O(mn)$	$O(mn)$	$O(n)$	稳定
基数排序 （顺序队列）	$O(mn)$	$O(mn)$	$O(mn)$	$O(mn)$	稳定

习题 10

【基本概念习题】

10-1　什么是关键字？什么是主关键字？什么是次关键字？

10-2　什么是稳定的排序算法？什么是不稳定的排序算法？对同一个问题，若有一个算法是稳定的，另一个算法是不稳定的，哪一个算法更好？

10-3　什么是内部排序？什么是外部排序？

10-4　设元素关键字序列为{475, 137, 481, 219, 382, 674, 350, 326, 815, 506}，分别写出执行下列排序算法时，各趟排序后的关键字序列：

（1）希尔排序（增量 d=5,3,1）　　　（2）快速排序

（3）堆排序　　　　　　　　　　　　（4）归并排序　　　　　　　（5）基数排序

10-5　填空题

（1）在直接插入排序和直接选择排序中，若初始元素基本正序，则最好选用（　　）；若初始元素基本反序，则最好选用（　　）。

（2）在堆排序和快速排序中，若初始元素接近正序或反序，则最好选用（　　）；若初始元素基本无序，则最好选用（　　）。

（3）对有 n 个元素的集合进行冒泡排序，在最坏情况下的时间复杂度是（　　）；若对其进行快速排序，在最坏情况下的时间复杂度是（　　）。

（4）对有 n 个元素的集合进行归并排序，平均时间复杂度是（　　），空间复杂度是（　　）。

（5）对有 n 个元素的集合进行二路归并排序，整个归并排序需要进行（　　）趟。

10-6　单项选择题

（1）将 5 个不同的元素进行排序，至多需要比较（　　）次。

　　A．8　　　　　　　　B．9　　　　　　　　C．10　　　　　　　　D．25

（2）在排序方法中，从未排序序列中依次取出元素与已排序序列（初始时为空）中的元素进行比较，将其放入已排序序列的正确位置上的方法，称为（　　）。

　　A．希尔排序　　　　B．冒泡排序　　　　C．插入排序　　　　D．选择排序

（3）从未排序的数据序列中挑选数据，并将其依次插入已排序的数据序列（初始时为空）一端的方法，称为（　　）。

　　A．希尔排序　　　　B．归并排序　　　　C．插入排序　　D．选择排序

（4）对 n 个不同的元素进行冒泡排序，在（　　）情况下比较的次数最多。

　　A．从小到大排列好的　　　　　　　　B．从大到小排列好的

　　C．元素无序的　　　　　　　　　　　D．元素基本有序的

（5）对于快速排序，在（　　）情况下最易发挥其长处。

　　A．被排序的数据中含有多个相同关键字

　　B．被排序的数据已基本有序

　　C．被排序的数据完全无序

　　D．被排序的数据中的最大值和最小值相差悬殊

（6）对有 n 个元素的序列排序，除基数排序方法外，在最坏情况下算法的时间复杂度是（　　）。

　　A．$O(n)$　　　　　B．$O(n^2)$　　　　C．$O(n\mathrm{lb}n)$　　　　D．$O(n^3)$

（7）下列关键字序列中，序列（　　）是堆。

　　A．{16, 72, 31, 23, 94, 53}　　　　　　B．{94, 23, 31, 72, 16, 53}

　　C．{16, 53, 23, 94, 31, 72}　　　　　　D．{16, 23, 53, 31, 94, 72}

（8）堆是一种（　　）排序方法。

　　A．插入　　　　　　B．选择　　　　　　C．交换　　　　　　D．归并

（9）堆的形状是一棵（　　）。

    A．二叉排序树   B．满二叉树   C．完全二叉树   D．平衡二叉树

（10）下述几种排序方法中，要求内存最大的是（　　）。

    A．插入排序   B．快速排序   C．归并排序   D．选择排序

10-7　判断下列序列是否为堆，若是堆，则进一步指出是最大堆还是最小堆。

（1）{50, 36, 41, 19, 23, 4, 20, 18, 12, 22}

（2）{43, 5, 47, 1, 19, 11, 59, 15, 48, 41}

（3）{50, 36, 41, 19, 23, 20, 18, 12, 22}

（4）{9, 13, 17, 21, 22, 31, 33, 24, 27, 23}

10-8　若一组待排序元素序列为{46, 79, 56, 38, 40, 84}，则堆排序方法建立的初始堆序列为什么？要求：给出最大堆和最小堆两种情况。

10-9　判断下列数据序列是否为堆（最大堆或最小堆均可）。若不是，则将其调整为堆。

（1）{50, 36, 41, 19, 23, 4, 20, 18, 12, 22}

（2）{43, 5, 47, 1, 19, 11, 59, 15, 48, 41}

10-10　设待排序的关键字序列为{11, 4, 18, 33, 29, 9, 18*, 21, 5, 19}，画出建初始堆过程。其中，18*表示关键字和 18 相同的另一个元素。

10-11　对于堆排序、快速排序和归并排序三种排序算法，回答下列问题：

（1）仅从占用的内存空间考虑，哪种排序算法最好？

（2）仅从最坏情况下时间最快考虑，哪种排序算法最好？

（3）仅从排序结果的稳定性考虑，哪种排序算法最好？

【复杂概念习题】

10-12　举例说明直接选择排序是不稳定的排序。

10-13　举例说明希尔排序、快速排序和堆排序是不稳定的排序。

10-14　证明：当待排序元素的关键字序列已经为有序状态时，快速排序的时间复杂度为 $O(n^2)$。

10-15　讨论你所知道的体育比赛的产生名次方法，并以 8 个竞赛者为例说明各种产生名次方法所要进行的比赛次数。

10-16　若 n 个元素关键字序列初始为正序，则进行直接插入排序、冒泡排序、直接选择排序各需要的关键字比较次数和元素移动次数是多少？若 n 个元素关键字序列初始为逆序，则进行直接插入排序、冒泡排序、直接选择排序各需要的关键字比较次数和元素移动次数是多少？

提示：求解这个问题需要熟悉每个算法的具体排序过程。

10-17　设有 1000 个元素组成的无序序列，有 4 种排序算法可供选择（直接选择排序、冒泡排序、堆排序、归并排序），要求：

（1）如果希望用最快的速度挑选出其中前 10 个（仅挑选前 10 个）最大元素，则用哪种排序算法最合适？并说明原因。

（2）如果仅挑选出前两个最大元素，则用哪种排序算法最合适？

10-18　在高度为 h 的堆中，最多有多少个元素？最少有多少个元素？在最大堆中，关键字最小的元素可能存放在堆的哪些地方？

10-19　对 n 个元素序列进行奇偶交换排序的过程是：第 1 趟对所有的奇数 i，将 R[i]与 R[$i+1$]进行比较，若 R[i]＞R[$i+1$]，则将两者交换；第 2 趟对所有的偶数 i，将 R[i]与 R[$i+1$]进行比较，若 R[i]＞R[$i+1$]，则将两者交换；第 3 趟对所有的奇数 i；第 4 趟对所有的偶数 i；其余类推，直到整个序列有序为止。

（1）奇偶交换排序的结束条件是什么？

（2）对元素序列(10, 8, 15, 2, 7, 13, 4)进行奇偶交换排序，写出每趟排序的结果。

【算法设计习题】

10-20 编写一个测试希尔排序算法函数 ShellSort()的测试主函数，测试数据为(43, 5, 47, 1, 19, 11, 59, 15, 48, 41)。

10-21 设待排序元素的关键字为整数类型，编写函数实现：在 $O(n)$ 时间复杂度内和 $O(1)$ 空间复杂度内重排数组 a，使得所有取负值的关键字排在所有取非负值的关键字之前。

10-22 直接选择排序算法是不稳定的排序算法。这主要是由于每次从无序区中选出最小元素后，与无序区的第一个元素交换而引起的，因为交换可能引起关键字相同的元素位置发生变化。如果在选出最小元素后，将它前面的无序元素依次后移，然后再将最小元素放在有序区的后面，这样就能保证排序算法的稳定性。编写一个稳定的直接选择排序函数。

10-23 双向冒泡排序，即相邻两趟向相反方向起泡，试给出双向冒泡排序算法思想，并编写一个双向冒泡排序算法。

10-24 编写一个非递归的二路归并排序算法。

10-25 编写一个非递归的快速排序算法，并分析该算法的空间复杂度。

10-26 设带头结点的单链表 L 中存放着要排序的 int 类型的若干个元素,编写函数实现单链表存储结构的直接插入排序。

10-27 设带头结点的单链表 L 中存放着要排序的 int 类型的若干个元素,编写函数实现单链表存储结构的冒泡排序。

10-28 设带头结点的单链表 L 中存放着要排序的 int 类型的若干个元素,编写函数实现单链表存储结构的直接选择排序。

【上机实习习题】

10-29 基数排序算法设计。要求：

（1）设计基于顺序队列的基数排序函数。

（2）设计一个测试主函数，测试所设计的基于顺序队列的基数排序函数。

10-30 排序算法比较。要求：

（1）用随机数产生 100 000 个待排序元素的关键字值。

（2）测试下列各排序函数的机器实际执行时间：

a）直接插入排序；　　　b）希尔排序；　　　c）直接选择排序；

d）堆排序；　　　　　　e）冒泡排序；　　　f）快速排序；

g）二路归并排序；　　　h）基于链式队列的基数排序。

10-31 学习成绩排名。

问题描述：有 M 个班的学生参加某门课程的考试，每个班最多有 N 个学生，输出每个学生在本班以及在全体学生中的排名表。

基本要求：

（1）每个班的学生记录按学号顺序排列，每个学生记录包含排列名次、学号、成绩。

（2）输出每个学生在本班的排名情况，具有相同成绩的名次相同。

（3）输出全体学生的排名情况。

测试数据：

假定有 7 个班，每班学生人数为 12 人；学号为"班号"+"学生在本班名册中的序号"，班号依次为 1, 2, …, 7；成绩是由计算机随机产生的 50～100 之间的整数。

第11章 查 找

查找是数据处理时经常进行的操作。查找是在一个元素集合中查找关键字等于某个给定关键字元素的过程。在一个元素集合中进行查找的方法很多，主要有静态查找、动态查找和哈希表查找等方法。查找算法的优劣对计算机应用系统的效率影响很大。

本章内容主要包括：查找的基本概念、静态查找的基本方法、动态查找的基本方法、哈希表的概念和哈希表的设计方法。

11.1 查找的基本概念

查找是在元素集合中查找是否存在关键字等于某个给定关键字的元素的过程。查找也称为检索。在计算机应用系统中使用查找的地方有许多，如在高考学生成绩管理系统的高考学生成绩表中查找考生号码等于某个编码的考生的成绩。

关键字有主关键字和次关键字。**主关键字**是能够唯一区分各个不同元素的关键字，**次关键字**通常不能唯一区分各个不同元素。以主关键字进行的查找是最经常的、也是最主要的查找。

在一个元素集合中查找关键字等于某个给定关键字的元素的过程有两种结果：查找成功和查找不成功。查找成功是指在元素集合中找到了要查找的元素。查找不成功是指在元素集合中没有找到要查找的元素。

查找可分为静态查找和动态查找两大类。**静态查找**是指只在元素集合中查找是否存在关键字等于某个给定关键字的元素。**动态查找**除了包括静态查找的要求，还包括在查找过程中同时插入元素集合中不存在的元素，或者从元素集合中删除已存在的某个元素的要求。即如果在某个元素集合中进行了动态查找过程，则该元素集合可能会被改变。

我们把静态查找时构造的存储结构称为**静态查找表**，把动态查找时构造的存储结构称为**动态查找表**。哈希表是一种既适用于静态查找问题，又适用于动态查找问题，并且查找效率非常高的解决查找问题的存储结构。11.2 节和 11.3 节将分别讨论几种典型的静态查找表和动态查找表，11.4 节讨论哈希表的概念和设计方法。

和第 10 章讨论的排序问题类同，在各种具体的查找问题中，虽然不同元素的数据项差别很大，但查找算法只与元素的关键字有关，与其他数据项无关。不失一般性，定义查找算法的元素中只包含关键字，其数据类型为 KeyType。因此，定义查找算法中元素的数据类型 DataType 为如下结构体：

```
typedef struct{
    KeyType key;
} DataType;
```

在本章的例子中，均定义 KeyType 为 int。

衡量查找算法效率的最主要标准是平均查找长度。**平均查找长度**是指查找过程所需进行的关键字比较次数的平均值。平均查找长度通常记作 ASL，其数学定义如下：

$$ASL = \sum_{i=1}^{n} P_i C_i$$

其中，P_i 是要查找的元素的出现概率，C_i 是查找相应元素需要进行的关键字比较次数。P_i 很难通过分析给出，为简化分析，通常取 $P_i = 1/n$。

查找有查找成功和查找失败两种情况。在通常情况下，如果不做特殊说明，平均查找长度指的是查找成功时的平均查找长度。

11.2 静态查找

静态查找的存储结构主要有顺序表、有序顺序表和索引顺序表三种存储结构。

11.2.1 顺序表

【在顺序表中查找的基本思想】 从顺序表的一端开始，用给定元素的关键字逐个与顺序表中各元素的关键字进行比较，若在顺序表中查找到要查找的元素，则查找成功，函数返回该元素在顺序表中的位置；否则查找失败，函数返回-1。

顺序表中的查找算法如下：

```
#include "SeqList.h"                          //包含顺序表头文件
int SeqSearch(SeqList S, DataType x){
//在顺序表 S 中依次查找元素 x
//若查找成功，则返回该元素的位置；否则返回-1
    int i = 0;
    while(i < S.size && S.list[i].key != x.key) i++;
    if(S.list[i].key == x.key) return i;
    else return -1;
}
```

顺序表中的查找算法也可类推到在一个数组中进行的查找算法。

设要查找的元素在元素集合中出现的概率均相等，则顺序表查找算法的平均查找长度 ASL 为

$$\mathrm{ASL} = \sum_{i=1}^{n} P_i C_i = \sum_{i=1}^{n} \frac{1}{n} i = \frac{(n+1)}{2}$$

对于有 n 个元素的顺序表中的查找，无论关键字为何值，当查找不成功时，与要查找的元素进行的比较次数均为 $n+1$。

【例 11-1】 编写程序。要求首先建立一个包含元素{710, 342, 45, 686, 6, 841, 429, 134, 68, 264}的顺序表，然后查找元素 686 是否存在于顺序表中。

程序设计如下：

```
#include <stdio.h>
typedef int KeyType;
typedef struct{
    KeyType key;
} DataType;
#define MaxSize 100                           //定义顺序表数组元素最大个数
#include "SeqList.h"                          //包含顺序表头文件

int SeqSearch(SeqList S, DataType x){
    int i = 0;
    while(i < S.size && S.list[i].key != x.key) i++;
    if(S.list[i].key == x.key) return i;
    else return -1;
}
void main(void){
    SeqList myS = {{710, 342, 45, 686, 6, 841, 429, 134, 68, 264}, 10};
```

```
DataType x = {686};
int i;
if((i = SeqSearch(myS, x)) != -1 )
    printf("该元素位置为 %d ", i);
else
    printf("查找失败");
}
```

该程序运行结果如下：

该元素位置为 3

11.2.2 有序顺序表

如果一个顺序表中的元素已经排好序，那么，在有序顺序表中进行查找的效率会更高。有序顺序表中的查找算法主要有顺序查找和折半查找两种方法。

1. 有序顺序表中的顺序查找

有序顺序表中的顺序查找算法和 11.2.1 节讨论的顺序表中的查找算法类同，但当查找失败时，并不需要比较完所有元素就可得出判断。例如，设有序顺序表的元素集合为 {2, 4, 6, 8, 10}，要查找的元素为 5，当顺序和值为 6 的元素比较完后，就可判定元素集合中不存在要查找的元素 5。

有序顺序表中的顺序查找算法如下：

```
#include "SeqList.h"
int OrderSeqSearch(SeqList S, DataType x){
//在有序顺序表 S 中顺序查找元素 x
//若查找成功，则返回该元素的位置；否则返回-1
    int i = 0;
    while(i < S.size && S.list[i].key < x.key) i++;
    if(S.list[i].key == x.key) return i;
    else return -1;
}
```

设要查找的元素在元素集合中出现的概率均相等，则有序顺序表中顺序查找算法的平均查找长度 ASL 为

$$ASL = \sum_{i=1}^{n} P_i C_i = \sum_{i=1}^{n} \frac{1}{n} i = (n+1)/2$$

当查找不成功时，有序顺序表中的顺序查找算法的平均比较次数也为 $(n+1)/2$。

可见，当查找成功时，有序顺序表中顺序查找算法的平均查找长度与顺序表中查找算法的平均查找长度相同；但当查找不成功时，有序顺序表中顺序查找算法的平均比较次数约为顺序表中查找算法平均比较次数的一半。

2. 折半查找

【有序顺序表中折半查找算法的基本思想】 在一个查找区间中，确定出查找区间的中心位置，用待查找元素的关键字与中心位置上元素的关键字进行比较，若两者相等，则查找成功；否则，若前者小于后者，则把查找区间定为原查找区间的前半段继续这样的过程；否则，若前者大于后者，则把查找区间定为原查找区间的后半段继续这样的过程。这样的查找过程一直进行到查找区间的上界小于查找区间的下界为止。

折半查找算法既可以设计成递归结构的算法，也可以设计成循环结构的算法。6.2 节讨论了

递归结构的折半查找算法，下面给出循环结构的折半查找算法。

有序顺序表中折半查找算法如下：

```
#include "SeqList.h"
int BinarySearch(SeqList S, DataType x){
//在有序顺序表 S 中折半查找元素 x
//若查找成功，则返回该元素的位置；否则返回-1
    int low = 0, high = S.size-1;                    //确定初始查找区间上下界
    int mid;

    while(low <= high){
        mid = (low + high) / 2;                      //确定查找区间中心位置
        if(S.list[mid].key == x.key) return mid;     //查找成功
        else if(S.list[mid].key < x.key) low = mid + 1;
        else if(S.list[mid].key > x.key) high = mid - 1;
    }
    return -1;                                        //查找失败
}
```

对于一个有 n 个元素的有序顺序表，显然，折半查找算法对应了一棵完全二叉树，该完全二叉树根结点数值为 n，对应了初始的查找区间；每个二叉分支结点数值为双亲结点数值除以 2，对应了每次比较后查找区间都会折半；所有叶结点是数值为 1 的结点，对应了最后一次比较时的查找区间。

假设有序表中的元素个数 n 恰好是满二叉树时的结点个数，即有

$$n=2^0+2^1+\cdots+2^{k-1}=2^k-1$$

则相应的二叉树深度为

$$k=\mathrm{lb}(n+1)$$

在满二叉树的第 i（$i \geqslant 0$）层上总共有 2^i 个结点，查找该层上的每个结点需要进行的比较次数为 $i+1$。

因此，当有序顺序表中每个元素的查找概率相等时，平均查找长度为

$$\mathrm{ASL} = \sum_{i=1}^{n} P_i C_i = \frac{1}{n} \sum_{i=1}^{k} 2^{i-1} i = \frac{n+1}{n}\mathrm{lb}(n+1)-1 \approx \mathrm{lb}n$$

11.2.3　索引顺序表

当顺序表中的元素个数非常大时，无论使用前述的哪种查找算法都需要很长的时间。此时提高查找速度的一个常用方法是在顺序表上建立索引表。

索引表与教科书前边的目录在用途和构造方法上类同。我们把要在其上建立索引表的顺序表称为**主表**。主表中存放着元素的全部信息，索引表只存放主表中要查找元素的主关键字和索引信息。

如图 11-1 所示是一个主表和一个按关键字 key 建立的索引表的结构图。作为示意，只给出了主表中的 key 项值，其他的数据项名和数据项值均未给出。索引表中的元素由两部分构成，key 为被索引的若干个元素中关键字的最大者，link 为被索引的若干个元素中第一个元素的位置编号。

要使索引表的查找效率高，索引表必须有序。但主表中的元素不一定要按关键字有序。这是因为在有些问题中，若要求主表中的元素按关键字排序需要花费较多时间。此时可以放宽要

求为主表中的元素按关键字分段有序，而索引表中的 key 项为被索引的若干个元素中关键字的最大者。如图 11-1 所示的索引表结构就是一个主表中的元素按关键字分段有序的例子。此时，虽然主表只是分段有序，但索引表是有序表，对索引表中的索引项的查找可使用有序顺序表的查找算法。

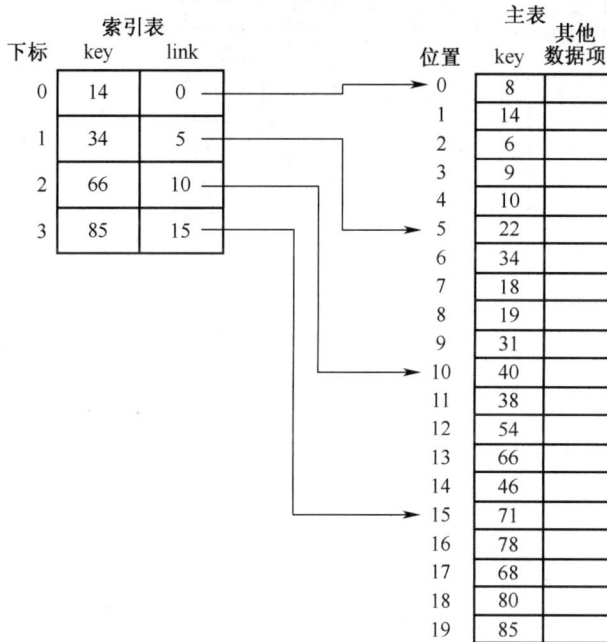

图 11-1　索引表结构图

当只在主表上建立一个索引表时，满足上述建立索引表所要求的主表关键字分段有序不太难。但是，当要在主表上再建立若干个次关键字的索引表时，要使所有的索引表都达到这样的要求就是不可能的，因为不同的关键字排序结果将完全不同。因此，建立多个索引表的一般方法是：先在主表上建立一个与主表项完全相同，但只包含索引关键字和该元素在主表中位置信息的索引表，再在这样的索引表上建立索引表。我们把与主表项完全相同，但只包含索引关键字和该元素在主表中位置信息的索引表称为**完全索引表**。图 11-2 给出了这种带完全索引表的索引表结构图。图中完全索引表 link 项到主表位置的索引关系只象征性地画出了一条，其余的未画出。

当主表中的元素个数非常庞大时，索引表本身可能也很庞大，此时可按照建立索引表的同样方法对索引表再建立索引表，这样的索引表称为**二级索引表**。同样的方法还可以在二级索引表再建立三级索引表，等等。二级以上的索引结构称为**多级索引结构**。

以上给出的索引表例子都是等长索引表的例子。**等长索引表**是指索引表中的每个索引项对应主表中的元素个数是相等的。如图 11-1 和图 11-2 中的每个索引项都对应主表中的 5 个元素。索引表中的索引项对应主表中的元素个数也可以是不相等的，这种索引表称为不等长索引表。**不等长索引表**是指索引表中不同的索引项和主表中元素个数的对应关系是不同的。如图 11-3 所示是一个不等长索引表结构图。不等长索引表要增加一个数据项存放各个索引项的长度值。图 11-3 中的 length 项就是这样的项。

索引表

下标	key	link
0	14	0
1	34	5
2	66	10
3	85	15

完全索引表

位置	key	link
0	8	2
1	14	0
2	6	5
3	9	7
4	10	8
5	22	1
6	34	4
7	18	3
8	19	6
9	31	9
10	40	12
11	38	13
12	54	14
13	66	15
14	46	16
15	71	17
16	78	18
17	68	19
18	80	10
19	85	11

主表

位置	key	其他数据项
0	14	
1	22	
2	8	
3	18	
4	34	
5	6	
6	19	
7	9	
8	10	
9	31	
10	80	
11	85	
12	40	
13	38	
14	54	
15	66	
16	46	
17	71	
18	78	
19	68	

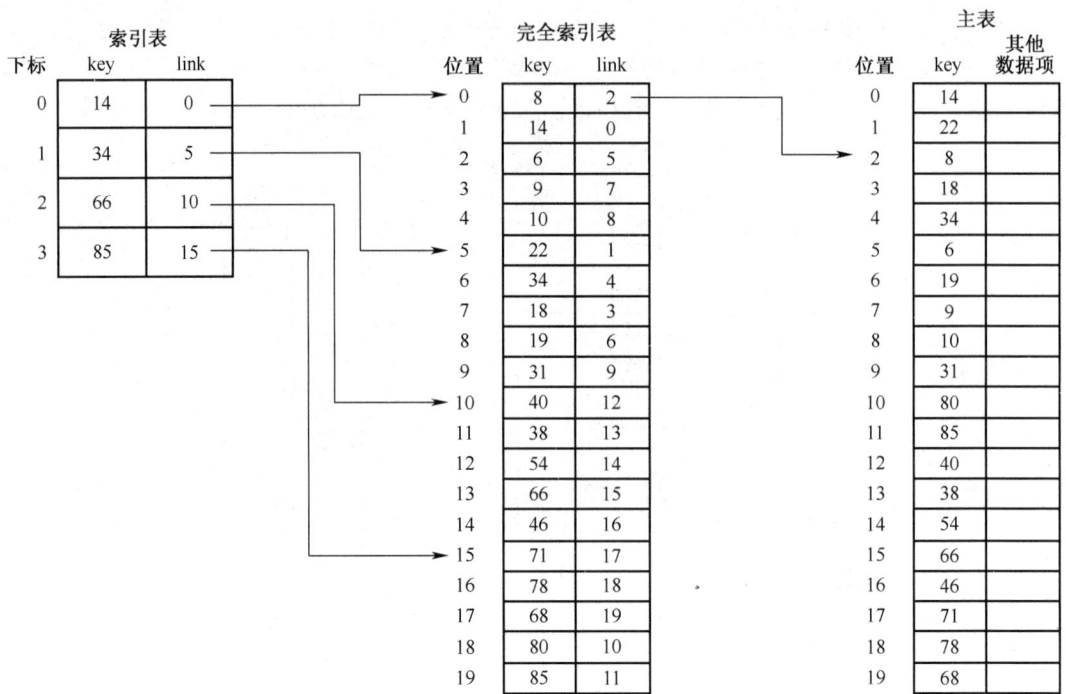

图 11-2　带完全索引表的索引表结构图

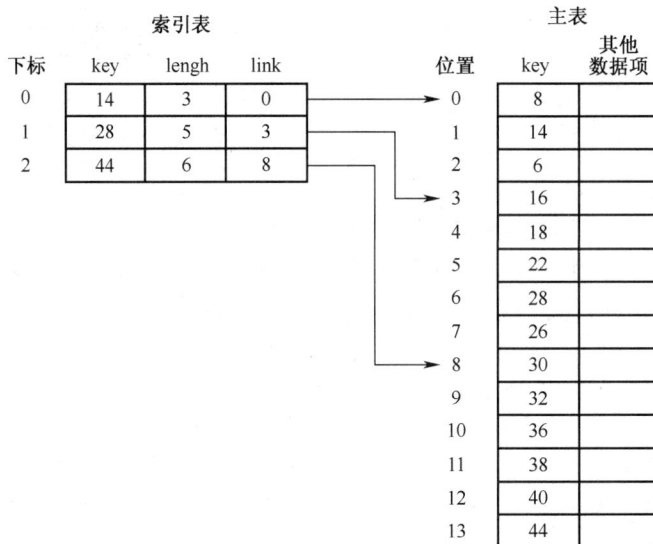

索引表

下标	key	lengh	link
0	14	3	0
1	28	5	3
2	44	6	8

主表

位置	key	其他数据项
0	8	
1	14	
2	6	
3	16	
4	18	
5	22	
6	28	
7	26	
8	30	
9	32	
10	36	
11	38	
12	40	
13	44	

图 11-3　不等长索引表结构图

不等长索引表不仅适用于静态查找问题，而且也适用于动态查找问题。这是因为不等长索引表中的索引长度可随着动态插入和动态删除过程改变。

索引顺序表中的查找过程，包括在索引表中的查找和在主表中的查找两部分。因为索引表一般建成有序数组，所以各种有序顺序表中的查找算法都适用于索引表中的查找。主表中的查找算法可以根据关键字是否有序选用前面所述的相应算法。

索引顺序表中查找算法的比较次数等于在索引表中查找的比较次数加上在主表中的某个子表中进行查找的比较次数。假设索引表的长度为 m，主表中每个子表的长度为 s，并假设在索引

表中和在主表中均采用顺序查找算法，则索引顺序表中查找算法的平均查找长度为

$$\mathrm{ASL} = \frac{m+1}{2} + \frac{s+1}{2} = \frac{m+s}{2} + 1$$

11.3　动态查找

动态查找的存储结构主要有二叉树结构和树结构两种类型。二叉树结构又分为二叉排序树、平衡二叉树等。树结构又分为 B 树、B⁺树等。

11.3.1　二叉排序树和平衡二叉树

1．二叉排序树的基本概念

二叉排序树或者是一棵空树，或者是具有下列性质的二叉树：

① 若左子树不空，则左子树上所有结点的关键字均小于根结点的关键字；

② 若右子树不空，则右子树上所有结点的关键字均大于或等于根结点的关键字；

③ 左右子树均为二叉排序树。

如图 11-4 所示就是一棵二叉排序树。

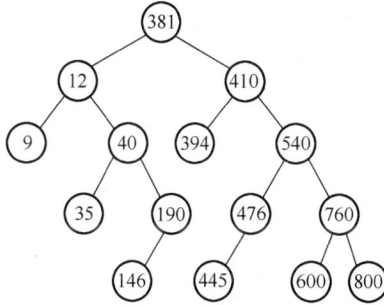

图 11-4　二叉排序树

二叉排序树通常采用二叉链存储结构。二叉排序树中结点的结构体定义如下：

```
typedef struct node{
    DataType data;
    struct node *leftChild;
    struct node *rightChild;
} BiTreeNode;
```

二叉排序树上的操作主要有查找、插入和删除等操作。

2．二叉排序树的查找算法

二叉排序树上的查找，就是遍历二叉排序树，并在遍历过程中寻找要查找的元素是否存在。

在二叉排序树上查找某个元素是否存在的过程与在有序顺序表中折半查找某个元素是否存在的过程非常相似。相应地，在二叉排序树上查找某个元素是否存在的算法也有循环结构算法和递归结构算法两种。这里给出循环结构的查找算法。

```
int Search(BiTreeNode *root, DataType item){
//在二叉排序树 root 上查找元素 item 是否存在
//若查找成功，则返回 1；否则返回 0
    BiTreeNode *p;
    if(root != NULL){
        p = root;
```

```
        while(p != NULL){
            if(p->data.key == item.key) return 1;      //查找成功
            if(item.key > p->data.key) p = p->rightChild;
            else p = p->leftChild;
        }
    }
    return 0;                                          //查找失败
}
```

3. 二叉排序树的插入算法

二叉排序树上的插入操作，要求首先查找元素是否已在二叉排序树上存在。若已存在，则不插入；若不存在，则把该元素插入在二叉排序树上查找失败时结点的左孩子或右孩子结点上。

因此，二叉排序树上的插入过程首先是一个查找过程。这个查找过程与前边讨论的查找算法的不同之处是：这里的查找过程要求同时记住当前结点的位置，因为当查找不成功时，插入的过程即为把该元素结点地址赋值给查找失败时当前结点的左孩子指针或右孩子指针的过程。

```
int Insert(BiTreeNode **root, DataType item){
//在二叉排序树 root 中查找元素 item 是否存在，若存在，则返回 0
//否则，把 item 结点插入当前结点的左孩子或右孩子结点上并返回 1
    BiTreeNode *current, *parent = NULL, *p;
    current = *root;
    while(current != NULL) {
        if(current->data.key == item.key) return 0;    //元素已存在
        parent = current;
        if(current->data.key < item.key) current = current->rightChild;
        else current = current->leftChild;
    }
    p = (BiTreeNode *)malloc(sizeof(BiTreeNode));
    //生成新结点
    p->data = item;
    p->leftChild = NULL;
    p->rightChild = NULL;
    if(parent == NULL) *root = p;            //新结点成为根结点
    else if(item.key < parent->data.key)
        parent->leftChild = p;               //新结点为该结点的左孩子结点
    else
        parent->rightChild = p;              //新结点为该结点的右孩子结点
    return 1;
}
```

调用二叉排序树上的插入算法就可以构造出一棵二叉排序树。如图 11-5 所示是调用上述插入算法依次插入元素 4, 5, 7, 2, 1, 9, 8, 11, 3 的过程。

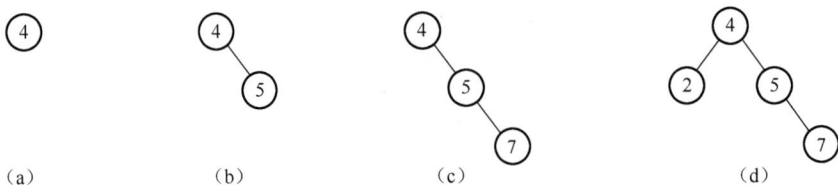

图 11-5　二叉排序树的插入过程

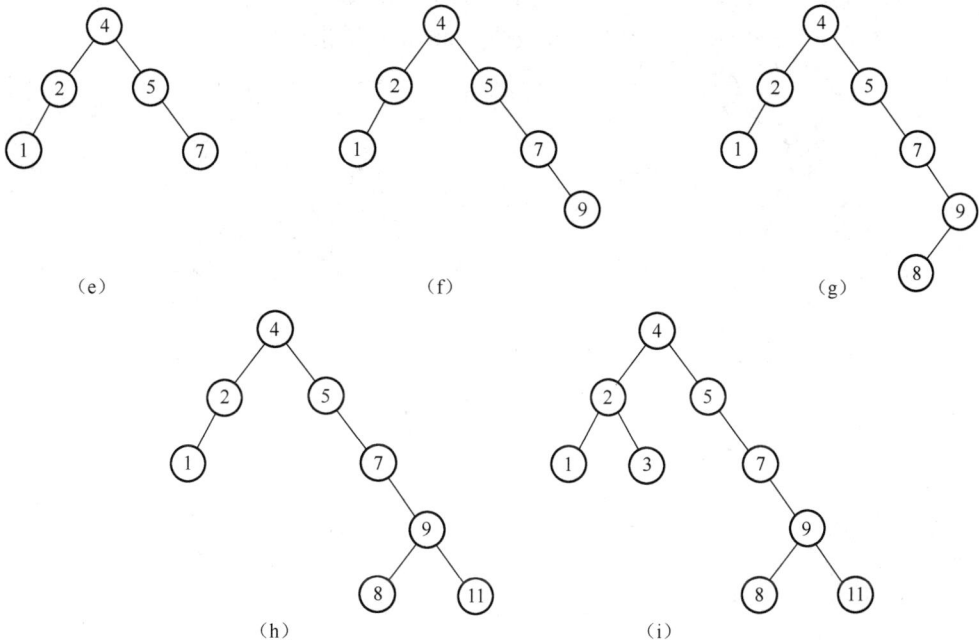

图 11-5　二叉排序树的插入过程（续）

4．二叉排序树的删除算法

删除操作的要求是：首先查找元素是否在二叉排序树中存在，若不存在，则返回；若存在，则按下面 4 种情况分别进行不同的删除操作。

① 要删除结点无孩子结点。

② 要删除结点只有左孩子结点。

③ 要删除结点只有右孩子结点。

④ 要删除结点有左、右孩子结点。

对于上述 4 种不同情况，相应的删除方法如下。

① 要删除结点无孩子结点时，直接删除该结点。

② 要删除结点只有左孩子结点时，删除该结点且使被删除结点的双亲结点指向被删除结点的左孩子结点。

③ 要删除结点只有右孩子结点时，删除该结点且使被删除结点的双亲结点指向被删除结点的右孩子结点。

④ 要删除结点有左右孩子结点时，分如下三步完成：首先，寻找元素的关键字大于要删除结点元素关键字的最小值，即寻找要删除结点右子树的最左结点；然后，把寻找到的右子树的最左孩子结点的元素（该元素的关键字设为 K_{min}）复制给要删除结点的元素；最后，再以要删除结点的右孩子指针为根结点指针，以 K_{min} 为要删除元素的关键字，再次调用二叉排序树的删除算法。

删除算法把第④种情况，即要删除的结点有左、右孩子结点的情况，转变成了删除要删除结点的右子树的最左孩子结点的情况，而这种情况一定是上述 4 种情况中的前 3 种情况之一，不会是要删除结点有左、右孩子结点的情况。

图 11-6 列举了二叉排序树删除操作的 4 种情况：图 11-6（a）为要删除结点无孩子结点，

图 11-6（b）为要删除结点只有左孩子结点，图 11-6（c）为要删除结点只有右孩子结点，图 11-6（d）为要删除结点有左、右孩子结点。图中，虚线箭头 ptr 指针所指结点是当前要删除的结点。

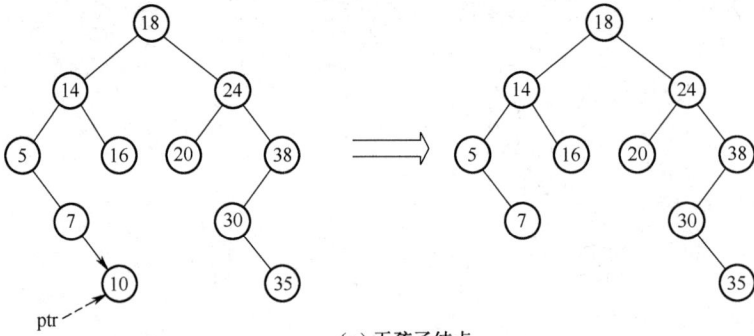

（a）无孩子结点

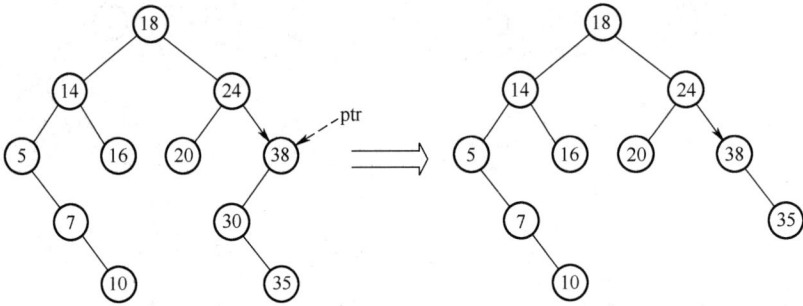

（b）只有左孩子结点

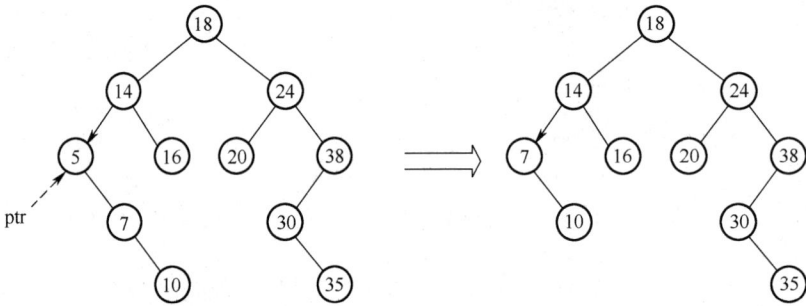

（c）只有右孩子结点

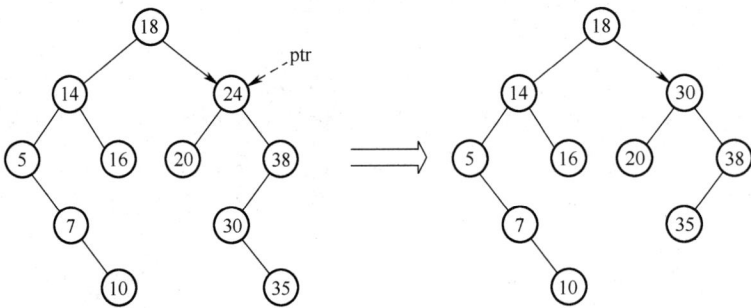

（d）有左、右孩子结点

图 11-6　二叉排序树的删除

其中，图 11-6（d）所示的要删除结点有左、右孩子结点时的删除过程分为三步：首先，寻找关键字为 24 的元素结点的右子树的最左孩子结点，寻找到关键字为 30 的元素；然后，把该结点的元素复制到要删除元素的结点上，即用关键字为 30 的元素覆盖关键字为 24 的元素；最后，以要删除结点的右孩子结点指针为根结点指针，以 30 为要删除元素的关键字，再次调用二叉排序树的删除算法，此时的删除算法属于只有右孩子结点情况。

5．测试程序

【例 11-2】 编写程序，要求：

（1）利用二叉排序树插入函数，建立包含元素 {4, 5, 7, 2, 1, 9, 8, 11, 3} 的二叉排序树；

（2）查找元素 9 是否存在；

（3）用中序遍历法输出二叉排序树中的元素。

设前面定义的二叉排序树结点结构体、二叉排序树查找函数和二叉排序树插入函数保存在二叉排序树头文件 BiSortTree.h 中。程序设计如下：

```
#include <stdio.h>
#include <malloc.h>
typedef int KeyType;                    //定义 KeyType 为 int 类型
typedef struct{
    KeyType key;
} DataType;                             //定义 DataType
#include "BiSortTree.h"                 //包含二叉排序树头文件

void InTraverse(BiTreeNode *root){
//中序遍历二叉排序树 root，并在遍历过程中输出元素
//元素设定为 int 类型
    if(root == NULL) return;
    if(root->leftChild != NULL)
        InTraverse(root->leftChild);
    printf("%d   ", root->data.key);
    if(root->rightChild != NULL)
        InTraverse(root->rightChild);
}

void main(void){
    DataType test[] = {4, 5, 7, 2, 1, 9, 8, 11, 3}, x = {9};
    int n = 9, i, s;
    BiTreeNode *root = NULL;
    for(i = 0; i < n; i++)
        Insert(&root, test[i]);
    InTraverse(root);
    s = Search(root, x);
    if(s == 1)
        printf("\n 元素%d 存在!", x.key);
    else
        printf("\n 元素不存在!");
}
```

【程序运行结果】
    1   2   3   4   5   7   8   9   11
    元素 9 存在！

【程序运行结果分析】   所建立的二叉排序树与图 11-5（i）中手工建立的二叉排序树完全相同。

6．二叉排序树的性能分析

从前边的讨论可知，插入和删除算法的主体部分是查找，因此二叉排序树上的查找效率也就代表了二叉排序树上各个操作的性能。对有 n 个结点的二叉排序树来说，若每个元素的查找概率相等，则二叉排序树平均查找长度是结点在二叉排序树中深度的函数，即结点在二叉排序树中越深，则比较次数越多，有

$$\text{ASL} = \frac{1}{n}\sum_{i=1}^{n} C(i)$$

式中，$C(i)$ 为查找第 i 个元素时的关键字比较次数。

当二叉排序树是一棵完全二叉树时，二叉排序树的平均查找长度为

$$\text{ASL} = \frac{1}{n}\sum_{i=1}^{k}(2^{i-1}\times i) \approx \text{lb}(n+1)$$

但是，当二叉排序树是一棵单分支退化树时，则平均查找长度和有序顺序表的平均查找长度相同，即

$$\text{ASL} = \frac{1}{n}\sum_{i=1}^{n} i = (n+1)/2$$

如图 11-7 所示是共有 7 个元素的两棵不同的二叉排序树，其中，图 11-7（a）是一棵满二叉排序树，图 11-7（b）是一棵左分支退化二叉排序树。

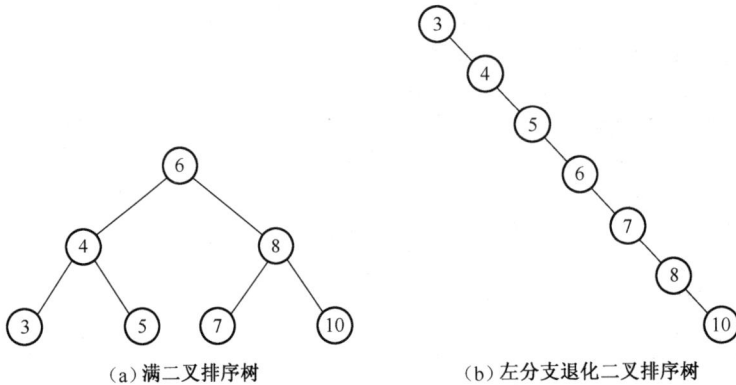

（a）满二叉排序树   （b）左分支退化二叉排序树

图 11-7   两棵不同的二叉排序树

为如图 11-7（a）所示的满二叉排序树时，$k=\text{lb}(7+1)=3$，所以平均查找长度为

$$\text{ASL} = \frac{1}{n}\sum_{i=1}^{k}(2^{i-1}\times i) = \frac{1}{7}\times(1+2\times2+4\times3) = \frac{17}{7}$$

为如图 11-7（b）所示的左分支退化二叉排序树时，$k=n=7$，所以平均查找长度为

$$\text{ASL} = \frac{1}{n}\sum_{i=1}^{n} i = (n+1)/2 = (7+1)/2 = 4$$

因此，在最坏情况下，二叉排序树的平均查找长度为 $O(n)$。在一般情况下，二叉排序树的

平均查找长度为 $O(\text{lb}n)$。

造成二叉排序树形态不同的主要因素是，构造二叉排序树时元素的输入次序不同。例如，对例 11-2 来说，若测试程序元素的输入次序为：test[]={6, 4, 8, 3, 5, 7, 10}，则将构造出如图 11-7（a）所示的完全二叉排序树；若测试程序元素的输入次序为：test[]={3, 4, 5, 6, 7, 8, 10}，则将构造出如图 11-7（b）所示的左分支退化二叉排序树。

7．平衡二叉树的基本概念

为了防止二叉排序树的最坏情况出现，可以把二叉排序树改造成平衡二叉树。

平衡二叉树或者是一棵空树，或者是具有这样性质的二叉排序树：它的左子树和右子树都是平衡二叉树，并且左子树和右子树的深度之差的绝对值不超过 1。

构造平衡二叉树的基本方法是，在构造二叉排序树的基础上，如果插入了一个新结点后，使二叉树中某个结点的左子树和右子树的深度之差的绝对值超过 1，则调整相应的二叉树，使二叉树中该结点的左子树和右子树的深度之差的绝对值不超过 1。

平衡二叉树一定不会出现单分支退化二叉排序树那样的情况，因此，平衡二叉树的平均查找长度为 $O(\text{lb}n)$。但相对二叉排序树来说，构造平衡二叉树需要花费较多的时间，而且删除平衡二叉树中某个结点时，也要注意：删除某个结点后，平衡二叉树中某个结点的左子树和右子树的深度之差的绝对值不能超过 1。

11.3.2　B_树和 B$^+$树

1．B_树的定义

红黑树

与二叉排序树相比，B_树是一种平衡多叉排序树。平衡是指所有叶结点都在同一层上，从而可避免出现像二叉排序树那样的分支退化现象；多叉是指多于二叉，多于二叉的排序树将降低二叉树高度，从而减少查找元素时的比较次数。因此，B_树是一种动态查找效率比二叉排序树更高的树结构。

B_树中所有结点的孩子结点的最大值称为 B_树的阶，B_树的阶通常用 m 表示，简称为 m 叉树。从查找效率考虑，要求 $m \geq 3$。

一棵 m 阶的 B_树或者是一棵空树，或者是满足下列要求的 m 叉树：

① 树中每个结点至多有 m 个孩子结点。

② 除根结点外，其他结点至少有 $\lceil m/2 \rceil$ 个孩子结点（上取整 "$\lceil\ \rceil$" 的定义见 8.2.3 节）。

③ 若根结点不是叶结点，则根结点至少有两个孩子结点。

④ 每个结点的结构为：

| n | pt$_0$ | K_1 | pt$_1$ | K_2 | pt$_2$ | $\cdots$ | K_n | pt$_n$ |

其中，n 为该结点中的关键字个数，除根结点外，其他所有结点的 n 满足条件 $\lceil m/2 \rceil - 1 \leq n < m$；$K_i$（$1 \leq i \leq n$）为该结点的 n 个关键字，且满足条件 $K_i < K_{i+1}$；pt$_i$（$0 \leq i \leq n$）为该结点的孩子结点指针，且指针 pt$_i$（$0 \leq i \leq n-1$）所指结点的关键字均大于或等于 K_i 且小于 K_{i+1}，指针 pt$_n$ 所指结点的关键字大于或等于 K_n。

⑤ 所有叶结点都在同一层上。

简单地说，一个 m 阶 B_树中，每个结点至多有 m 个孩子结点（此时该结点有 $n=m-1$ 个关键字）。除根结点外，其余结点至少有 $\lceil m/2 \rceil$ 个孩子结点；根结点至少有 2 个孩子结点，至多有 m 个孩子结点。

在每个结点上保存关键字个数 n 这个信息，是为了方便插入和删除操作的实现，这从后面讨论的插入算法和删除算法可以看到。

如图 11-8 所示是一棵 4 阶 B 树的示例。其中，2 个结点有 4 个孩子结点（达到上限），1 个结点有 3 个孩子结点，5 个结点有 2 个孩子结点（达到下限）。

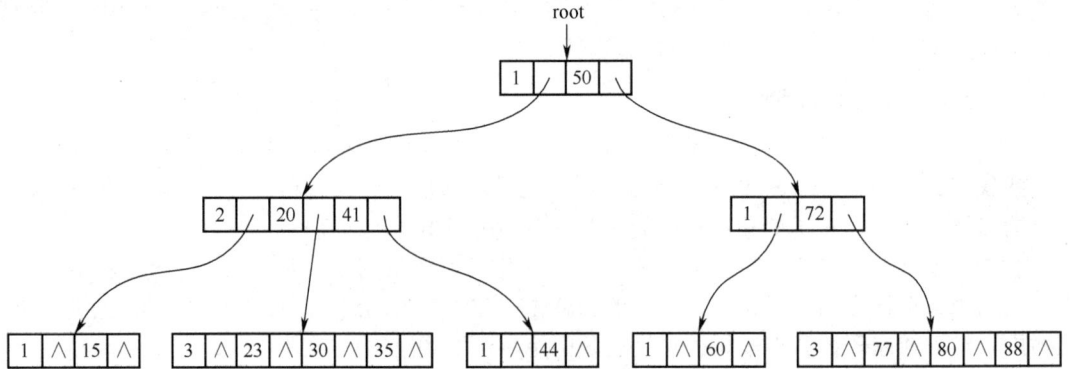

图 11-8　一棵 4 阶 B 树

2．B 树的查找算法

【在 B 树上查找元素 x 的算法】　将元素 x 的关键字 x.key 与根结点的 n 个 K_i（$1 \le i \le n$）逐个进行比较，对以下不同情况分别做相应处理：

① 若 x.key=K_i，则查找成功返回；

② 若 x.key<K_1，则沿着指针 pt_0 所指的子树继续查找；

③ 若 K_i<x.key<K_{i+1}，则沿着指针 pt_i 所指的子树继续查找；

④ 若 x.key>K_n，则沿着指针 pt_n 所指的子树继续查找；

⑤ 若相应指针 pt_n 为空，则查找失败。

3．B 树的插入算法

将元素 x 插入 B 树上的过程分以下两步完成。

① 利用前述的 B 树的查找算法，没有查找到元素 x，但找出元素 x 应该插入的结点（注意 B 树的插入结点一定是叶结点）。

② 判断该结点是否还有空位置，即判断该结点是否满足条件 $n<m-1$，其中，n 为该结点的关键字个数。若该结点满足条件 $n<m-1$，则说明该结点还有空位置，直接把元素 x 插入该结点的合适位置上（满足插入后结点上的关键字序列仍保持有序）；若该结点有 $n=m-1$，则说明该结点已没有空位置，要插入就要分裂该结点。结点分裂的方法是：以中间关键字为界把结点分为两个结点，并把中间元素的关键字向上插入双亲结点上，若双亲结点未满，则把它插入双亲结点的合适位置上（满足插入后双亲结点上的关键字序列仍保持有序）；若双亲结点已满，则按同样的方法继续向上分裂。这个向上的分裂过程可一直进行到根结点的分裂，此时 B 树的高度将增 1。

由于 B 树的插入过程或者是直接在叶结点上插入，或者是从叶结点向上的分裂过程，所以新结点插入后将保持所有叶结点都在同一层上的特点。

如图 11-9 所示是在 3 阶 B 树上进行插入操作的示例。

其中，如图 11-9（a）所示是 3 阶 B 树的初始状态。如图 11-9（b）所示是插入元素 90 后的状态，方法是，查找到达叶结点（图中 a 结点），仍没有查找到，则把元素 90 插入该结点上。

（a）初始状态

（b）插入 90 后的状态

（c）插入 195 后结点分裂前的状态

（d）插入 195 后结点的分裂过程

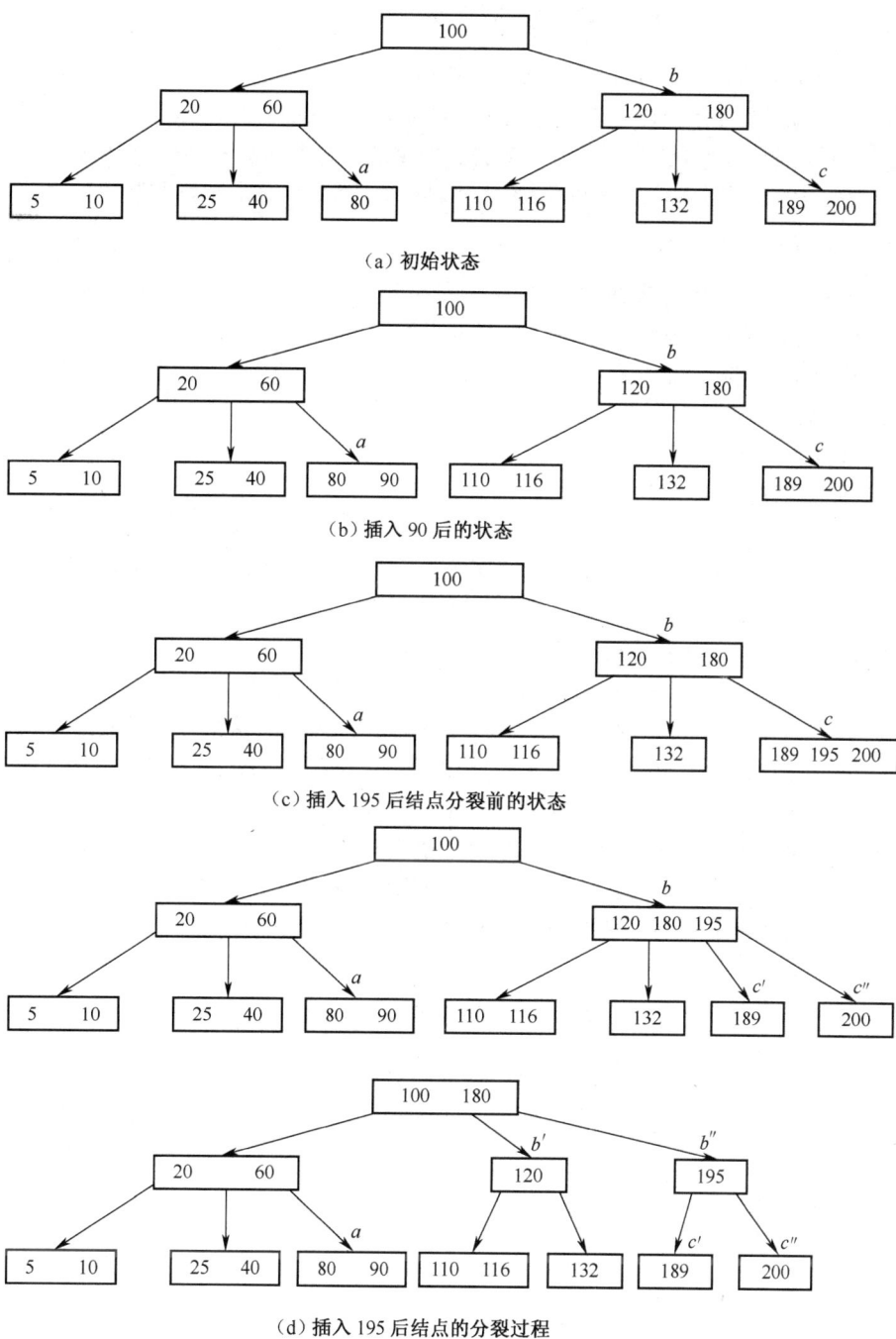

图 11-9　3 阶 B 树上的插入操作

如图 11-9（c）所示是插入元素 195 后结点分裂前的状态，即此时查找到达叶结点（图中 c 结点），仍没有查找到，则把元素 195 插入该结点上。注意，此时把元素 195 插入 c 结点上后，由于该结点有 3 个关键字（有 4 个孩子分支），不满足 3 阶 B 树的定义，因此需要分裂该结点。

如图 11-9（d）所示是插入元素 195 后结点的分裂过程。由于插入元素 195 前，c 结点有 n=m-1=2，说明该结点已没有空位置，因此需要分裂该结点。分裂该结点方法是：先把元素 195 插入 c 结点上，然后以中间关键字为界把结点分为两个结点，即 c' 结点（包括元素 189）和 c" 结点（包括元素 200），并把中间元素 195 向上插入双亲结点上，即 b 结点。由于把中间元素 195 向上插入 b 结点上之后，b 结点将不满足 3 阶 B 树的定义，因此需要继续分裂该结点。分裂的方法类同，分裂的结果是，把该结点分裂成两个结点，并把中间元素 180 向上插入根结点上。

注意： 为简化起见，例子中元素与元素的关键字相同；另外，在上述叙述中，把在结点上插入元素，等同于在结点上插入元素的关键字，实际上，两个步骤是有差别的。

4. B 树的删除

首先查找要删除的元素是否在 B 树中存在，若不存在，则返回；若存在，再分为在叶结点上删除元素和在非叶结点上删除元素两种情况进行不同处理。

对于在叶结点上删除元素，按下面三种不同情况分别进行相应的处理。

① 要删除结点的关键字个数 n 大于或等于 $\lceil m/2 \rceil$（删去一个元素后，该结点仍满足 B 树的定义），直接删除该元素。

② 要删除结点的关键字个数 n 等于 $\lceil m/2 \rceil - 1$（删去该元素后，该结点将不满足 B 树的定义），并且该结点的左（或右）兄弟结点中关键字个数 n 大于 $\lceil m/2 \rceil - 1$，删除方法是：首先，把要删除元素结点的左（或右）兄弟结点中最大（或最小）关键字上移到双亲结点上，同时把双亲结点中大于（或小于）上移关键字的关键字下移到要删除元素的结点上；然后，删除要删除的元素。此时，删除元素后，该结点以及它的左（或右）兄弟结点都仍旧满足 B 树的定义。

（说明：为叙述简明，这里所说的关键字的移动，即指该关键字对应的元素的移动。）

③ 要删除结点的关键字个数 n 等于 $\lceil m/2 \rceil - 1$（删去该元素后，该结点将不满足 B 树的定义），并且该结点的左（或右）兄弟结点中关键字个数 n 等于 $\lceil m/2 \rceil - 1$，删除方法是：把要删除元素结点与其左（或右）兄弟结点以及双亲结点上分割二者的元素合并成一个结点。

对于在非叶结点上删除元素，假设要删除元素的关键字等于 K_i（$1 \leqslant i \leqslant n$），处理方法是：首先，寻找要删除元素结点的指针 pt_i（$1 \leqslant i \leqslant n$）所指子树中的最小关键字（设为 K_{min}）；然后，把关键字为 K_{min} 的元素复制到关键字为 K_i 的元素上；最后，以指针 pt_i 所指结点为根结点，删除关键字等于 K_{min} 的元素。要说明的是，指针 pt_i 所指子树中的最小关键字 K_{min} 一定在叶结点上。这样，就把在非叶结点上删除关键字等于 K_i 的元素的问题，转化成了在叶结点上删除关键字等于 K_{min} 的元素的问题。

对比 B 树上的删除算法和二叉排序树上的删除算法，可以发现，两者的基本思想非常类同。

图 11-10 列举了在 3 阶 B 树上进行删除操作的 4 种情况。其中，图 11-10（a）为删除前的初始状态，图 11-10（b）为在叶结点上删除的第一种情况，图 11-10（c）为在叶结点上删除的第二种情况，图 11-10（d）为在叶结点上删除的第三种情况，图 11-10（e）为在非叶结点上删除的情况。

其中，如图 11-10（d）所示为删除非叶结点上元素 180 前的状态。如图 11-10（e）所示为删除非叶结点上元素 180 后的状态，删除方法是：首先，寻找要删除元素 180 所在结点的指针 pt_1 所指子树中的最小关键字，寻找到元素 189；然后，把元素 189 复制到元素 180 的位置上，即用元素 189 覆盖元素 180；最后，以指针 pt_1 所指结点为根结点，删除元素 189。

5. B⁺ 树的定义

B⁺ 树是 B 树的一种变形。B 树主要用于动态查找问题，与之不同，B⁺ 树主要用于文件系统。一棵 m 阶 B⁺ 和一棵 m 阶 B 树的主要差异如下。

① 在 B 树中，有 n 棵子树的结点中有 $n-1$ 个关键字；而在 B⁺ 树中，有 n 棵子树的结点中有 n 个关键字。

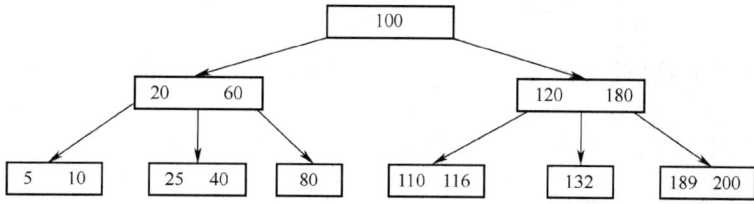

（a）初始状态

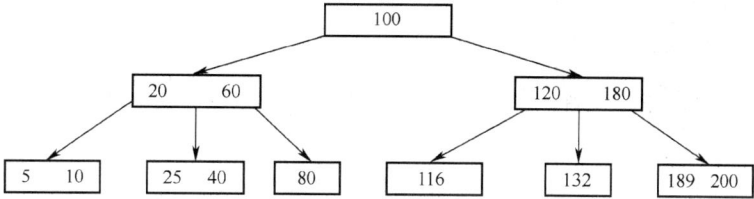

（b）删除元素 110 后的状态

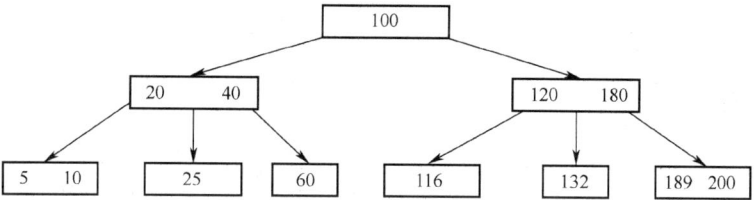

（c）删除元素 80 后的状态

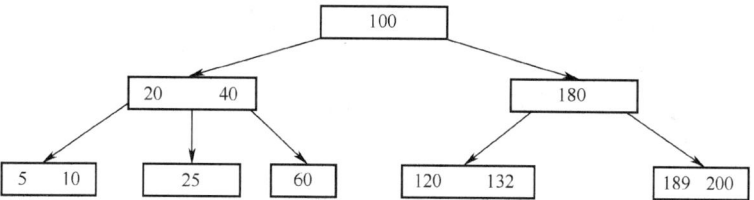

（d）删除元素 116 后的状态

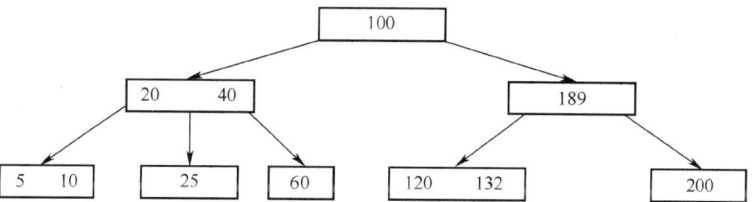

（e）删除元素 180 后的状态

图 11-10　3 阶 B 树上的删除操作

② B$^+$树比 B 树多一层叶结点，B$^+$树在这层增加的叶结点中包含了每个元素的所有信息，并且所有叶结点从左到右依次链接，这样刚好构成一个每个叶结点都包含若干个有序关键字的有序单链表。

③ 在 B 树中，每个非叶结点中的关键字大于相邻左孩子指针所指子树中所有结点的关键字，小于相邻右孩子指针所指子树中所有结点的关键字；而在 B$^+$树中，每个非叶结点中的一个关键字与一个指针对应，这些关键字与对应的指针满足要求：该关键字为对应指针所指子树中所有关键字的最大者。这样，B$^+$树的叶结点可以看作一个个的文件，而 B$^+$树的所有非叶结点刚

好就是这些文件的索引文件。

图 11-11 给出了 B 树和 B+树差别的直观比较。其中，图 11-11（a）是一个 3 阶 B 树，图 11-11（b）是一个 3 阶 B+树。

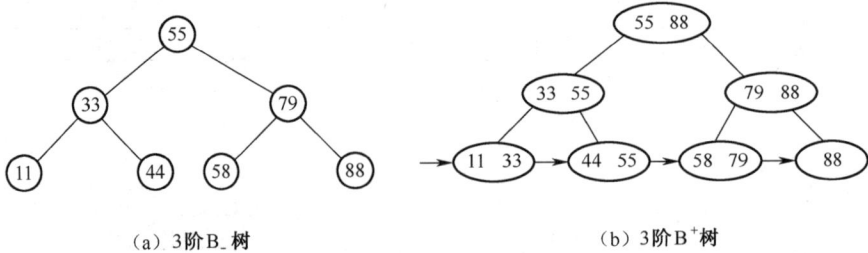

(a) 3阶B_树　　　　　　　　　　(b) 3阶B⁺树

图 11-11　B_树和 B+树结构

从图 11-11（a）的结构可以看出，B_树满足树的定义；从图 11-11（b）的结构可以看出，B+树不满足树的定义，已经不能再称其为树结构了，只是因为 B+树是由 B_树变化而来的，所以仍然称其为树。

B_树主要用于动态查找问题，B+树主要用于构造计算机中的文件系统。

11.4　哈希查找

在前边讨论的各种查找问题存储结构中，元素的存放位置与元素的关键字之间没有关系，因此查找过程是一系列比较的过程。如果构造一种存储结构，使其中元素的存放位置和元素的关键字之间存在某种对应关系，则可以直接由元素的关键字得到该元素的存放位置。哈希首先提出了这样的存储结构，所以，这样的存储结构称为哈希表，或哈希存储结构。

哈希表是一种既适用于静态查找问题，又适用于动态查找问题，并且查找效率非常高的解决查找问题的存储结构。哈希查找就是在哈希表中进行的查找。哈希查找的主要问题是设计哈希表。

11.4.1　哈希表的基本概念

【构造哈希表的方法】　设要存储的元素个数为 n，设置一个长度为 m（$m \geqslant n$）的连续内存单元，分别以每个元素的关键字 K_i（$0 \leqslant i \leqslant n-1$）为自变量，通过一个称为哈希函数的函数 $h(K_i)$，把 K_i 映射为内存单元的某个地址 $h(K_i)$，并把该元素存储在这个内存单元中。从数学的观点看，哈希函数 $h(K_i)$ 实际上是关键字 K_i 到内存单元的映射，因此，$h(K_i)$ 也称为散列地址，哈希表也称为散列表。

构造哈希表时存在这样的问题，对于两个元素的关键字 K_i 和 K_j（$i \neq j$），有 $K_i \neq K_j$（$i \neq j$），但 $h(K_i)=h(K_j)$。把构造哈希表时 $K_i \neq K_j$（$i \neq j$），但 $h(K_i)=h(K_j)$ 的现象称为**哈希冲突**。通常，把这种具有不同关键字而具有相同哈希地址的元素称为"同义词"，由同义词引起的冲突称为**同义词冲突**。在构造哈希表时，同义词冲突通常是很难避免的。

解决哈希冲突方法有许多，其基本思想是：当出现哈希冲突时，通过哈希冲突函数［设为 $h_v(K)$（$v=1, 2, \cdots, m-1$）］产生一个新的哈希地址，使 $h_v(K_i) \neq h_v(K_j)$。哈希冲突函数通常是一组函数，这是因为哈希冲突函数产生的哈希地址仍可能有哈希冲突问题，此时再用下一个哈希冲突函数得到新的哈希地址，直到不存在哈希冲突为止。这样，就把要存储的 n 个元素通过哈希函数（或哈希冲突函数）映射到 m 个连续内存单元中，从而完成哈希表的构造。

从哈希表的构造方法可以推知，构造哈希表时一定要使用主关键字，不能使用次关键字。

显然，一旦构造好了哈希表，在哈希表中进行查找的方法，就是以要查找元素的关键字 K 为映射函数的自变量、以建立哈希表时使用的同样的哈希函数 $h(K)$ 为映射函数得到一个哈希地址（设该地址中元素的关键字为 K_i），比较要查找元素的关键字 K 和 K_i，如果 $K=K_i$，则查找成功；否则，以建立哈希表时使用的同样的哈希冲突函数得到新的哈希地址（设该地址中元素的关键字为 K_j），比较要查找元素的关键字 K 和 K_j，如果 $K=K_j$，则查找成功；否则，以建立哈希表时使用的同样的后续哈希冲突函数得到新的哈希地址继续查找，直到查找成功为止，或者进行了 m 次哈希冲突函数映射仍未查找到，则查找失败。

【例 11-3】 建立元素集合 a 的哈希表，$a=\{180, 750, 600, 430, 541, 900, 460\}$，并比较 m 取值不同时的哈希冲突情况。

【设计分析】 元素集合 a 中共有 7 个元素，元素的关键字为 3 位整数，如果取内存单元个数 m 为 1000，即内存单元区间为 000～999，则：第一，在 m 个内存单元中可以存放下 n 个元素；第二，若取 $h(K)=K$，则当 $K_i \neq K_j$（$i \neq j$）时，一定有 $h(K_i) \neq h(K_j)$。但是，在 1000 个内存单元中只存储 7 个元素的空间利用效率太低。

可适当减少内存单元个数。若取内存单元个数 m 为 13，则取哈希函数 $h(K)$ 为

$$h(K)=K \bmod m$$

即哈希地址 $h(K)$ 为关键字 K 除以 m 得到的余数，则有

$h(180)=11$ $h(750)=9$

$h(600)=2$ $h(430)=1$

$h(541)=8$ $h(900)=3$

$h(460)=5$

则元素集合在哈希表中的存储映射为：

0	1	2	3	4	5	6	7	8	9	10	11	12
	430	600	900		460			541	750		180	

若取内存单元个数 m 为 11，仍取哈希函数 $h(K)$ 为：$h(K)=K \bmod m$，则有

$h(180)=4$ $h(750)=2$

$h(600)=6$ $h(430)=1$

$h(541)=3$ $h(900)=9$

$h(460)=9$

此时，由于有 $h(460)=h(900)=9$，因此存在哈希冲突。

若取第一次哈希冲突函数 $h_1(K)$ 为哈希地址加 1 后模 m，即

$$h_1(K)=h(K+1)=(K+1) \bmod m$$

则有

$$h_1(460)=10$$

则元素集合在哈希表中的存储映射为

0	1	2	3	4	5	6	7	8	9	10
	430	750	541	180		600			900	460

从上例可知，如何合理地设计哈希表中内存单元个数 m，如何尽量避免哈希冲突，以及哈希冲突发生后如何解决哈希冲突（为发生冲突的元素重新寻找一个空闲内存单元）就成了建立哈希表的三个关键问题。这三个问题互相关联，例如，如果内存单元个数 m 取得足够大，则绝对不会存在哈希冲突；但考虑到空间利用效率，内存单元个数 m 不能取得太大，这样哈希冲突就不可避免。

虽然哈希冲突不可避免，但发生哈希冲突的可能性有大有小。哈希冲突主要与以下三个因素有关。

① 与装填因子 α 有关。所谓**装填因子**，是指哈希表中存入的元素个数 n 与哈希地址空间大小 m 的比值，即 $\alpha=n/m$。α 越小，哈希冲突的可能性就越小；α 越大（最大值为 1），哈希冲突的可能性就越大。但是，α 越小，哈希表中空闲内存单元的比例就越大，内存单元的利用率就越低；α 越大，哈希表中空闲的内存单元的比例就越小，内存单元的利用率就越高。为了兼顾减少哈希冲突的发生与提高内存单元的利用率这两个方面，通常使 α 控制在 0.6～0.9 范围内。

② 与所采用的哈希函数有关。若哈希函数选择得当，就可使哈希地址尽可能均匀地分布在哈希表上，从而减少哈希冲突的发生；若哈希函数选择不当，就可能使哈希地址集中于某些区域，从而增加哈希冲突发生的可能性。

③ 与解决哈希冲突的哈希冲突函数有关。哈希冲突函数选择的好坏也将影响发生哈希冲突的可能性。

11.4.2　哈希函数构造方法

设要存放的元素有 n 个，存放元素的内存单元有 m 个，设计哈希函数的目标是，要使通过哈希函数得到的 n 个元素的哈希地址尽可能均匀地分布在 m 个连续内存单元中，同时使计算过程尽可能简单，以达到尽可能高的时间效率。有许多种不同的哈希函数设计方法，这里主要讨论几种常用的整数类型关键字的哈希函数设计方法。

1．除留余数法

除留余数法是用元素关键字 K 除以哈希表长度 m 所得的余数作为哈希地址的方法。除留余数法的哈希函数 $h(K)$ 为

$$h(K)=K \bmod m$$

除留余数法计算比较简单，适用范围广，是最经常使用的一种哈希函数。例 11-3 中使用的就是除留余数法的哈希函数。这种方法的关键是选好哈希表长度 m，使得元素集合中的每个关键字通过该哈希函数映射到 m 个内存单元的任意地址上的概率相等，从而尽可能地减少发生哈希冲突的可能性。例如，m 取奇数就比 m 取偶数好，因为当 m 取偶数时，偶数的关键字（除了关键字 2）将映射到哈希表的偶数区间，奇数的关键字将映射到哈希表的奇数区间。

理论研究表明，除留余数法的哈希表长度 m 取素数时效果最好。素数是除 1 和该数自身外，不能被任何数整除的数。

根据前边讨论给出的装填因子 $\alpha=n/m$ 的定义，以及 α 的取值范围最好在 0.6～0.9 之间的实践经验，可得出 m 最好取 $1.1n$～$1.7n$ 之间的一个素数。例如，当 $n=7$ 时，m 最好取 11 或 13 等素数；当 $n=100$ 时，m 最好取 113，127，139，143 等素数。

2．直接定址法

直接定址法是以元素关键字 K 本身或关键字加上某个数值常量 C 作为哈希地址的方法。直接定址法的哈希函数 $h(K)$ 为

$$h(K)=K+C$$

这种哈希函数计算简单，并且不可能有哈希冲突发生。但是，此种哈希函数有可能造成内存单元的大量浪费。例如，在例 11-3 中，若使用直接定址法的哈希函数，则因关键字为 3 位整数而需要 1000 个内存单元，而此时需存放的元素却只有 7 个。

3．数字分析法

数字分析法是指取元素关键字中某些取值较均匀的数字位作为哈希地址。它只适合于所有关键字值已知的情况。由于此时所有元素的关键字都已知，因此，可对关键字中每位的取值分布情况做出分析，从而把一个很大的关键字取值区间转化为一个较小的关键字取值区间。

例如，要构造一个元素个数 $n=80$，哈希表长度 $m=100$ 的哈希表。不失一般性，这里只给出其中 8 个关键字进行分析，8 个关键字如下：

$K_1=61317602$	$K_2=61326875$	$K_3=62739628$
$K_4=61343634$	$K_5=62706816$	$K_6=62774638$
$K_7=61381262$	$K_8=61394220$	

分析上述 8 个关键字可知，关键字从左到右的第 1，2，3，6 位取值较集中，不宜作为哈希地址，剩余的第 4，5，7，8 位取值较均匀，可选取其中的两位作为哈希地址。设选取最后两位作为哈希地址，则这 8 个关键字的哈希地址分别为：2，75，28，34，16，38，62，20。

11.4.3 哈希冲突解决方法

解决哈希冲突的方法主要有开放定址法和链表法两大类。

1．开放定址法

开放定址法是一类以发生哈希冲突的哈希地址为自变量，通过某种哈希冲突函数得到一个新的空闲的内存单元地址的方法。开放定址法的哈希冲突函数通常是一组。

在开放定址法中，哈希表中的空闲内存单元（假设其内存单元地址为 d）不仅允许哈希地址为 d 的同义词关键字使用，而且也允许发生哈希冲突的其他关键字使用。因为这些关键字的哈希地址不为 d，所以称为**非同义词关键字**。此方法的哈希表空闲内存单元既向同义词关键字开放，也向发生冲突的非同义词关键字开放，其名称中的"开放"由此而来。至于哈希表的某个地址中存放的是同义词关键字还是非同义词关键字，要看谁先占用它，这和构造哈希表时的元素排列次序有关。

在开放定址法中，假设某个元素的哈希地址为 v，但由于发生了同义词冲突（已有一个元素存放在了内存单元 v 中），该元素通过哈希冲突函数又映射到了内存单元 d，并且存放在了内存单元 d 中。如果此时另有一个元素，该元素的哈希函数映射为 d，但由于内存单元 d 已被占用而无法存放，这种哈希冲突称为**非同义词冲突**。

显然，非同义词冲突是指两个元素的关键字 $K_i \neq K_j$（$i \neq j$），且 $h(K_i) \neq h(K_j)$，但由于 $h_v(K_i)=h(K_j)$ 造成的哈希冲突。其中，$h_v(K)$（$v=1, 2, \cdots, m-1$）为第 v 次的哈希冲突函数。

开放定址法的方法有很多种，下边介绍常用的三种。

（1）线性探查法

线性探查法是指从发生冲突的地址（设为 d）开始，依次探查 d 的下一个地址（当到达地址为 $m-1$ 的哈希表表尾时，下一个探查的地址是表首地址 0），直到找到一个空闲内存单元为止（当 $m \geq n$ 时一定能找到一个空闲内存单元）。线性探查法的数学递推公式如下：

$$\begin{cases} d_0=h(K) \\ d_i=(d_{i-1}+1) \bmod m, & 1 \leq i \leq m-1 \end{cases}$$

在例 11-3 中，取 $m=11$ 产生冲突后所使用的解决哈希冲突的方法就是线性探查法。

线性探查法容易产生堆积问题，这是由于当连续出现若干个同义词后，设第一个同义词占用内存单元 d，则这连续的若干个同义词将占用哈希表的内存单元 d，$d+1$，$d+2$，$\cdots$，随后任何内存

单元 $d+1$, $d+2$, …上的哈希映射都会由于前边的堆积问题而产生同义词哈希冲突或非同义词哈希冲突。

（2）平方探查法

平方探查法的数学递推公式如下：

$$\begin{cases} d_0 = h(K) \\ d_i = (d_{i-1} + 2^{i-1}) \mod m, & 1 \leq i \leq m-1 \end{cases}$$

设发生哈希冲突的地址为 d，则平方探查法的探查序列为：$d+2^0$, $d+2^1$, $d+2^2$, …（当地址大于或等于 m 时，对地址进行模 m 运算）。

设发生哈希冲突的地址为 d，另外一种平方探查法的探查序列为：$d+2^0$, $d-2^0$, $d+2^1$, $d-2^1$, $d+2^2$, $d-2^2$, …（当地址大于或等于 m 或小于或等于 -1 时，对地址进行模 m 运算）。

由于平方探查法的探查跨步较大，因此可避免出现堆积问题。

（3）伪随机数法

伪随机数法的数学递推公式如下：

$$\begin{cases} d_0 = h(K) \\ d_i = (d_{i-1} + R) \mod m, & 1 \leq i \leq m-1 \end{cases}$$

式中，R 为一个伪随机数序列。例如，R 可以取一个伪随机数序列 3, 9, 33, 55, …。

设发生冲突的地址为 d，设 R 取伪随机数序列 3, 9, 33, 55, …，则伪随机数法的探查序列为：$d+3$, $d+9$, $d+33$, $d+55$, …（当地址大于或等于 m 时，对地址进行模 m 运算）。

由于伪随机数法的探查跨步是随机的，因此也可避免出现堆积问题。

2. 链表法

链表法解决哈希冲突的基本思想是：如果没有发生哈希冲突，则直接存放该元素；如果发生了哈希冲突，则把发生哈希冲突的元素另外存放在某个单链表中。

用链表法解决哈希冲突通常有两种方法：第一种方法是，为发生哈希冲突的不同的同义词建立不同的单链表；第二种方法是，为发生哈希冲突的所有同义词建立一个单链表。

【例 11-4】 建立元素集合 a 的哈希表，$a=\{16, 74, 60, 43, 54, 90, 46, 31, 29, 88, 77, 66, 55\}$。要求哈希函数采用除留余数法，解决哈希冲突方法采用链表法，并为不同的同义词冲突建立不同的单链表。

【设计分析】 元素集合 a 中共有 13 个元素，取哈希表的内存单元个数 $m=13$。除留余数法的哈希函数为 $h(K)=K \mod m$。

此时有

$h(16)=3$	$h(74)=9$	$h(60)=8$
$h(43)=4$	$h(54)=2$	$h(90)=12$
$h(46)=7$	$h(31)=5$	$h(29)=3$（同义词冲突）
$h(88)=10$	$h(77)=12$（同义词冲突）	$h(66)=1$
$h(55)=3$（同义词冲突）		

采用为发生哈希冲突的不同的同义词建立不同的单链表方法建立的哈希表存储结构如图 11-12 所示。

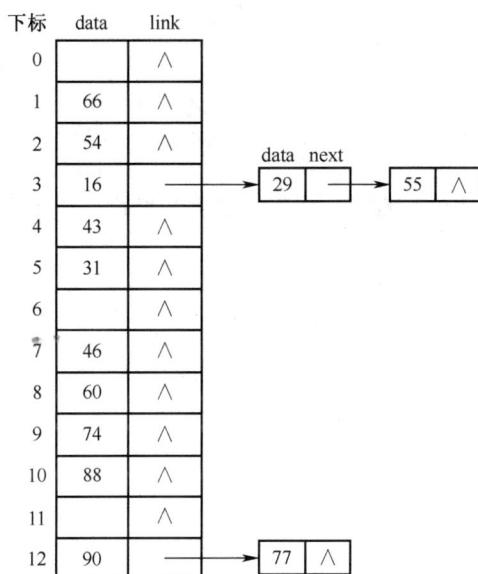

图 11-12　用链表法解决冲突的哈希表存储结构

11.4.4　哈希表设计

【例 11-5】　哈希表设计。要求：

（1）哈希函数采用除留余数法，解决哈希冲突方法采用开放定址法的线性探查法。

（2）设计函数表构造头文件。头文件包括结点结构体定义，以及哈希表初始化、哈希表元素插入、哈希表元素删除、哈希表元素查找和哈希表撤销函数。

（3）设计一个测试程序进行测试。要求首先建立包含元素{180, 750, 600, 430, 541, 900, 460}的哈希表，然后输出所建立的哈希表，并查找元素 430 是否在哈希表中，最后删除元素 430，并再次查找元素 430 是否在哈希表中。

（4）建立包含元素{180, 750, 600, 430, 541, 900, 460}的哈希表，要求把 m 取值改为 11，分析输出结果。

【数据结构设计】　结构体 HashTable 由哈希表数组、数组元素最大个数和当前表项个数三部分组成，其中哈希表数组中每个表项的数据类型是结构体 HashItem。结构体 HashItem 由元素和表项状态两部分组成，其中表项状态的数据类型为枚举类型，表项状态有 Empty、Active 和 Deleted 三种取值，分别表示表项的空、已占用和被删除三种状态。

【数据结构定义】　哈希表项应包括两个：一个是元素项（data），另一个是元素项的当前状态项（info）。元素项的当前状态有三种：空、占用（或称活动）和删除，因此需要定义一个有三个取值 Empty、Active 和 Deleted 的枚举类型 KindOfItem。

```
typedef enum
{ Empty, Active, Deleted } KindOfItem ;        //表项状态的枚举类型

typedef struct{
    DataType data;
    KindOfItem info;
} HashItem;                                     //表项结构体
```

```
        typedef struct{
            HashItem *ht;                              //哈希表数组
            int tableSize;                             //数组元素最大个数
            int currentSize;                           //当前表项个数
        } HashTable;                                   //哈希表结构体
    所要求的哈希表操作初始化、查找、插入、删除和撤销操作函数设计如下：
        int Initiate(HashTable *hash, int mSize){      //初始化函数
            hash->tableSize = mSize;
            hash->ht = (HashItem *)malloc(sizeof(HashItem)*mSize);
            if(hash->ht == NULL) return 0;
            else {
                hash->currentSize = 0;
                return 1;
            }
        }

        int Find(HashTable *hash, DataType x){         //查找函数
        //返回元素 x 的哈希地址
        //若查找成功，则返回值大于或等于 0，其返回值为元素 x 在哈希表中的位置
        //若查找失败，则返回值小于 0，其返回值为元素 x 的哈希地址的负值
            int i = x.key % hash->tableSize;
            int j = i;

            while(hash->ht[j].info == Active && hash->ht[j].data.key != x.key){
            //说明存在冲突
                j = (j + 1) % hash->tableSize;         //哈希冲突函数继续查找
                if(j == i)      //说明已遍历整个哈希表未找到且表已满
                    return -hash->tableSize;
            }

            if(hash->ht[j].info == Active) return j;   //找到，返回正值
            else return -j;                            //未找到，返回负值
        }

        int Insert(HashTable *hash, DataType x){       //插入函数
        //把元素 x 插入哈希表 hash 中
            int i = Find(hash, x);                     //调用 Find()
            if(i >= 0) return 0;                       //元素 x 已经存在
            else if(i != -hash->tableSize){            //元素 x 不存在且哈希表未满
                hash->ht[-i].data = x;                 //元素赋值
                hash->ht[-i].info = Active;            //置活动标记
                hash->currentSize++;                   //当前表项个数加 1
                return 1;                              //返回插入成功
            }
            else return 0;                             //返回插入失败
        }

        int Delete(HashTable *hash, DataType x){       //删除函数
```

```
//删除哈希表 hash 中的元素 x
    int i = Find(hash, x);                    //调用 Find()
    if(i >= 0){                               //查找到
        hash->ht[i].info = Deleted;           //置删除标记
        hash->currentSize--;                  //当前表项个数减 1
        return 1;                             //返回删除成功
    }
    else return 0;                            //返回删除失败
}

void Destroy(HashTable *hash){                //撤销函数
//释放哈希表 hash 占用的动态存储空间
    free(hash->ht);
}
```

上述结点结构体定义和函数设计保存在哈希表头文件 HashList.h 中。

【设计说明】

（1）对于不同的应用问题以及相同问题的不同设计目标，哈希表的长度 *m* 将不同，因此存放哈希表的数组采用动态数组最为合适。初始化函数的参数 mSize 即为哈希表的长度。

（2）哈希表的操作主要有查找、插入和删除。其中，插入和删除操作首先需要查找元素是否在哈希表中存在。查找函数共有三种情况：查找到，返回元素的哈希地址（值为正）；未查找到，返回一个负值（插入操作可在哈希表的该返回值的绝对值位置插入元素）；未查找到，且哈希表已满无法继续插入，此时返回值为-tableSize。

（3）插入函数首先调用查找函数，当返回值（设为 i）为负（说明元素不存在）且返回值不等于-tableSize（说明哈希表未满）时，在哈希表的-i 位置插入元素，然后表项个数加 1。

（4）删除函数首先调用查找函数，当返回值（设为 i）为正（说明元素存在）时，把 i 位置的元素标记为删除，然后表项个数减 1。

【测试程序分析】　对于元素集合 *a*={180,750,600,430,541,900,460}，元素个数 *n*=7，设计哈希表内存单元个数 *m*=13。

测试程序设计如下：

```
#include <stdio.h>
#include <malloc.h>
typedef int KeyType;
typedef struct{
    KeyType key;
} DataType;
#include "HashList.h"

void main(void){
    HashTable myHashTable;
    DataType a[] = {180, 750, 600, 430, 541, 900, 460}, item = {430};
    int i, j, k, n = 7, m = 13;
    Initiate(&myHashTable, m);
    for(i = 0; i < n; i++)
        Insert(&myHashTable, a[i]);
    for(i = 0; i < n; i++) {
        j = Find(&myHashTable, a[i]);
```

```
            printf("j = %d   ht[] = %d\n", j, myHashTable.ht[j].data.key);
        }
        k = Find(&myHashTable, item);
        if(k >= 0) printf("查找成功，元素%d 的哈希地址为%d\n", item.key, k);
        else printf("查找失败\n");
        Delete(&myHashTable, item);
        k = Find(&myHashTable, item);
        if(k >= 0) printf("查找成功，元素%d 的哈希地址为%d\n", item.key, k);
        else printf("查找失败\n");
        Destroy(&myHashTable);
    }
```

当 $m=13$ 时，测试程序的运行结果如下：

```
j = 11    ht[] = 180
j = 9     ht[] = 750
j = 2     ht[] = 600
j = 1     ht[] = 430
j = 8     ht[] = 541
j = 3     ht[] = 900
j = 5     ht[] = 460
查找成功，元素 430 的哈希地址为 1
查找失败
```

当 $m=11$ 时，测试程序的运行结果如下：

```
j = 4     ht[] = 180
j = 2     ht[] = 750
j = 6     ht[] = 600
j = 1     ht[] = 430
j = 3     ht[] = 541
j = 9     ht[] = 900
j = 10    ht[] = 460
查找成功，元素 430 的哈希地址为 1
查找失败
```

【测试程序的运行结果分析】

（1）从输出结果看，当 $m=13$ 时，程序运行构造的哈希表与例 11-3 中 $m=13$ 手工计算构造的哈希表完全一样，即元素集合在哈希表中的存储映射为

0	1	2	3	4	5	6	7	8	9	10	11	12
	430	600	900		460			541	750		180	

（2）当 $m=11$ 时，程序运行构造的哈希表与例 11-3 中 $m=11$ 手工计算构造的哈希表完全一样，即元素集合在哈希表中的存储映射为

0	1	2	3	4	5	6	7	8	9	10
	430	750	541	180		600			900	460

习题 11

【基本概念习题】

11-1　填空题

（1）在数据存放无规律的线性表中进行查找的最佳方法是（　　　）。

（2）设数组中有元素（a_1, a_2, a_3, …, a_n），并且从小到大有序排列，对一个给定的关键字 key，用折半查找方法查找数组中与 key 相等的元素。当 n=255 时，在查找不成功的情况下，最多需要比较（　　）次；当 n=100 时，在查找成功的情况下，最多需要比较（　　）次。

（3）在各种查找方法中，平均查找长度与结点个数 n 无关的查找方法是（　　）。

（4）哈希法存储的基本思想是由（　　）决定元素的内存地址。

（5）采用（　　）存储结构，其查找算法的时间复杂度最好。其查找算法的时间复杂度是（　　）。

11-2　单项选择题

（1）在表长为 n 的单链表中进行顺序查找，其平均查找长度为（　　）。

　　A．ASL=n　　　　　　　　　　　　B．ASL=$(n+1)/2$

　　C．ASL=$(n-1)/2$　　　　　　　　　D．ASL=lb$(n+1)$ -1

（2）折半查找有序顺序表（4, 6, 10, 12, 20, 30, 50, 70, 88, 100）。若待查找元素是 58，则它将依次与有序顺序表中的（　　）比较大小。

　　A．20, 70, 30, 50　　　　　　　　　B．30, 88, 70, 50

　　C．20, 50　　　　　　　　　　　　　D．30, 88, 50

（3）对 22 个元素的有序顺序表进行折半查找，当查找失败时，至少需要比较（　　）次关键字。

　　A．3　　　　　　B．4　　　　　　C．5　　　　　　D．6

（4）链表适用于（　　）查找。

　　A．顺序　　　　　B．折半　　　　　C．顺序或折半　　　　D．随机

（5）有序顺序表上的折半查找算法和二叉排序树上的查找算法，两者的时间性能（　　）。

　　A．完全相同　　　B．完全不相同　　C．有时不相同　　　D．数量级都是 $O(n)$

（6）在哈希法存储中，冲突指的是（　　）。

　　A．两个元素具有相同序号

　　B．两个元素的关键字不同，而非关键字相同

　　C．不同关键字对应到相同的存储地址

　　D．元素过多

11-3　什么叫静态查找？什么叫动态查找？什么样的存储结构适合进行静态查找？什么样的存储结构适合进行动态查找？

11-4　什么叫平均查找长度？写出平均查找长度的定义。

11-5　索引表由哪几项组成？什么叫完全索引表？怎样构造完全索引表？

11-6　什么叫等长索引表？什么叫不等长索引表？

11-7　对有 n 个元素的顺序表，在等概率情况下，顺序查找法和折半查找法的平均查找长度各是多少？

11-8　为什么 B-树上的查找效率比二叉排序树上的查找效率高？

11-9　说明 B-树和 B+树的主要差别，以及 B-树和 B+树各自的主要用途。

11-10　在构造哈希表时，发生哈希冲突的可能性与哪些因素有关？为什么？

11-11　假设哈希表已经建立，叙述在哈希表中查找元素 x 的算法思想。

【复杂概念习题】

11-12　对链表存储结构，采用折半查找算法是否适合？为什么？

11-13　折半查找算法的查找速度必定比顺序查找算法的查找速度快，这种说法对吗？

11-14　已知一组有 12 个元素的序列为{Dec, Feb, Nov, Oct, June, Sept, Aug, Apr, May, July, Jan, Mar}，要求：

（1）按各元素的顺序构造一棵二叉排序树。

（2）设各元素的查找概率相等，给出该二叉排序树的平均查找长度。

提示：字母的大小是指字母的 ASCII 码数值大小。

10-15 对 3 阶 B 树，要求：

（1）设要插入元素的关键字序列为{11, 33, 44, 55, 58, 79, 88}，给出建立该 3 阶 B 树的过程。

（2）在上述已建立好的 3 阶 B 树上，给出删除关键字为 44 和 79 的过程。

11-16 对于一棵初始为空的 3 阶 B 树，要求：

（1）给出按元素序列{20, 30, 50, 52, 60, 68, 70}构造 3 阶 B 树的图示过程。

（2）给出删除关键字 50 和 68 的图示过程。

11-17 有 n 个结点的二叉排序树共有多少种不同形态？

11-18 设有元素序列{11, 23, 35, 47, 51, 60, 75, 88, 90, 102, 113, 126}，用除留余数法构造哈希表，要求：

（1）设计哈希表的长度取值 m，设计除留余数法的哈希函数，设计用开放定址法中的线性探查法解决哈希冲突的哈希冲突函数。

（2）依次对元素进行哈希映射，画出所构造的哈希表。

（3）计算所构造哈希表在等概率情况下的平均查找长度。

11-19 设一组有 12 个元素的关键字序列为{32, 27, 23, 40, 57, 22, 85, 14, 70, 12, 13, 78}，设哈希函数为 $h(\text{key})=\text{key} \% 13$，设哈希冲突函数如下：

$$h_1(K) = \begin{cases} d_0 = h(K) \\ d_i = (d_{i-1}+R) \mod 19, \end{cases} \qquad 1 \leqslant i \leqslant 18$$

其中，R 取伪随机数序列：3, 53, 11, 38, 18。

要求：

（1）构造该元素序列的哈希表。

（2）计算该哈希表在等概率情况下的平均查找长度。

11-20 设一组 10 个元素的关键字序列为{75, 27, 44, 14, 78, 110, 88, 99, 50, 40}，设哈希函数为 $h(\text{key})=\text{key} \% 11$，哈希冲突函数采用为发生哈希冲突的不同的同义词建立不同的单链表的方法。要求：

（1）构造元素序列的哈希表。

（2）计算该哈希表在等概率情况下的平均查找长度。

11-21 折半查找长度为 n 的有序顺序表的判定树是否唯一？由 n 个结点构成的二叉排序树是否唯一？为什么？

11-22 有 9 个叶结点的 3 阶 B 树中最少有多少个非叶结点？有 8 个叶结点的 3 阶 B 树中最多有多少个非叶结点？

11-23 对比 B 树上的删除算法和二叉排序树上的删除算法，说明两者算法思想的相同点。

【算法设计习题】

11-24 要求：

（1）编写二叉排序树的递归查找算法。

（2）设测试数据为：用元素序列{4, 5, 7, 2, 1, 9, 8, 11, 3}创建二叉排序树，要查找的元素为9。编写测试主函数。

提示：包含二叉排序树头文件 BiSortTree.h。

11-25 要求：

（1）给出判断一棵给定的二叉树是否为二叉排序树的算法思想，设二叉树中结点的关键字均不相同。

（2）编写判断一棵给定的二叉树是否为二叉排序树的函数，设二叉树以二叉链表为存储结构，且二叉树中结点的关键字均不相同。

11-26 试写一个递归算法，按从大到小顺序输出二叉排序树中所有关键字大于或等于 x 的元素。

【上机实习习题】

11-27 哈希表设计。

问题描述：已知一个含有 1000 个元素的表，关键字为中国人姓氏的拼音，给出此表的一个哈希表设计方案。

基本要求：

（1）解决哈希冲突应采用链表法。

（2）编写一个测试主函数。

（3）求出所设计哈希表在等概率情况下的平均查找长度。

11-28 折半查找问题。

问题描述：已知 11 个元素的有序数组为（05, 13, 19, 21, 37, 56, 64, 75, 80, 88, 92），要求在有序数组中查找关键字为 key 的元素是否存在。

基本要求：

（1）编写折半查找元素的算法。

（2）编写一个测试主函数。

11-29 二叉排序树判断问题。

问题描述和基本要求：

（1）创建一棵二叉排序树。

（2）编写一个判断给定二叉树是否为二叉排序树的函数。设此二叉树以二叉链表作为存储结构，且树中结点的关键字均不相同。

（3）编写一个测试主函数。

提示：包含二叉排序树头文件 BiSortTree.h。

11-30 图书管理系统。

问题描述：设计一个计算机管理系统完成图书管理基本业务。

基本要求：

（1）每种书的登记内容包括书号、书名、著作者、现存量和库存量。

（2）对书号建立索引表以提高查找效率。

（3）系统应具有如下功能。

（a）采编入库：新购一种书，确定书号后，登记到图书账目表中，如果表中已有，则只增加库存量。

（b）借阅：如果一种书的现存量大于 0，则借出一本，登记借阅者的书证号和归还期限，改变现存量。

（c）归还：注销对借阅者的登记，改变该书的现存量。

11-31 微型电子字典设计。

问题描述：建立一个微型电子字典。

基本要求：

（1）实现字典的加入、查找、删除等操作。

（2）能在屏幕上输出操作前后的结果。

（3）设计一个测试程序进行测试。

参 考 文 献

[1] 朱战立. 数据结构——使用 C 语言. 3 版. 西安：西安交通大学出版社，2004.

[2] 朱战立，张选平等. 数据结构——使用 C 语言典型题解与上机实验指导. 西安：西安交通大学出版社，2007.

[3] 朱战立. 数据结构（C++语言描述）. 北京：高等教育出版社，2004.

[4] 朱战立. 数据结构（Java 语言描述）. 北京：清华大学出版社，2005.

[5] 严蔚敏，吴伟民. 数据结构（C 语言版）. 北京：清华大学出版社，1997.

[6] FORD，TOPP. 数据结构 C++语言描述（英文版）. 北京：清华大学出版社，1997.

[7] SAHNI. 数据结构算法与应用——C++语言描述（英文版）. 北京：机械工业出版社，1999.

[8] SHAFFER. 数据结构与算法分析（Java 版）. 张铭，刘晓丹，译. 北京：电子工业出版社，2001.

[9] 陈慧南. 数据结构——C++语言描述. 北京：电子工业出版社，2020.